"十二五"普通高等教育本科国家级规划教材

机械工程概论
（第四版）

主　编　张宪民　陈　忠

副主编　邝泳聪　黄沿江

华中科技大学出版社

中国·武汉

内 容 简 介

　　根据机械工程技术的基础性、入门性、全面性、前瞻性的要求,本书从机械设计、机械制造、机电控制三大部分,按照一定逻辑路线组织内容。在机械设计部分,从简单的力学知识到机构、零件、机器与创新设计;在机械制造部分,从原料到毛坯制造、少无切削的成形技术、传统制造、非传统制造;在机电控制部分,从机电控制基础到检测与传感、分布式控制技术;全面而简略地阐述了机械工程的基础知识。同时,特别增加了机器人技术与电子制造技术两个内容,以求突出现代机械工程所涉及的新领域与智能自动化技术。

　　本书可作为本科院校机械类专业一年级学生或非机械类专业学生开展机械工程通识教育的教学用书,也可作为从事机械工程相关工作的工程技术人员全面了解机械工程的参考书。

图书在版编目(CIP)数据

机械工程概论/张宪民,陈忠主编.—4 版.—武汉:华中科技大学出版社,2024.3
ISBN 978-7-5772-0592-2

Ⅰ.①机… Ⅱ.①张… ②陈… Ⅲ.①机械工程-高等学校-教材 Ⅳ.①TH

中国国家版本馆 CIP 数据核字(2024)第 054979 号

机械工程概论(第四版)　　　　　　　　　　　　　　　　张宪民　陈　忠　主编
Jixie Gongcheng Gailun(Di-si Ban)

策划编辑:俞道凯　张少奇
责任编辑:张少奇　俞道凯
责任监印:朱　玢
出版发行:华中科技大学出版社(中国·武汉)　　　电话:(027)81321913
　　　　　武汉市东湖新技术开发区华工科技园　　　邮编:430223
录　　排:华中科技大学惠友文印中心
印　　刷:武汉市洪林印务有限公司
开　　本:787mm×1092mm　1/16
印　　张:17.5
字　　数:404 千字
版　　次:2024 年 3 月第 4 版第 1 次印刷
定　　价:49.80 元

本书若有印装质量问题,请向出版社营销中心调换
全国免费服务热线:400-6679-118　竭诚为您服务
版权所有　侵权必究

第四版前言

本书第三版列入"十二五"普通高等教育本科国家级教材目录,日益受到广大师生的关注。但由于多次改版,教材内容日益丰富,与教学学时需要压缩的矛盾日益扩大。为了使教材内容与教学学时匹配,顺应教学需求以及新技术的发展趋势,同时为了在教材中融入思政要素,编者对本书第三版内容进行修订与融合,并增补了思政内容。

本次改版主要内容框架仍继承第一、二、三版的通识体系结构,强调机械工程知识的入门性与前瞻性、机械工程知识的全面性和知识选择性学习的灵活性三个特征,着重在以下几个方面进行了增补与修订。

(1)按照学时分配与教学主题相关性进行了内容整合。根据教学学时安排对第三版第3~5章按机构、设计与机器人进行了内容缩减与整合;对第三版第6~8章按传统/非传统制造与精密制造进行了内容缩减与整合。

(2)增加了思政内容。根据章节主题在知识拓展部分扩充了符合强国精神的思政内容。

(3)对机械电子部分内容进行更新与修订。第6章(机电控制基础)新增神经网络控制、数控技术的发展趋势以及在该章知识拓展部分增加了智能机床的介绍;第7章(检测技术与传感器)新增雷达传感内容及在该章知识拓展部分增加机器人传感器介绍;第8章(分布式工业控制技术与工业信息物理系统)新增工业无线网络技术及在该章知识拓展部分增加了思政内容。

本书第四版由张宪民、陈忠主编,参加编写的还有邝泳聪、黄沿江。具体编写分工如下:

张宪民、陈忠:确定再版的编写和修订方案并统稿;

陈忠:负责第1~5章的修订撰写与课件资源建设,并制作了全书的视频资源。

邝泳聪:负责第6~8章的修订撰写与课件资源建设;

黄沿江:参与第3章内容的修订撰写;

限于编者水平,书中不足之处,敬请读者批评指正。

张宪民　陈　忠

2023 年 12 月

前言

本书是应理工类普通高校本科学生机械工程知识的概述性教学需要而组织编写的，也可以作为高校其他专业本科学生学习机械工程知识的教学用书和参考读物。由于本书的使用对象为机械类低年级本科学生及非机械类本科学生，因此本书在安排上具有以下特点。

（1）强调机械工程知识的入门性与前瞻性。本书在机械工程的机械设计、机械制造与机电控制三个部分，通过基础性知识的介绍，逐步引入一些先进的机械工程专业知识内容，使学生对机械工程专业要解决的问题及解决问题的基本方法有一个初步的认识。如在第2章简要介绍了力与力平衡的知识及其与机械设计的关系；在第4章以案例的方式介绍了机械产品概念设计的方式方法、创新设计的过程。

（2）强调机械工程知识的全面性。本书涵盖了传统机械工程的设计、制造与控制的基本内容，还特别增加了第5章机器人技术概论、第9章电子制造技术等专题内容。这将进一步扩展读者的专业视野。

（3）针对不同读者，强调了本书的适应性。本书涵盖内容丰富。读者可有选择地阅读学习。特别是对非机械类本科学生，通过阅读本书的内容，可比较全面地了解整个机械工程基础专业知识。

本书的编写，意在激发学生们的专业学习热情，促使学生能够更加自主地投入到大学的后续学习生活中。

本书由张宪民、陈忠主编。参加编写的还有邝泳聪、管贻生。具体编写分工如下：张宪民、陈忠确定编写方案并统稿；陈忠编写了第1章、第2章、第3章、第4章、第6章、第7章、第8章、第9章；邝泳聪编写了第10章、第11章、第12章；管贻生编写了第5章。

限于编者水平，书中不足之处在所难免，敬请读者批评指正。

编　者
2011 年 8 月

二维码资源使用说明

　　本书配套数字资源以二维码的形式在书中呈现,读者用智能手机在微信端扫码成功后提示微信登录,授权后进入注册页面,填写注册信息。按照提示输入手机号后点击获取手机验证码,在提示位置输入验证码,按要求设置密码,点击"立即注册",注册成功(若手机已经注册,则在"注册"页面底部选择"已有账号? 马上登录"进入"用户登录"页面,然后输入手机号和密码,提示登录成功),接着提示输入学习码,需刮开教材封底防伪涂层,输入 13 位学习码(正版图书拥有的一次性使用学习码),输入正确后提示绑定成功,即可查看二维码数字资源。手机第一次登录查看资源成功,以后便可直接在微信端扫码登录,重复查看本书所有的数字资源。

　　友好提示:如果读者忘记登录密码,请在 PC 端输入以下链接 http://jixie.hustp.com/index.php? m=Login,先输入自己的手机号,再单击"忘记密码",通过短信验证码重新设置密码即可。

教学大纲

教学课件

目录

第1章 绪论

　　机械工程的发展不可避免地包含设计与制造的交合。回顾历史,人类的制造活动在工业革命前主要是凭手艺,以手工作坊形式进行的。工业革命后则是以制造厂、制造企业、制造业方式进行的。在 20 世纪前半叶,制造业的主体是机械制造业,企业关注的仅是产品在企业内的生产。在 20 世纪下半叶,制造业则已扩展为大制造业,为了企业的生存和发展,企业需要关注产品寿命的全过程,而不仅仅是产品在企业内的生产过程。

　　机械化、机械自动化、机电一体化的历史演进体现了现代机械工程技术的重要内涵。进入 20 世纪下半叶,微电子技术与信息技术的迅速发展和迅速普及,使人类的生产活动、技术开发和社会生活开始进入信息化和智能自动化时代,极大地减轻人体力劳动的强度,提高了社会劳动生产率。在今天,现代机械工程技术已成为实现现代化的基石,是现代社会和现代文明发展的动力。

1.1　机械工程的起源与发展

1.1.1　机械设计

1. 古代至 17 世纪初的设计技术

　　根据我国近代的考古发现和我国的古代书籍记载,表明在 4 000 多年前,我国的机械设计已经有了一定的规范,掌握了初步的物理知识。如新石器时代的尖底瓶,它是仰韶时代的产物,瓶为陶制、口小、腹大、底尖,两侧的耳可以装绳索。在汲水时,因瓶底尖、重心高,瓶会倾倒,水由瓶口流入;当瓶中水量达到一定量时,其重心改变,使瓶直立在水中,瓶口露出水面,灌水自动停止。这一器皿的发现说明我国古代人民具有初步的物理知识,并能用于产品设计,其性能在当时是很先进的。《诗经·邶风·泉水》中有"载脂载舝,还车言迈",说的是当时已经采用油脂润滑轴承。在我国古代文献中随处可见机械产品与人民生活密切的联系。在我国春秋战国时代的著作《道德经》中有"三十辐共一毂,像日月也"的说法,而在秦陵发掘出来的二号铜车马,其车轮就有 30 个轮辐。虽然当时的车并不都是每个车轮用 30 个轮辐,但是对轮辐的数目已经有了一定的规定,表明机械设计已经有了

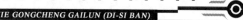

一些规则。

此外,我国古代在武器、纺织机械、农具、船舶等方面也有许多发明,到秦汉时期(公元前221—公元220年),我国机械设计和制造已经达到相当高的技术水平,当时在世界上处于领先地位,在世界机械工程史上占有十分重要的位置。

东汉时已经设计制造了比较成熟的记里鼓车和指南车。记里鼓车能自报车行距离,从记录里程原理来看,其内部构造肯定为机械传动,甚至有人推测有齿轮组成的轮系传动,并作出了复原模型,如图1-1所示。

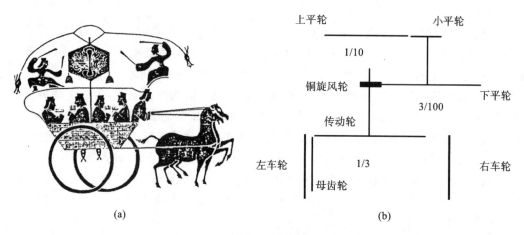

图 1-1 记里鼓车
(a) 记里鼓车复原模型 (b) 记里鼓车齿轮系示意图

在我国古代,机械发明、设计与制造往往是一人所为。有许多著名的人物,他们的成果代表了当时我国的机械设计水平。

三国时期魏人马钧以善于设计、制造机械闻名。他改革了纺织机械,简化其结构,提高了效率;设计了提水机械——翻车,翻车是一种刮板式提水机械,又名龙骨水车,轻快省力,在以后很长时间内得到广泛的应用;设计了水轮机,用水推动木轮转动,其上有机械人作表演;此外还设计和改进了一些兵器。

三国时期魏乐陵太守韩暨在马排的基础上发明了水排,将卧式水轮的旋转运动,经绳传动,配以曲柄、连杆等,转换为直线往复运动。

唐朝时,我国与许多国家开展了经济、文化和科学技术交流,与东亚、东南亚、阿拉伯地区及非洲东海岸贸易频繁,这对我国和世界其他一些国家有很大的影响。由于贸易的发展,要求增加商品,从而改进生产设备,使机械设计也有了很大的发展,造纸、纺织、农业、矿冶、陶瓷、印染机械及兵器等都有新的进展,机械设计水平也提高了一大步。

宋人沈括的著作《梦溪笔谈》记载了当时的许多科学成就,反映了当时的科学水平。宋朝福建人苏颂奉皇帝之命设计制造了大型计时、天文仪器"水运仪象台",其结构如图1-2所示。水运仪象台高约12 m,宽约7 m,分3层。上层平台上安放"浑仪",可对天体进行跟踪观测;中层密室内安放"浑象",标出了约1 400颗恒星的位置,可以演示天象;下层是报时装置。水运仪象台运转时,用人力提水到高处的容器中,通过定量装置用水力推动水轮,带动传动系统,昼夜不停转动。这一装置中已经有了现代计时仪器中起擒纵器作用的机构,有初步的自动控制系统设计的思想,是机械史上引人注目的创造性设计。

13世纪末出现了铜火铳,元朝时有较大的发展,明朝初期已能生产多种形式的火铳,一门炮可重达数百斤。

中国火器传入西方后,13世纪至16世纪欧洲火器技术得到很大的发展,并于明朝正德、嘉靖年间传入中国。这些火器的性能优于当时的中国火器。中国于1523年开始仿制欧洲火器。

以上成果反映了我国古代机械设计的光辉成就。世界其他国家也有不少古代机械设计的成果,但这些设计多是凭设计者的经验完成的,缺乏必要的和一定精度的理论计算。

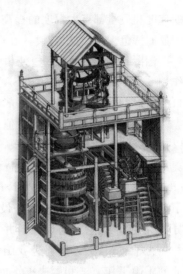

图1-2 水运仪象台的结构

2. 17世纪初至第二次世界大战结束的机械设计

17世纪,欧洲的航海、纺织、钟表等工业兴起,提出了许多技术问题。1644年,英国组成了"哲学学院",德国成立了实验研究会和柏林学会。1666年,法国、意大利也都成立了研究机构。意大利人伽利略(1564—1642年)发现了自由落体定律、惯性定律、抛射体轨迹,还进行过梁的弯曲实验;英国人牛顿提出了运动三定律,提出了计算流体黏度阻力的公式,奠定了古典力学的基础;英国人胡克建立了在一定范围内弹性体的应力-应变成正比的胡克定律;1705年,伯努利提出了梁弯曲计算的微分方程式,在古典力学的基础上建立和发展了近代机械设计的理论(也称为常规机械设计理论),为18世纪产业革命中机械工业的迅速发展提供了有力的理论支持;1764年,英国人瓦特发明了蒸汽机,为纺织、采矿、冶炼、船舶、食品、铁路等工业提供了强大的动力,推动了多种行业对机械的需求,使工业的机械化水平迅速提高,从而进入了产业革命时代。这一时期,对机械设计提出了很多要求,各种机械的载荷、速度、尺寸都得以改善,机械设计理论也在古典力学的基础上迅速发展。

在1854年德国学者劳莱克斯发表的著作《机械制造中的设计学》中,把过去包含在力学中的"机械设计学"独立出来,建立了以力学和机械制造为基础的新学科体系,由此产生的"机构学""机械零件设计"成为了机械设计的基本内容。在这一基础上,机械设计学得到了很快的发展。在疲劳强度、接触应力、断裂力学、高温蠕变、流体动力润滑、齿轮接触疲劳强度计算、弯曲疲劳强度计算、滚动轴承强度理论等方面都取得了大量的成果;新工艺、新材料、新结构的不断涌现,使机械设计的水平也取得了很大的发展。机器的尺寸减小,速度增加,性能提高,机械设计的计算方法和数据积累也相应有了很大的发展,反映了时代的特色。

3. 第二次世界大战结束到现在的机械设计

第二次世界大战以后,作为机械设计理论基础的机械学继续以更加迅猛的速度发展,摩擦学、可靠性分析、机械优化设计、有限元计算及计算机在机械设计中迅速推广,使机械设计

的速度和质量都有大幅度的提高。在机械中,计算机和自动化程度的提高,使现代机械具有明显的特色。因此,机械设计在理论、内容和方法方面与过去相比,有了划时代的发展。

国际市场的激烈竞争,使世界各国逐渐认识到产品市场竞争对各国经济发展的重要作用。面对印有"Made in USA"的美国产品充斥德国市场,德国提出了"关键在于设计"的口号,计划努力恢复德国产品的声誉,使"Made in Germany"风靡世界。日本虽然在某些尖端科学研究方面有所不足,但是在产品设计方面发展很快,迅速摆脱了第二次世界大战以前"东洋货"质量不好的印象,大量生产各国市场需要的产品,取得了巨大的经济效益。美国、英国也逐渐认识到产品设计的重要意义,美国提出了"为竞争的优势而设计"(designing for competitive advantage)的口号。因此,机械产品设计技术在这一时期获得了空前的进展。"21世纪将是设计的世纪",机械设计目前已经不宜再作为机械学的一个分支,而应该认为是与机械学并立的一门技术科学了。

为了更快、更好地促进我国的机械设计科学的发展,必须集中探讨机械设计各主要环节的正确工作方法和解决关键问题的途径,收集新产品开发的成功经验和范例,积累大量的设计资料,了解世界有关行业的发展动向,致力于提高我国机械工业的水平,生产出具有国际竞争能力的机械产品。

1.1.2 机械制造

1. 古代制造技术的发展

从公元前的五帝时代到明朝末期(即17世纪中叶)的4000多年里,我国的机械制造技术一直领先于世界。那时,机械制造采用手工作坊的生产模式,生产以手工操作为主,以人力、牲畜力和自然力作为加工机械的动力来源,机械化得到初步应用。

众所周知,在古代没有现代的机械制造概念,不存在制造业这样划分清楚而又独立的行业,也没有较为系统的制造技术发展史料。为了便于了解古代机械制造发展中所取得的成就,本节将从原动力的发明、传动机或传动机构的发明这两个方面出发,对古代机械发展中一些较为典型的机构作简要介绍,说明古代制造技术发展的历程。

1) 原动力方面的发明与制造技术的进步

无论哪一个民族,在制造业发展的初期,所需要的原动力都来自人力。发展中最重要的一步是在人力以外利用其他的原动力。开始时利用牲畜力,后来利用风力、水力和热力,使机械制造的劳动生产率不断提高。古代制造技术所需的原动力包括以下几个方面。

(1) 牲畜力 利用牲畜力作为农业方面的原动力,在我国古代社会极为普遍。除运输方面,如拉车驮载等以外,最显著的有以下三个方面:第一,利用牲畜力耕田及播种;第二,利用牲畜力碾米及磨面;第三,利用牲畜力带动水车灌溉田地。利用牲畜力还可为制造提供原动力,如冶金铸造中鼓风器所用的原动力,最初是人力,后来采用了牲畜力,再后来就发展到利用水力。目前,在原动力利用方面,牲畜力已处在次要地位,但是因为利用方便,在不少发展中的农业国家,牲畜力作为原动力仍占很重要的地位。

(2) 风力 我国史书就有利用风力作为一种原动力以帮助行船及行车的记载。当人类最初利用风力的时候,首先利用它在直线方向发生的压力或推力,以补充人力的不足,船上用的帆就是实例。利用一种风轮把风的直线运动转换为一种回转运动,以便做各种工作。

(3)水力 在这方面,我国的应用很早,并且利用的方式很多。最初的实例就是"刻漏"或"铜壶"。当时用刻漏表示时间,天文志上记载有"黄帝创观漏水"。其次,还有采用水力驱动的冶铸鼓用水排。另外,还有用水力作为天文仪器的原动力,用水力作为舂米的原动力,用水力作为碾米磨的原动力,用水力扬水和纺纱等。这些发明在劳动生产中广泛应用,给人民的生产和生活带来了很大的帮助。

(4)热力 在热力的利用方面,中国在古代一直处于世界领先地位。像火箭这一装备,全世界都公认是我国最先发明的。它能够将热力变换为机械力并且能做出相当大的功,可归入热力发动机一类。除火箭以外,还有一些应用热力的武器,比如作为飞弹的震天雷炮、神火飞鸦和自动爆炸的地雷、水雷和定时炸弹等。这些成就充分显示了我国古代人在热力利用过程中的智慧。

在以上介绍的有关各种原动力中,似乎与制造技术的进步没有太大关系,但是这些原动力后来都转变为制造过程中的各种动力源,使人类在制造方面脱离了自身力量的限制,从而大大提高了人类的制造能力,并加快了制造技术的发展。

2)传动机或传动机构方面的发明

为了解决原动机的回转运动与工作机运动形式的转换及运动的传递问题,同时也实现驱动能的传递,需要各种类型的传动机或传动机构。下面对几类常用的传动方式进行说明。

(1)绳带传动 绳带传动是人类制造技术发展史上出现最早的一种传动机构形式,虽然在出现之初它仅仅是一种不成熟的传动机构,但它却是人类机械制造发展历程中的一项重大突破。在距今 2000 年左右的西汉末年,在凿盐井的过程中就曾采用过绳带传动,据宋应星所著的《天工开物》上记载:在凿井的时候用牛转绳轮,再经过导轮和辘轳等向上提水和舂碎的石粉泥浆。另外绳带传动还使用在磨床(例如,用于琢磨玉石的磨床)上,在磨石轮轴的两边,各将绳索或皮条的一端固定在轴上,并按相反的方向各绕轴几周。此外,在镟木加工的镟床、木攒上,各种起重用的滑车上和拉重物用的绞车上,也都采用了绳索或皮条来传递运动和力量。

(2)链传动 在我国,链的应用发明也很早。而用于传动的链大多属于搬运链的性质,包括翻车及拔车、水车、高转筒车和天梯。其中,天梯是一种铁制的链子,把下边的一个小横轴的转动经过两个小链轮传递到上边的一个小轴杆上,这是一种真正具有传递动力和运动性质的链条。链传动相对绳带传动来讲,它的传动较为精确,是在绳带传动之后出现的一种较为成熟的传动形式。

(3)齿轮和齿轮系传动 齿轮和齿轮系是传动机或传动机构中最重要的一种装置。我国齿轮和齿轮系的发明可以上溯到秦代或西汉初年。我国利用齿轮传动所发明的一些典型机构,包括记里鼓车、指南车上的齿轮系等。此外还有北宋时的水运仪象台上所用的齿轮系,北宋末年王辅和元代郭守敬所制水力天文仪器上所用的齿轮系,元末明初詹希元所制五轮沙漏上所用的齿轮系等。齿轮机构的出现是人类机械制造技术发展史上具有划时代意义的一件大事。

这些机构的发明与制造为后来设计与制造出更为高级精密的设备提供了必要的条件,从而使制造能力大大提高成为可能。可以说,以上每一种机构的出现都是人类机械制造技术发展史上的一座里程碑。

2. 近代制造技术的发展

在漫长的古代制造技术的发展历程中,各种工具或机械相继被制造出来了,人类的生活逐渐得到了改善。随着近代制造技术的飞速发展,其成就也远远超过以往漫长年代所有成就的总和。

1) 工业革命前后机械制造的发展

(1) 动力源的变革——从气压的利用到蒸汽机的诞生 18世纪,随着纺织机的发明、矿山开采的需求及靠水车转动的机械的局限性,人们希望能出现一种比水车更强大的动力装置。

1680年,荷兰人惠更斯利用大气压使装在汽缸里的活塞动作。后来,帕潘接受惠更斯的这种想法,用蒸汽取代火药使活塞动作,其发明成为蒸汽机诞生的基础。1712年,纽科门终于完成了第一台实用的蒸汽机。

为了解决热利用率问题,1765年,瓦特发明了可以保持真空的"另外的容器",即给蒸汽机安装上冷凝器,并进一步完成了利用蒸汽压力而运动的蒸汽机。到了1780年左右,蒸汽机已被大量采用,成为各种工厂特别是制造工厂的强大动力源。

(2) 机床的发展 在同一时期,各种机床陆续问世,其数量也日益增多,工厂也犹如雨后春笋般在各地出现。18世纪,英国的工业在世界上是发展最快的,需要大量生产机械设备,推动了各种金属加工机床的问世。

① 刀具的自动进给 15至16世纪,脚踏式的、通过曲轴使主轴转动的车床开始被大量地使用。但是,刀具仍需要用手拿着。为了解决这些问题,人们又考虑出了新的加工方法,不是手握刀具,而是制作一个支承台,用其固定刀具。当时,很多人都提出了带有支承台的车床设计。

② 威尔金森镗床 1769年,英国出现了用水车作动力的镗床。后来,英国又有人改进了这种镗床(如图1-3所示的威尔金森镗床)。如加工汽缸,将刀具安装在支承着两端的一根粗轴上,这个轴贯通汽缸的中央;旋转这根轴,再使汽缸动作,以此方法切削加工直径为 50 in(1 in=25.4 mm)的汽缸,其误差为 1/16 in 左右。因此,瓦特的蒸汽机能正常工作,与镗床的进步是分不开的。

③ 带有进刀装置的车床 在1770年左右,为了设计并制造出一种不需要过多实践经验就能准确运转的机床,诞生了将装有刀具的底座通过螺纹旋转产生进给的机床。在同一时期,英国的机械技师拉姆兹汀也制造了一台通过丝杠进给刀具切削螺纹的机床。1780年,莫兹利制造了一台螺纹切削车床,这种车床以切削出高质量的螺纹为目的,如图1-4所示。该车床是全金属的,全长 36 in,刀具安装在刀架上,该刀架和一根丝杠啮合,可以左右移动。这样,刀具就完全脱离了人手的控制,成了机床的一部分。莫兹利的带有进刀装置的全金属车床,是今天车床的原型。

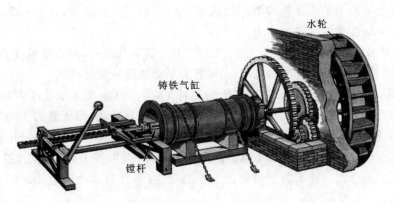

图 1-3 威尔金森(John Wilkinson)镗床(1774 年发明)

图 1-4 莫兹利(Henry Maudslay)发明的螺纹切削车床

（3）动力的发展与进步　1804 年，第一台行驶在轨道上的蒸汽机车出现。其后德国、法国和荷兰修建了铁路，蒸汽机车就成为铁路运输的主要工具。由于蒸汽机体积大，安装和移动并不容易，当时出现了研制内燃机的热潮。英国的巴尼特于 1838 年制造出一台十分精巧的装有点火装置的内燃机。1859 年，法国的勒努瓦制成内燃机，并开始投入实际使用。此后，英、法、德国的工程师对内燃机不断改进。1886 年，戴姆勒制造出转速为 900 r/min 的内燃机并装在他为妻子 43 岁生日而购买的马车上，成为世界上最早使汽车奔驰的人。1831 年，德国的雅可比制造出一种新型的电动机。此后，电动机成为机械制造业的重要动力源。

2）大批量生产

（1）互换式生产方法　从 19 世纪初期到中期，北美战争不断，从而对枪支的需求量大大增加。而当时的大部分枪支是由手工加工的，这种手工加工出来的枪支不仅生产量极少，而且共用性很差。人们认识到，只有使枪支的各种零件都实现标准化，具有互换性，才能真正地解决这一问题。惠特尼首先提出并创立了互换式的生产方法，在此基础上，他还建立了世界上第一个采用互换式生产模式进行生产的工厂。此后,在自行车、缝纫机、打字机等行业开始逐渐推行这种方法。

(2)机床技术的发展 要保证互换式生产方法的顺利推行,就需要性能良好的机床,于是生产者们努力制作高质量的机床,由此各种新型机床陆续诞生。

① 铣床 开始实行互换式生产方法的惠特尼,为了尽量实现加工生产的自动化,于1818年制作了世界上第一台卧式铣床。这种铣床是刀具转动,而所要加工的工件随工作台前后、左右移动,它可以铣削出平面。1861年,布朗和夏普(Brown & Sharpe)公司的Brown和其合伙人发明了可以加工螺旋线的万能铣床,并取得了巨大成功,图1-5所示为该万能铣床的示意图。铣床的发明促进了互换性生产,并对后来制造技术的发展作出了重要的贡献。

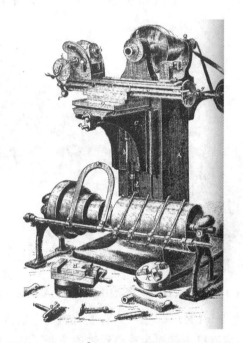

图 1-5 Brown & Sharpe **万能铣床(1861 年)**

② 仿形机床 尽管惠特尼设计的多种机床可用于加工多种枪械上的零件,但枪托仍然是手工作业,因为其形状不规则,当时的机床不能加工这种不规则的形状。为了解决这一问题,美国的托马斯·布兰查德凭着自己对机械的执著,发明了可以把木制枪托完整精加工成形的机床。这就是仿形机床的原型。

③ 转塔车床 随着大量机械装备的生产,需要大批的螺栓和螺母,但当时的生产能力不能保证其需求。为此,转塔车床诞生了。这种机床在滑鞍上装有一个称为塔的刀架。使用这种车床时,可以不用两个顶尖夹持工件,而是让工件材料通过中空的主轴,使用卡盘夹持工件。这种转塔车床可以安装几把刀具,刀具按顺序和一定的角度转动,适用的刀具就到达工件的加工位置。这种转塔车床使大批量的生产方式更加完备了。

3）自动化

20世纪初出现的泰勒科学管理法及随之出现的各种技术的发展，更进一步推进了工业生产方式的合理化。在这种环境之下，当时的一些企业家与机械技师开始提出各种改进生产方法与生产模式的方案，希望能缩短加工时间和降低成本，从而满足当时人们对产品不断增长的需求。

（1）福特生产系统　在生产工序中，最费时间的不是加工，而是在制品等待下一道工序加工的时间。但是，福特不只是为了实现搬运作业机械化而使用传送带，他认为还必须重新考虑各种作业的方法，诸如如何配置人员、每个人所要进行的工作怎样安排才最合理等。考虑到上述情况，福特通过使产品单一化、各种零部件标准化，以及机床和工具等单一化、标准化，完成作业简化。自动线上的每个操作工人只需从事单一的作业。由于作业的单一化和引进传送带可以大幅度地提高生产效率，所以，人们就把这种生产方法称为传送带系统，或者用福特的名字来命名，称为"福特生产系统"。

（2）自动生产加工线　随着可以实现单一作业的专用机床，例如钻孔专用机床、切削螺纹专用机床的出现，将它们用传送带连接起来后，整个机械加工的自动化程度就提高了。起初人们把这种机床称为连续自动加工机床。

1928年，米尔沃尔基的斯密思公司为了加工汽车的车架而制造出自动加工线，1天可以制造出1万台汽车车架。1947年，福特建成了新的高性能的自动生产加工线，而且在公司内成立了提高这种高性能自动生产加工线生产效率的部门，并给该部门取名为"自动化（automation）部"。自从福特设置了自动生产加工线以后，许多地方的汽车制造工厂也都设置了自动生产加工线。以此为起点，不只是汽车工业，自动化技术也在化学、仪器等其他行业得到了普及，使各种行业都朝着自动化生产的方向迈进。

（3）机床的自动化　到19世纪末，能够适应零件加工多样化的万能机床应运而生。后来，随着大批量生产方式的推广，只进行简单加工的单功能机床出现，减少工件的搬运时间就成为减少制造时间的关键。由此，可以连续不断地加工相同零件的自动加工机床出现了，这就是组合机床生产线的前身。

（4）电子技术与机床　第二次世界大战后，有关自动控制理论的研究取得了迅速的进展。在机械制造工厂，因电子技术在机床等加工设备中的应用，以及随后连续自动加工机床也采用了电子技术，这就使机械生产加工向更高程度的自动化道路迈进了一步。

4）系统化

（1）数控机床的普及　在20世纪40年代，帕森斯曾研究过一种可以加工工具的机床，加工出的工具可以用于检查直升机机翼轮廓。1952年，麻省理工学院与帕森斯合作研发了世界上第一台数控机床，它是机械和电子技术相结合的结果。后续的研究获得了成功，并借此开始了数控机床的工业化。

美国的卡尼-特莱克公司于1958年研制成功了一种称为加工中心的机床。这种机床是配有自动换刀装置的数控机床。加工中心备有可容纳几十把刀具的刀库，通过穿孔纸带进行控制。机械手根据事前存储在穿孔带上的指令，可以自动取出当前加工所需要的工具，并送到主轴的前端，夹紧后进行加工。由于用一台机床就可以进行铣削、钻孔、镗削等多种加工,因此加工中心很快得到了普及。

(2)群控管理系统 数控机床在推动机械加工自动化、提高生产效率方面取得了很大的成绩。但仅机床用计算机控制,并实现自动化还是不够的,最好整个工厂都实现自动化,这就是所说的工厂的省力化。在此基础上又有人提出实现工厂的无人化方案。这就要求进一步将机械加工系统组成一个整体进行管理。

因此,人们就考虑了自动加工系统,该系统的核心就是用一台计算机管理多台数控机床,人们把这种系统称为群控系统。可以说它是由计算机和数控机床的一个机群组成的。计算机设在控制室里和若干台数控机床联合起来使用。

制造技术是从简单工具的制造开始,逐渐发展到复杂机械的研制的,其本身也是从低级幼稚阶段逐渐进入高级先进阶段的。特别是第二次世界大战后,各种制造业都迅速地发展起来,对我们的社会发展起到了巨大推动作用,给我们的社会带来了丰富的物质财富,把人类从各种繁杂的体力劳动中解放出来,大大提高了人类改造自然的能力。

3. 未来制造技术的发展

在近代制造技术的发展历程中,人类不仅创造出了新的机械设备和动力源,而且应用了大批量、自动化、系统化等高效的生产模式。近年来,随着 IT 和互联网技术的高速发展,现实的物理环境与虚拟的数字世界的交互已经成为发展的必然趋势。为此,制造业将迎来一场在产业模式上的根本性变革。

2013 年 4 月,德国政府在汉诺威工业博览会正式推出了工业 4.0 战略,旨在提高德国工业的竞争力,维持其工业领头羊的地位。自此,工业 4.0 的概念成为了未来制造业发展的风向标,预示着基于数字化、网络化和集成化的新一代工业革命的到来。

1)信息物理融合系统

信息物理融合系统(CPS)是一个综合计算、网络和物理环境的多维复杂系统,能够通过计算、信息和控制技术的有机融合和深度合作,实现虚拟世界与物理世界的紧密交互。未来制造业的发展将以 CPS 为技术基础,将人类需要的数据、制造现场设备传感器输出的数据和控制数据及企业信息数据融合成大数据,传到云端进行存储、分析,并形成决策,反过来指导设备的生产和企业的运营,从而实现人、物理设备和数字信息的紧密联系,提高制造业的生产灵活性和资源利用率。

2)数字孪生制造

从根本上讲,数字孪生是以数字化的形式对某一物理实体过去和目前的行为或流程进行动态呈现,其真正功能在于能够使物理世界和数字世界之间全面建立准实时联系。图 1-6 呈现了物理世界与数字世界交互作用的模型。数字孪生制造(digital twin manufacturing)是一种利用模拟技术改善工厂运营的方式。它把传感器数据和物理设备结合起来,通过实时分析以改善工厂的运营和生产效率。它可以将视觉检查、报警、报道和机器学习技术应用于生产现场,从而提高工厂的可视性,提高其预测性能。

3)"智能工厂"与"智能生产"

"智能工厂"和"智能生产"是工业 4.0 项目的两大主题,也是实现制造业技术革新的关键。智能工厂重点研究智能化生产系统及过程,以及网络化分布式生产设施的实现;智

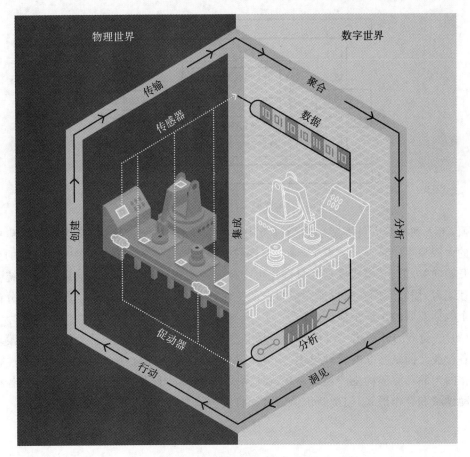

图 1-6 生产流程数字孪生模型

能生产主要涉及整个企业的生产物流管理、人机互动及 3D 技术在工业生产过程中的应用等,利用物联网的技术和设备监控技术加强信息管理和服务。

智能工厂的基本设想是制造的产品集成了动态数字存储器和通信能力,承载着整个供应链和生命周期中所需的各种信息,整个生产链中所集成的生产设施能够实现自组织,以及能够根据当前的状况灵活地决定生产过程,从而建立一个高度灵活的个性化和数字化的产品和服务的生产模式。在这种模式下,智能工厂能够掌握产品生命周期信息,从而制定出灵活多样的生产制造周期,并实现个性化产品定制;能够实现产品研发、生产、市场、服务、运行及回收各个阶段的动态管理。

智能工厂系统与近代工厂的自动化系统完全不同,智能工厂系统集成了信息物理融合系统在制造和物流的技术中,并在工业流程中使用物联网及其服务技术,它采用的是面向服务的体系架构(见图 1-7)。在该体系中,采用物联网技术实现现场物理设备之间的连接,采用信息物理生产系统(CPPS)进行控制,连接安全可靠的云网络主干网进行监控管理,采用互联网提供服务。

4)分散化生产模式

(1)生产力的分散化 在工业化大生产的时代,由于分工明细和大批量生产的需要,

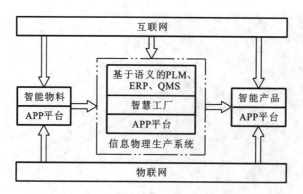

图 1-7 智能工厂的体系架构图

一方面,工人和技术人员等劳动力会被集中在一起工作;另一方面,生产力往往只集中在少数的大规模生产企业。随着 IT 和互联网技术及制造技术的发展,这种"集中式"的生产模式开始向"分散化"模式发展。分散化生产模式的实现依赖于强大的信息沟通系统及数据处理能力,届时人们在家也能完成自己的工作任务,而大规模的集中生产力也将分散成一个个数据互联的生产个体。

(2)产业链的分散化 以往的制造业主要关注制造技术的发展,产业链中各个模块之间及各行业之间是独立的管理模块。分散式生产的目标是建立一个高度灵活的个性化和数字化的产品与服务的生产模式。在这种模式中,传统的行业界限将消失,并产生各种新的活动领域和合作形式,创造新价值的过程将发生改变,产业链分工将被重组。

1.2 机械工程的内涵与大学本科相关课程体系

在 1.1 节中,我们勾勒出机械工程的发展全景,但为了更好地认识机械工程的实质内涵,需给出机械工程的定义与内涵。机械工程是以有关的自然科学和技术科学为理论基础,结合生产实践中积累的基础经验,研究和解决在开发、设计、制造、安装、应用和修理各种机械中的全部理论和实际问题的总称。

机械工程学科包括机械设计及理论、机械制造及自动化和机械电子工程学科等。

机械设计及理论是对机械进行功能综合并定量描述及控制其性能的基础技术学科。它的主要任务是把各种知识、信息注入设计中,加工成机械制造系统能接受的信息并输入机械信息系统。机械制造及自动化是指接受设计输出的指令和信息,并加工出合乎设计要求的产品的过程。因此,机械制造及自动化是研究机械制造系统、机械制造过程手段的科学。机械电子工程是 20 世纪 70 年代由日本提出来的用于描述机械工程和电子工程有机结合的一个术语。机械电子工程学科已经发展成为一门集机械、电子、控制、信息、计算机技术为一体的工程技术学科。该学科涉及的技术是现代机械工业最主要的基础技术和核心技术之一,是衡量一个国家机械装备发展水平的重要标志。图 1-8 所示为机械工程学科的技术构成。

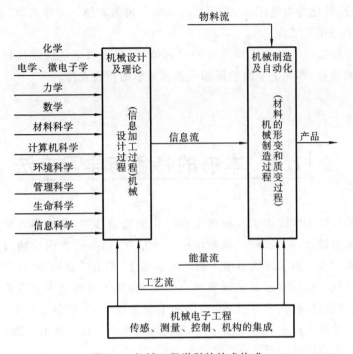

图 1-8 机械工程学科的技术构成

设计与制造是两个不可分的统一体,忽视了这一点就有可能出现以下问题:若轻制造,用先进的设计技术,就可能制造出"质量不高的先进产品";反之,若轻设计,用先进制造技术,又可能制造出"落后的高质量产品"。只有用先进的设计技术设计出适应社会需求的产品,以先进的制造技术制造,才能形成对市场的快速响应。

机械设计及理论学科的研究对象包括机械工程中图形的表示原理和方法;机械运动中运动和力的变换与传递规律;机械零件与构件中的应力、应变和机械的失效;机械中的摩擦行为;设计过程中的思维活动规律及设计方法;机械系统与人、环境的相互影响等内容。

机械制造及自动化学科包括机械制造冷加工学和机械制造热加工学两大部分。机械制造发展至今,正由一门技艺成长为一门科学。机械加工的根本目的是以一定的生产率和成本在零件上形成满足一定要求的表面。为此,正在逐步形成研究各种成形方法及其运动学原理的表面几何学;研究材料分离原理和加工表面质量的材料加工物理学;研究加工设备的机械学原理和能量转换方式的机械设备制造学;研究机械制造过程的管理和调度的机械制造系统工程学等。

机械电子工程的本质:机械与电子技术的规划应用和有效的结合,以构成一个最优的产品或系统。机械电子方法在工程设计应用中的基础是信息处理和控制。有些人可能对"机械电子学"产生反感,认为它"仅仅是控制工程的改头换面",持这种观点的人没有认识到采用和结合电子技术与计算机技术对机械系统设计方法产生的直接影响。事实上,用机械电子工程的设计方法设计出来的机械系统比全部采用机械装置的方法更简单,所包含的元件和运动部件更少。例如,以机械电子方法设计的一台缝纫机,利用一块单片集成电路控制针脚花样,可以代替老式缝纫机中的约 350 个部件。因此将复杂的功能(如机械系统的精确定位)转化为由电子方法来实现,带来了很多方便。多年来,机械工程、电气工程和电子工程早已相互结合。

作为大学本科阶段的机械工程教育的课程体系,要着眼于适应现代机械工程的高素质工程型人才的培养,体现了全面掌握相关领域知识的课程安排。

1.3 本书的特色与学习方法

本书作为综合性大学文理工科机械工程知识的启蒙读物,基本内容紧密围绕现代机械工程相关的机械设计、机械制造、机械电子三个层次,而各层次内容通过绪论及其各章的引述说明关联起来。由于现代机械工程的内容很多,本书既要反映传统机械工程技术,又要体现现代机械工程技术及其最新发展。因而,在具体内容组织上以机械工程材料常识、机器的构成与设计、现代设计技术、传统加工制造技术、先进制造技术、现代机械工程中的传感器技术及测控技术等为主线,力求反映现代机械工程的技术全貌。

本书的主要内容详述如下。

绪论部分从机械设计与机械制造两个方面介绍机械工程各阶段的发展,介绍了现代机械工程的内涵及本课程的学习方法,并列出一些学习的参考文献。

机械设计部分包括力学与机械工程思维,机构、设计与机器人。其中,通过基本的作用力、应力的概念,引出机械工程师应具备的工程思维。机构、设计与机器人部分主要阐述了常用机构的类型及应用、机械零件、传动等机械设计基本知识、概念设计与创新设计案例分析以及机器人的概念与分类。拓展部分重点讲述动力学建模知识、柔顺机构基本知识及人-机交互技术。

机械制造部分包括传统/非传统制造与精密制造,电子制造技术。该部分主要讲述了毛坯成形及净成形技术,零件外形加工原理与传统外形加工方法,非传统外形加工方法,快速原型技术,装配与连接技术,几何测量与检测,电子制造技术等。拓展部分讲述了近净成形技术、精密与超精密加工技术以及工业 4.0 知识。

机电控制部分包括机电控制基础,检测技术与传感器,分布式工业控制技术与工业信息物理系统。该部分主要讲述了工业控制系统基础,常用的工业控制方法,先进控制方法,数控技术基础,检测技术理论基础与传感器技术基础,虚拟仪器技术,分布式工业控制系统与工业信息物理系统。拓展部分讲述了智能机床、机器人传感器与新一代智能制造的相关知识。

支撑机械工程及自动化专业的课程由公共基础课、学科基础课和专业领域课构成。公共基础课一般包括高等数学、大学物理、大学化学、线性代数、积分变换、英语、画法几何及机械制图等。学科基础课一般包括理论力学、材料力学、电工与电子技术、机械工程材料、互换性与测量技术基础、成形技术基础、机械原理、机械控制工程基础、机械设计、微机原理与应用、测试基础、机械制造技术基础等。专业领域课一般包括机械设备数控技术、快速成形技术、网络制造信息系统、功能材料、成形工艺与磨具设计、机械制造自动线设计、虚拟仪器、光电技术与系统、机器人学导论等。

支撑机械电子工程专业的课程由公共基础课、学科基础课和专业领域课构成。公共基础课一般包括高等数学、大学物理、大学化学、线性代数、复变函数、积分变换、英语、画法几何及机械制图等。学科基础课一般包括理论力学、材料力学、电工原理、模拟电子技术、数字电子技术、机械工程材料、互换性与测量技术基础、机械原理、机械设计、自动控制理论与实验、微机原理与接口技术、工程光学、检测技术与信号处理、机械设备数控基础、液压与气动传动技术等。专业领域课一般包括机电传动控制、机电系统安装与调试、机电一体化生产系统设计、电子线路CAD、控制系统抗干扰设计、虚拟仪器、计算机控制系统、机器人学导论、激光技术及其应用、特种与先进制造技术、机械振动、机械噪声及控制、快速成形技术、自动化机械设计、CAD/CAM、光电技术与系统等。

机械工程内容涉及的领域非常广泛，所需要掌握的知识非常多，所涉及的交叉学科也比较多，这从机械工程各专业所开出的专业基础课、专业课及各种选修课就可以看出来。对本课程的学习，就是要使学生可以较快地领会机械工程所涉及的主要知识脉络及各种分支知识脉络的关联，使得学生在未来的专业学习中能够更主动地去选择、去学习。因此，本课程力图反映现代机械工程的基本内容及最新技术发展。学生在本课程学习中应努力做到以下几个方面。

（1）把握机械工程的全貌及机械工程的基本知识，不需要对各知识点深入学习，因为深入的理论及专业技术会在相应的专业和专业选修课中介绍。

（2）了解现代机械工程的最新发展，把握机械与电控的结合技术，体会现代机械工程技术并不仅仅是纯机械的构成。

（3）在教学过程中，教师会补充许多生动的实例，学生们应充分体会现代机械工程的技术与成果。

（4）学生在学习时，不应局限于本书的内容，而应根据自己的思考，查阅相关的书籍和专业文章，主动学习。

1.4 知 识 拓 展

1.4.1 多种机床的发明人惠特尼(见图1-9)生平

Whitney was born in Westborough, Massachusetts, on December 8, 1765, the eldest child of Eli Whitney Sr., a prosperous farmer. His mother, Elizabeth Fay of Westborough, died when he was 11. At age 14 he operated a profitable nail manufacturing operation in his father's workshop during the Revolutionary War.

Fig. 1-9　Inventor of milling maehine——Whitney(1765—1825)

Because his stepmother opposed his wish to attend college, Whitney worked as a farm laborer and schoolteacher to save money. He prepared for Yale at Leicester Academy(now Becker College)and under the tutelage of Rev. Elizur Goodrich of Durham, Connecticut, he entered the Class of 1789, and graduated Phi Beta Kappa in 1792. Whitney expected to study law but, finding himself short of funds, accepted an offer to go to South Carolina as a private tutor.

Instead of reaching his destination, he was convinced to visit Georgia. In the closing years of the 18th century, Georgia was a magnet for New Englanders seeking their fortunes(its Revolutionary-era governor had been Lyman Hall, a migrant from Connecticut). When he initially sailed for South Carolina, among his shipmates were the widow and family of Revolutionary hero, Gen. Nathanael Greene of Rhode Island. Mrs. Greene invited Whitney to visit her Georgia plantation, Mulberry Grove. Her plantation manager and husband-to-be was Phineas Miller, another Connecticut migrant and Yale graduate (Class of 1785), who would become Whitney's business partner.

Whitney is most famous for two innovations which later divided the United States in the mid-19th century:the cotton gin(1793)and his advocacy of interchangeable parts. In the South, the cotton gin revolutionized the way cotton was harvested and reinvigorated slavery. In the North the adoption of interchangeable parts revolutionized the manufacturing industry, and contributed greatly to their victory in the Civil War.

1.4.2　工业 4.0 的发展历程及战略意义

工业革命始于 18 世纪末机械制造设备的引进,那时像纺织机这样的机器彻底改变了产品的生产方式。继第一次工业革命后的第二次工业革命大约开始于19世纪70年代,在劳动分工的基础上,采用电力驱动产品的大规模生产。20世纪70年代初,第三次工业革命又取代了第二次工业革命,并一直延续到现在。第三次工业革命引入了电子与信息技术,从而使制造过程不断实现自动化,机器不仅接管了相当比例的"体力劳动",而且还接管了一些"脑力劳动"。前三次工业革命造就了机械、电气和信息技术。如今,物联网和制造业服务的兴起正宣告着第四次工业革命的到来。工业1.0到工业4.0的发展历程如图1-10所示。

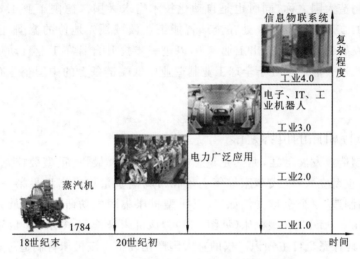

图1-10　工业1.0到工业4.0的发展历程

工业4.0是德国政府2010年推出的《高技术战略2020》十大未来项目之一,其目的在于奠定德国在关键工业技术上的国际领先地位。项目由政府出资,注重中小企业。作为指引未来工业生产的一种全新概念,德国工业4.0的思路是:在工厂生产新产品的系统中,产品的组件直接与生产系统沟通,发出接下来所需生产过程的指令,这样将改变整个生产技术的使用,整个系统将更加智能,联系更加紧密,不同组件之间可以相互沟通,工作更快,反应更加迅速。物联网、服务网以及数据网将取代传统封闭性的制造系统,并成为未来工业的基础。德国电子电气工业协会预测:工业4.0将使工业生产效率提高30%。

工业4.0的概念包含了由集中式控制向分散式增强型控制的基本模式转变,其目标是建立一个高度灵活的个性化和数字化的产品与服务的生产模式。在此模式中,传统的行业界限将消失,并会产生各种新的活动领域和合作形式。创造新价值的过程正在发生改变,产业链分工将被重组。该战略首先从两个方向展开:一是"智能工厂",重点研究智能化生产系统及过程,以及网络化分布式生产设施的实现;二是"智能生产",主要涉及整个企业的生产物流管理、人机互动及3D技术在工业生产过程中的应用等。德国学术界和产业界普遍认为工业4.0概念就是以智能制造为主导的第四次工业革命,或革命性的生产方法,旨在充分利用信息通信技术和网络物理系统等手段,将制造业向智能化转型。

德国需要借鉴其作为世界领先的制造设备供应商以及在嵌入式系统领域的长处,广泛地将物联网和服务应用于制造领域,这样就可以在第四次工业革命的道路上起到引领作用。推出工业4.0不仅能巩固德国的竞争地位,而且也可推动全球性问题的解决,如资源和能源利用效率;国家所面临的挑战,如应对人口变化。然而,关键是要考虑在社会文化背景下的技术创新,因为文化和社会的改变本身也是创新的主要驱动力。例如,人口的变化有可能会改变社会中的所有关键领域,如学习方式的组织伴随着寿命延长、工作和健康的性质,以及当地社区基础设施建设等,这将反过来显著优化德国的生产结构,提高生产率。通过优化技术创新和社会创新之间的关系,将为德国经济的竞争力和生产率做出重要贡献。

中国素有制造大国之称,同时也是自动化技术需求大国。德国工业4.0路线图描绘出未来制造业的工厂生产景象。处在全球智能工业领域领先地位的德国,已敏锐地觉察到工业进程的发展趋势,正式推出工业4.0,以进一步提升自身在工业自动化制造业生产体系中的地位。这一点对于处于全球工业制造业中低端链条上的中国企业有更强的警示和启迪意义。

1.4.3 我国数控机床的世界之最

中国装备制造业发展迅猛,尤其是重型数控机床发展最快,重型数控龙门镗铣床、重型落地镗铣床、重型立式/卧式车床等年产量和市场消费量均已居世界第一,一件件堪称国宝级的"中国制造"享誉全球。例如,武汉重型机床集团成功研发世界最大规格的超重型数控卧式机床——DL250型机床(见图1-11)。该机床身长50多米,重1450 t,最大回转直径达5 m,是具有完全自主知识产权的重大国产化装备。该机床曾制造过重106.3 t、直径9.1 m的全球最大螺旋桨。其加工精度可达0.008 mm,约为头发丝直径的十分之一。

图1-11 超重型数控卧式机床DL250

本章重难点

- 机械设计与机械制造的主要发展历史,以及其对现代机械设计与现代机械制造技术发展的启示。
- 理解机械工程的内涵,机械设计、机械制造及其自动化和机械电子学科各自面对的问题与内容。

 思考与练习

1. 简述机械工程的定义与内涵。
2. 简述机械设计、机械制造及自动化、机械电子学科所研究的领域。
3. 思考从古代到现代机械工程发展的脉络,分析其推动力的来源,以及对未来机械工程发展的启示。

本章参考文献

[1] 水运仪象台资料[EB/OL]. 百度百科,http://baike. baidu. com/view/41566. htm? fr=ala0_1_1.

[2] 多种机床的发明者——惠特尼资料[EB/OL]. 维基百科,http://en. wikipedia. org/wiki/Eli_Whitney,_Jr.

[3] 威尔金森镗床的发明者资料[EB/OL]. 维基百科,http://en. wikipedia. org/wiki/John_Wilkinson_-(industrialist).

[4] 第一台螺纹车床的发明者资料[EB/OL]. 维基百科,http://en. wikipedia. org/wiki/Henry_Maudslay.

[5] 机械工程百科知识[EB/OL]. 维基百科,http://en. wikipedia. org/wiki/Mechanical _engineering.

[6] GROTE K H,ANTOSSON E K. Handbook of mechanical engineering[M]. Germany:Springer,2008.

[7] 张伯鹏. 机械制造及其自动化[M]. 北京:人民交通出版社,2003.

第2章 力学与机械工程师思维

教学视频

机械工程师的职责是利用掌握的数学、物理学理论知识完成机械结构、零件的设计，使其能承受足够的作用力及完成要求的运动。比如，机械工程师可以运用力平衡原理分析机械结构设计的合理性，达到要求后才允许制造加工。机械工程师应该有能力在结构的设计阶段就进行必要的分析，并进行必要的修正。比如，为了评价汽车的安全性，机械工程师可以建立汽车的三维实体模型，使用动力学分析软件（如著名的动力学分析软件ADAMS），在计算机上模拟汽车碰撞过程，评价汽车的安全性及进行必要的结构修改，这样能大幅度减少汽车实际碰撞实验的次数，降低新产品的研发成本。

本章将简要介绍力学的基本知识，如何使结构保持静止或运动，结构为什么会发生变形、断裂。对于一个机械工程师来说，结构的受力分析是结构设计的第一步。通过这项工作来评价结构是否安全可靠、是否可能断裂、机器能不能驱动等。如图2-1所示，机械工程师应对装载机进行受力分析，确定设计的铲斗能举升多重的物体，能否达到设计要求。因此，通过这一章的学习，可以明确作为一个机械工程师的基本职责。

图 2-1 装载机外形图

2.1 相关本科课程体系与关联关系

为了更好地使读者,特别是大学机械类本科生了解机械结构的受力、运动和强度方面的本科课程及其与后续课程的关联关系,本节将简要勾勒与机械结构的受力、运动和强度相关的机械类大学本科课程的关联关系。

图 2-2 表明了理论力学及材料力学是与本章内容密切相关的大学本科课程,同时,还表明了机械结构的受力、运动与强度密切相关的理论力学及材料力学是机械类大学本科课程的核心学科基础课程。它一方面支撑了机械原理、机械设计等学科基础课程,同时也支撑了机器人学导论、模具设计及其计算机应用、机械振动冲击与噪声等主要专业领域课程。可以说,机械类大学本科生必须掌握好这两门课程所涉及的内容,才能为以后学习学科基础课程与专业领域课程打下坚实的基础。

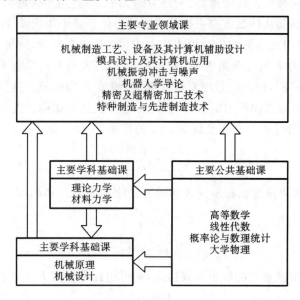

图 2-2 与机械结构的受力、运动和强度相关的本科课程体系

2.2 结构所受的作用力与运动

本节介绍力的不同表达方式。结构所受的力是向量,即力有大小及作用方向,一个结

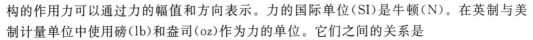

构的作用力可以通过力的幅值和方向表示。力的国际单位(SI)是牛顿(N)。在英制与美制计量单位中使用磅(lb)和盎司(oz)作为力的单位。它们之间的关系是

$$1\ lb = 16\ oz = 4.448\ N$$

2.2.1 力的直角坐标与极坐标表达

我们使用 F 表示向量力。如图 2-3 所示,一个向量力可以投影到 x 坐标轴与 y 坐标轴上,所得到的标量力分别用 F_x、F_y 表示。

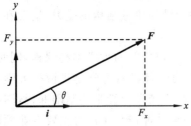

图 2-3 力向量的直角坐标表达

在图 2-3 中,我们还使用符号 i、j 分别表示沿 x 坐标轴、y 坐标轴单位向量,分别表示向量力 F 在 x 坐标轴、y 坐标轴上投影的标量力 F_x、F_y 的方向。为了用向量代数的公式表达向量力 F,我们把单位向量 i、j 与投影标量力 F_x、F_y 合成到一起,得到向量表达式为

$$F = F_x i + F_y j \tag{2-1}$$

对向量力可以从两个方面去理解:一是力的大小,即要用多大的力才能推动或拉动物体,二是力的方向,即要从什么方向去推动或拉动物体。除了用式(2-1)所示的直角坐标表达方式外,还可以采用极坐标的向量力表达方式。如图 2-3 所示,向量力 F 与 x 坐标轴的夹角为 θ,表示向量力 F 的方向角为 θ。而向量力 F 的大小为向量力 F 的长度,用向量的幅值表示,记为 $F = |F|$,即取向量绝对值或幅值,幅值 F 为标量。这样,用参量幅值 F 和向量方向角 θ 就可以表达向量力的大小与方向,这种表达方式称为极坐标表达。

根据图 2-3,得到向量力 F 在坐标轴 x、y 的投影 F_x、F_y,即

$$\begin{cases} F_x = F\cos\theta \\ F_y = F\sin\theta \end{cases} \tag{2-2}$$

根据式(2-2),可以推导出极坐标表达所需要的参量值 F 和 θ,即

$$\begin{cases} F = \sqrt{F_x^2 + F_y^2} \\ \theta = \arctan\left(\dfrac{F_y}{F_x}\right) \end{cases} \tag{2-3}$$

如果要直接写出向量力的极坐标表达式,则可用标量参数 F 和 θ 表示复数,即

$$F = Fe^{j\theta} \tag{2-4}$$

式(2-3)、式(2-4)中的向量方向角 θ 采用反正切函数计算,其取值范围为 $-90° \sim +90°$。为了表达处于任一个坐标象限中的向量力,得到正确的向量方向角 θ,需要根据参数 F_x、F_y 的符号确定正确的向量力方向角 θ。对于第一象限的向量力 F,F_x、F_y 都为正,向量方向角按式(2-3)直接计算就可以。如图2-4所示,向量力位于第一象限,F_x、F_y 分别为 100 N 和 50 N,根据式(2-3)可以计算出幅值 $F = 111.8$ N 和向量方向角 $\theta = 26.6°$。对于第四象限的向量力 F,F_x 为正、F_y 为负,向量方向角按式(2-3)直接计算就可以。如图 2-4 所示,向量力位于第四象限,F_x、F_y 分别为 100 N 和 -50 N,根据式(2-3)可以计算出幅值 $F = 111.8$ N 和向量方向角 $\theta = -26.6°$。对于位于第二象限的向量力 F,F_x 为负、F_y 为正,向量

方向角不能直接按式(2-3)计算,需要修正,即在计算的结果上加上$180°$。对于位于第三象限的向量力 F,F_x、F_y都为负,向量方向角不能直接按式(2-3)计算,需要修正,即在计算的结果上也要加上$180°$。

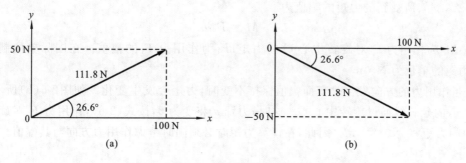

图 2-4 确定作用力方向

(a) 向量力位于第一象限 (b) 向量力位于第四象限

2.2.2 力的合成

当有多个向量力同时作用在物体上时,通常需要进行向量力的合成,来描述这些向量力对物体的影响。以 F 表示各向量力的合力,此力也是向量力。图 2-5(a)所示为一个支架受到三个向量力的作用,三个力具有不同的大小与方向。这些向量力用 $F_i(i=1,2,\cdots,N)$表示,则合力 F 按向量力的向量代数的方法可表示为

$$F = F_1 + F_2 + \cdots + F_N = \sum_{i=1}^{N} F_i \tag{2-5}$$

向量力的合成也可用向量多边形的方法,把各向量力按作用方向依次相连,最后首尾点的连线即表示其合力。图 2-5(b)所示为支架受力的多边形向量力合成图,图中得到的向量力 F 即所求的合力。

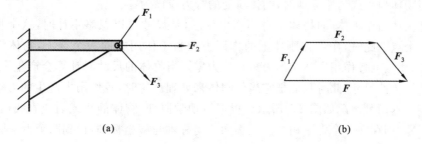

图 2-5 支架受到三个向量力作用及力合成图

2.2.3 力矩

力矩的现象在人们的日常生活中经常呈现。当运动员骑着自行车在道路上飞奔的时候,运动员的双脚通过自行车脚踏板、链条、链轮对自行车后车轮施加了一个力矩;当钳工用扳手拧紧螺栓时,钳工通过扳手对螺栓施加了一个力矩。当一个作用在物体上的力,有

使物体发生旋转的趋势时,这个物理量可用力矩表示。力矩的大小与力及力臂的大小成正比。

如图 2-6(a)所示,支架受到一个作用力 F_1 时,旋转中心 O 到作用力 F_1 的垂直距离为 d,那么,支架所受到的力矩的幅值为

$$M_O = F_1 d \tag{2-6}$$

式中:M_O 为作用力 F_1 对旋转中心 O 的力矩;F_1 为作用力 F_1 的幅值。在国际单位制(SI)中,力矩的单位为 N・m。

当作用力的方向发生改变而幅值保持不变时,力矩会发生变化。如图2-6(b)所示,作用力 F_2 的延长线通过旋转中心 O。这时,力臂 d 将变为 0,按式(2-6),作用力 F_2 对旋转中心 O 的力矩将为 0 N・m。因此,在计算力矩时必须同时考虑作用力方向与其幅值。

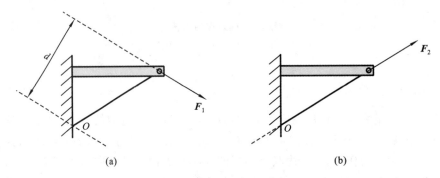

图 2-6　支架受到的力矩

(a) 支架作用力不过 O 点　　(b) 支架作用力过 O 点

2.2.4　力与力矩的平衡

在学习了力与力矩的基本知识后,接下来就要考虑作用在物体上的力与运动之间的关系。当物体静止或匀速运动时,物体所受的合力应该为零。

当把物体当作刚体,即物体本身不产生变形,且尺寸可以忽略不计时,这个物体可以缩略为一个点。此时,作用在刚体上的作用力相当于作用在同一个点上,物体简化为质点。显然,质点上各作用力产生的力矩将均为零。当物体的尺寸对计算会产生影响时,就不能忽视物体的尺寸,此时我们把它当作刚体来处理。这时,各作用力产生的力矩将不一定等于零。这两种情况如图 2-7 所示。根据运动学原理,物体静止或匀速直线运动时,其合力等于零,即存在一个力平衡式。投影到 x 坐标轴与 y 坐标轴,得到两个力平衡式,即

$$\begin{cases} \sum_i F_{xi} = 0 \\ \sum_i F_{yi} = 0 \end{cases} \tag{2-7}$$

当物体静止或匀速旋转运动时,得到一个力矩平衡式,即

$$\sum_i M_{\alpha} = 0 \tag{2-8}$$

式中:M_{α} 表示第 i 个作用力产生的对 O 点的力矩。

对于实际的机器或零件,可根据不同的情况,将其简化为质点或刚体处理。如太空飞船绕地球运行时,因太空飞船相对于地球很小,其尺寸可以忽略不计,这时太空飞船可简化为质点。但要分析其动态特性时,太空飞船的尺寸就很重要了,这时就要把太空飞船作为刚体处理。将物体作为质点处理时,只有两个力平衡方程;将物体作为刚体处理时,就有三个平衡方程。

2.2.5 物体的运动

当物体可以简化为质点或刚体,且其合力或合力矩不为零时,物体将发生加速运动。对于质点来说,没有旋转运动。如图 2-7 所示,质点受到 N 个作用力的作用,当其合力为零时,质点静止或做匀速运动。当其合力不为零时,质点将产生加速运动,其加速度为

$$a = \frac{F}{m} \tag{2-9}$$

式中:F 为质点的合力;m 为质点的质量。而 ma 称为惯性力。当把惯性力也作为质点所受到的力施加在质点上时,我们又可以得到力平衡式(2-7)。

对于刚体,当其合力矩不为零时,刚体加速旋转,其旋转角加速度为

$$\alpha = \frac{M_O}{I_O} \tag{2-10}$$

式中:M_O 为刚体对 O 点的合力矩;I_O 为刚体对 O 点的转动惯量。而 $I_O\alpha$ 称为旋转惯性力。当把旋转惯性力也作为刚体所受到的力矩施加在刚体上时,我们又可以得到力矩平衡式(2-8)。

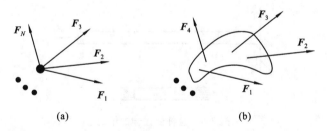

图 2-7 质点与刚体的作用力与力矩
(a) 质点受力 (b) 刚体受力

实际的机器是由多个构件相互连接而成的,因此,实际的机器常根据分析的需要,简化为一个多刚体系统,机器的运动分析将转换为多刚体系统的运动分析。

⚙ 2.3 结构所受的应力

机械设计工程师的职责是确保所设计的机械结构在可能的工况下不发生断裂等失

效。为此,必须对机械结构进行受力分析。但是,知道了结构的受力大小与方向,还不能直接确定所设计的机械结构是否能够承受足够的载荷。例如,5 kN 的作用力足以把一个小螺栓拉断或使一个直径较小的杆发生永久性塑性弯曲,但杆的直径足够大,杆就可以承受 5 kN 的作用力而不发生塑性弯曲或变形。

一个机械结构是否发生断裂等失效,取决于作用在它上面的载荷与结构的尺寸。同时,即使机械结构尺寸相同、载荷相同,结构的承载能力也可能不相同,这是因为机械结构局部形状的影响。如果机械结构的局部存在形状的突变,如轴的键槽槽底的直角转折,则机械结构的承载能力就会大大降低。这种现象称为应力集中现象。

因此,判断机械结构是否可能发生强度失效,应分析机械结构可能产生的最大应力。机械工程师应能辨识机械结构所承受的应力类型(如拉应力、压应力、切应力等),绘制材料的应力-应变曲线,能区别弹性变形与塑性变形,采用安全系数进行机械结构设计。

2.3.1　拉应力与压应力

如图 2-8 所示的直杆受到沿直杆轴线的作用力 **F**,当 **F** 作用力方向朝杆外时,直杆会被拉长;当 **F** 作用力方向朝杆内时,直杆会被压缩。直杆被拉长时,直杆在直径方向会产生收缩的现象;直杆被压缩时,直杆在直径方向会产生膨胀的现象。收缩与膨胀现象对于金属结构件一般不是特别明显,收缩与膨胀量需要用精密仪器测量才能观察到。我们可以用一个矩形截面的橡皮带进行一个拉伸实验:当橡皮带拉伸变长时,橡皮带的宽度减小了。

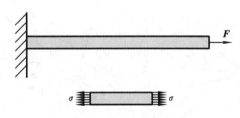

图 2-8　直杆受拉伸的情况

直杆受到拉伸后伸长,当直杆的拉伸力变为零时,直杆能复原或不能复原。如果直杆能够复原,表明直杆在受到拉伸力载荷后发生了弹性变形;如果直杆不能复原,表明直杆在受到拉伸后发生了永久性塑性变形。机械结构是否发生塑性变形,这是机械工程师确定机械结构材料与尺寸的重要依据。

如图 2-8 所示,作用力虽然作用在直杆的右端,但直杆内部也会受到作用力,这个作用力称为内力。我们取直杆的一段,该段直杆的左右截面会受到大小相等、方向相反的作用力,但该作用力是作用在整个直杆截面上的。这时,我们用应力来表示这个内力。该直杆的拉伸应力定义为单位初始直杆截面积的作用力,用公式可表示为

$$\sigma = \frac{F}{A} \tag{2-11}$$

式中:A 为直杆的截面积;σ 为应力,垂直于直杆截面,单位为 Pa(1 Pa=1 N/m²)。由于工

程上应力的量级较大,常采用更大单位,如 kPa(1 kPa＝10^3 Pa)、MPa(1 MPa＝10^6 Pa)、GPa(1 GPa＝10^9 Pa)。当应力 σ 朝向体外时,符号为正,称为拉应力。当应力 σ 朝向体内时,符号为负,称为压应力。

直杆受到拉应力或压应力时,将伸长 ΔL 或缩短 ΔL。当两个直杆直径一样,并且受到同样大小的沿直杆轴线的拉力,若直杆长度不一样时,两个直杆内的拉应力大小是一样的,但伸长的长度却不一样。为了更好地评价物体的变形能力,引入应变的概念,并且定义为单位长度的变形量,用公式可表示为

$$\varepsilon = \frac{\Delta L}{L} \tag{2-12}$$

式(2-12)中的分子与分母的量纲相同,因此应变是无量纲的量。由于工程上的应变都较小,常用小数表示(如 $\varepsilon = 0.005$)或用百分数表示($\varepsilon = 0.5\%$),读作 5 微应变(1 m 长度变化 5 μm)。

2.3.2 材料的应力-应变曲线

结构的应力与应变相对于结构上所受的作用力与伸长量更有工程意义,比如直杆的拉伸应力与应变随直杆的直径单调变化,而与直杆的长度无关。

对于如图 2-8 所示的直杆,受到一个拉伸力 **F** 的作用。拉伸力 F 值的大小与直杆伸长量 ΔL 成正比,其关系式为

$$F = k\Delta L$$

式中:k 为常数,称为直杆的刚度。这就是著名的胡克定理。

准备一系列不同直径、长度的直杆,然后进行直杆的拉伸试验,并测量伸长量 ΔL。试验完成后,绘制拉伸力 F 与拉伸量 ΔL 的曲线图。可以发现,对单个直杆来说,F-ΔL 关系曲线是一条过原点的直线,直线的斜率就是直杆的刚度。直杆越长、直径越小,F-ΔL 关系曲线越靠近横坐标轴;直杆越短、直径越大,F-ΔL 关系曲线越靠近纵坐标轴。但是,这种 F-ΔL 关系曲线与结构的尺寸有关,不能揭示材料的特性。

图 2-9 所示为塑性材料的标准应力-应变曲线,它反映了材料的特性,而与结构的尺寸无关。应力-应变曲线分为低应变弹性区和高应变塑性区。在低应变弹性区,材料不会发生永久变形;而在高应变塑性区,材料会发生永久变形。在应变低于比例极限 A 时,应力与应变保持线性关系,其关系为

$$\sigma = E\varepsilon$$

式中:E 为弹性模量,它反映了材料特性,等于应力-应变曲线线性区的斜率。对于图 2-8 所示的直杆,当载荷低于比例极限时,直杆伸长量为

$$\Delta L = \varepsilon L = \left(\frac{\sigma}{E}\right)L = \frac{F/A}{E}L = \frac{FL}{EA} = \frac{F}{k} \tag{2-13}$$

式中:$k = EA/L$,表示直杆的拉伸刚度。

如表 2-1 所示,钢的弹性模量约为 210 GPa,铝合金的弹性模量约为 70 GPa,它们之间大致是 3 倍的关系。

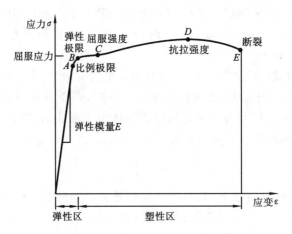

图 2-9　低碳钢理想应力-应变曲线

表 2-1　常用材料的弹性模量、泊松比、重力密度

材　　料	弹性模量 E/GPa	泊松比 ν	重力密度 ρ/(kN/m³)
铝合金	72	0.32	27
青铜	110	0.33	84
紫铜	121	0.33	86
合金钢	207	0.30	76
不锈钢	190	0.30	76
钛合金	114	0.33	43

图 2-8 所示直杆拉伸时，直杆直径会变小。直径改变的程度用泊松比 ν 这个参数表示。定义为

$$\nu = \frac{\varepsilon_d}{\varepsilon_L} = -\frac{\Delta d/d}{\Delta L/L} \tag{2-14}$$

根据式(2-14)，当直杆沿其轴线伸长 ΔL 时，直杆直径的变化为

$$\Delta d = -\nu d\,\frac{\Delta L}{L} \tag{2-15}$$

式(2-15)计算结果的符号表示直杆直径的增加或减小。如直杆受到拉伸，直杆直径变化值符号为正；直杆受到压缩，直杆直径变化值符号为负。

在图 2-9 所示应力-应变曲线的 B-C 段，应变将产生较大的变化，而应力基本不变。这时，材料发生明显的塑性变形。对机械工程师来说，发生屈服变形是结构将要失效的重要标志。C 点对应的应力称为屈服强度（屈服点），记为 R_e。当载荷继续增加超过 C 点后，应力与应变都有明显增加；当应力达到最高点 D 后，应力反而减小；达到 E 点时，材料发生断裂失效。D 点对应的是材料的极限强度，记为 R_m。机械工程师经常要查阅材料的屈服强度 R_e 与极限强度 R_m，以通过强度校核判断所选定的材料是否足以承受所需的载荷。

材料的力-变形或应力-应变曲线常常需要通过制作标准试样,并在动态材料疲劳实验机上进行测量得到。图 2-10 所示为一种新型的电子伺服动静态材料疲劳试验机,它通过拉伸夹具夹持标准试样或三点弯夹具实现工件的定位夹持。材料疲劳试验机上下夹头的一端带有精密的力传感器,可以测量试验机施加到试件上的作用力;试验机的直线运动轴上还带有精密的位移传感器,可以间接测量试件的变形量,也可外接一个引伸计直接测量试件的变形量。在试验过程中,计算机不断地记录力、位移数据,最后用疲劳试验机的专用软件转换成应力-应变曲线。运用图 2-10 所示的材料疲劳试验机可完成结构的 R_e-N 疲劳曲线的测试与绘制,图 2-11 所示为对直圆形柔性铰链的不同可靠度下的 R_e-N 曲线,图中 R50 表示可靠度为 50%。

图 2-10 电子伺服动静态材料疲劳试验机

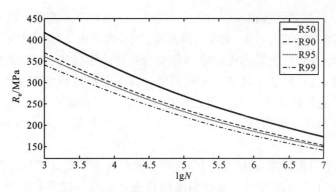

图 2-11 不同可靠度下柔性铰链的 R_e-N 曲线

2.3.3 切应力

如图 2-8 所示,直杆某截面的拉应力方向垂直于该截面。而另一种应力——切应力在截面内,相当于顺着截面的切面力。图 2-12 所示为一个矩形截面直杆的切应力分布情况,在图示的剪切平面内存在与作用力 F 平衡的剪切力,等效于剪切平面存在切应力 τ,它均布于剪切平面。与拉应力的公式类似,切应力定义为

$$\tau = \frac{V}{A} \tag{2-16}$$

式中:A 为剪切平面的面积;V 为与 F 平衡的剪切力。

机械工程中的螺栓连接、铆接、焊接结构常常需要验算切应力,以判断是否存在剪切失效。

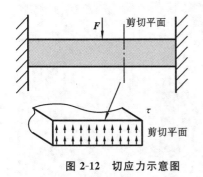

图 2-12 切应力示意图

2.3.4 安全系数与强度校核

机械工程师进行机械设计时,要根据拉应力、压应力、切应力理论分析零件的实际应力分布,并以此为基准,合理确定零件的尺寸、形状和材料。零件的最大应力在任何工况都不小于其屈服强度,即应力$\sigma < R_e$。当应力$\sigma \geqslant R_e$时,零件将发生失效。从工程角度出发,机械工程师要计算拉应力安全系数,拉应力安全系数可表示为

$$n_{\text{tension}} = \frac{R_e}{\sigma} \tag{2-17}$$

如果$n_{\text{tension}} > 1$,零件将不可能发生屈服失效;如果$n_{\text{tension}} < 1$,零件将发生屈服失效。同时,还要计算切应力安全系数n_{shear}。一般剪切屈服强度R_{es}取为拉应力屈服强度的一半。与拉应力安全系数计算方法类似,切应力安全系数可表示为

$$n_{\text{shear}} = \frac{R_{es}}{\tau} \tag{2-18}$$

那么,机械工程师如何选择拉应力安全系数n_{tension}与切应力安全系数n_{shear}呢?安全系数选得过大将使得结构傻大笨粗;安全系数选得过小,也可因实际工况载荷超过了预计载荷,导致结构失效。例如,航天飞机的结构件安全系数就定得比较小,目的是尽量减小航天飞机的质量,那么,这时就要对航天飞机的结构件及整机进行详细的静态、动态分析与测试,以保证航天飞机进入太空后不发生结构失效。对于机器设备工况不确定或不能详细描述时,结构件的安全系数就要定得大一点,这一方面降低了设计成本,但增加了机器设备的适应能力。

为了对复杂结构进行应力、应变分析,机械工程师常常采用计算机软件来分析结构件的应力与应变,并可考虑进行安全系数的结构件强度校核。如图2-13所示为采用 Ansys Workbench 分析软件对加工中心立柱进行应力、应变分析的结果。

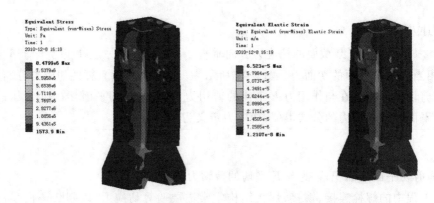

图 2-13 加工中心立柱应力、应变分析示意图

2.4 机械工程师应具备的工程思维与培养途径

2.4.1 机械工程思维

工程师这一群体的主要作用便是在工程活动中"创造"出自然界中从来没有过而且永远也不可能自发出现的新的存在物。其工程思维特征表现为科学性、逻辑与艺术性、超协调逻辑、问题求解的非唯一性、运筹性和集成性、可错性和价值追求与意志因素共7个方面。总之,机械工程师应具备的工程思维包括以下几个方面。

• 系统思维能力 机械工程师应该能够将整个机械系统作为一个整体来看待,理解系统中各部件之间的相互关系和作用。这需要机械工程师能够全面了解整个系统的功能、性能、限制和环境等方面的信息,并能够将这些信息有效地整合起来,做出合理的设计和决策。

• 创新思维能力 机械工程师应该具备创新思维能力,能够不断地挑战传统的设计思路和方法,开发出新的、更加优化的解决方案。这需要机械工程师具备广泛的知识和经验,能够应用多种工程技术和工具,具备敏锐的洞察力和判断力。

• 问题解决能力 机械工程师应该具备高效的问题解决能力,能够识别和分析问题的根本原因,找出可行的解决方案,并采取有效的行动来解决问题。这需要机械工程师能够灵活地运用各种分析方法和工具,同时也需要具备高效沟通和团队合作的能力。

• 可持续性思维能力 机械工程师应该具备可持续性思维能力,能够将环境、经济和社会因素考虑进去,开发出具有可持续性的机械系统和产品。这需要机械工程师具备深刻的环境意识和社会责任感,同时也需要具备跨学科合作的能力,与其他领域的专业人士进行合作,实现可持续性的目标。

2.4.2 培养途径

在校大学生可以通过以下途径逐步培养自己的工程思维能力。

• 多学习理论知识 机械工程师应该具备广泛的理论知识,包括数学、物理学、力学、材料科学等方面的知识。大学生可以通过课堂学习、阅读相关书籍和文献等方式,深入了解各个学科领域的基本理论知识。

• 参与实践项目 通过参与实践项目,大学生可以将理论知识应用到实践中,并在实践中逐渐培养工程思维能力。可以选择参与大学的学术研究项目,参与校内外的工程竞赛、实习等方式来积累实践经验。

• 学习专业工具和技术 机械工程师需要掌握各种专业工具和技术,包括CAD软件、3D打印、仿真软件、控制系统等方面的技术。大学生可以通过参加相关的课程的学习或自学来掌握这些技术。

• 加强团队合作能力　机械工程师需要具备良好的团队合作能力,因为机械系统的设计和制造需要多个专业人士的协作。大学生可以通过参与小组作业、实践项目等方式来锻炼团队合作能力。

• 多思考和交流　机械工程师需要不断思考和交流,以便不断挑战传统的设计思路和方法,开发出新的、更加优化的解决方案。大学生可以加入机器人或机械制造等相关学术社团,与同行交流,分享思路和经验。

2.5　知识拓展

机械系统动力学建模

一台机器、一个零件除了要进行静态力与应力分析外,有些时候还要进行动态分析,以确定动态力。而动态力的值在结构共振点附近将很大,如果机器设备长时间工作在共振点附近,将造成设备与零件的屈服失效。另一个要进行动态分析的原因是改善机器的动态精度。例如,为了保证高精度加工中心的加工精度,整机必须要有很好的动态特性。

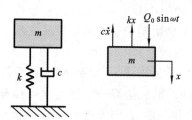

图 2-14　单自由度系统及受力分析示意图

机械系统的动态分析理论基础是机械系统的动力学理论,其中,单自由度质量、弹簧、阻尼系统动力学理论是最基础的。

图 2-14 所示为单自由度系统质量、弹簧、阻尼动力学模型及质量体的受力分析示意图。其中,c 为阻尼系数,k 为弹簧劲度系数,$Q = Q_0 \sin \omega t$ 为作用在质量体上的简谐激励力,建立的力平衡式为

$$m\ddot{x} = Q_0 \sin \omega t - c\dot{x} - kx \quad \text{或} \quad m\ddot{x} + c\dot{x} + kx = Q_0 \sin \omega t \tag{2-19}$$

式(2-19)即为单自由度线性振动系统的微分方程式的普通式。它可以分为如下几种情况。

(1) 单自由度无阻尼系统的自由振动,即

$$m\ddot{x} + kx = 0$$

(2) 单自由度有黏性阻尼系统的自由振动,即

$$m\ddot{x} + c\dot{x} + kx = 0$$

(3) 单自由度无阻尼系统的受迫振动,即

$$m\ddot{x} + kx = Q_0 \sin \omega t$$

(4) 单自由度有黏性阻尼系统的受迫振动,即

$$m\ddot{x} + c\dot{x} + kx = Q_0 \sin \omega t$$

微分方程式(2-19)的解包括瞬态部分与稳态部分,由于有阻尼的存在,瞬态部分会随着时间逐渐消失。而单自由度无阻尼系统稳态部分的解为

$$x = B\sin(\omega t - \varphi)$$

式中:
$$B = \frac{Q_0}{k} \frac{1}{1 - \left(\frac{\omega}{\omega_n}\right)^2} \qquad (2\text{-}20)$$

其中
$$\omega_n = \sqrt{\frac{k}{m}}$$

令 $\dfrac{Q_0}{k} = B_s$,则式(2-20)可改写为

$$\frac{B}{B_s} = \frac{1}{1 - \left(\frac{\omega}{\omega_n}\right)^2} = \frac{1}{1 - z^2} \qquad (2\text{-}21)$$

式中: z 为激振频率与系统固有频率之比,称为频率比。

单自由度有黏性阻尼系统稳态部分的解请参考文献[2]。图 2-15 所示为单自由度有阻尼受迫振动系统的幅频响应与相频响应曲线,ξ 为相对阻尼系数,$\xi = c/(2m\omega_n)$。

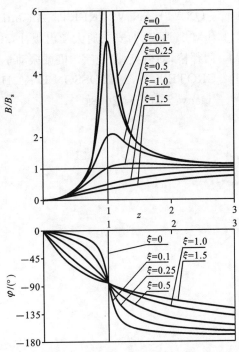

图 2-15 单自由度有阻尼受迫振动系统的幅频响应与相频响应曲线

本章重难点

重点

- 机械设计中力、力矩及其平衡方程。
- 机械设计中拉应力、压应力及切应力的概念。
- 安全系数的概念。

难点

- 单自由度无阻尼系统的特点。

思考与练习

1. 试对一个日常生活中的小系统进行受力分析,并画出多边形力关系图。
2. 简述力矩的概念。
3. 什么是拉应力、压应力与切应力?
4. 作为一个机械工程师选择安全系数的基本原则是什么?
5. 单自由度振动系统的固有频率的表达式是什么?
6. 机械工程师工程思维的特征是什么?如何在大学期间树立工程思维?

本章参考文献

[1] JONATHAN WICKERT. An introduction to mechanical engineering(影印本)[M]. 西安:西安交通大学出版社,2003.

[2] 闻邦椿,刘树英,张纯宇. 机械振动学[M]. 北京:冶金工业出版社,2000.

[3] GROTE K H,ANTOSSON E K. Handbook of mechanical engineering[M]. Germany:Springer,2008.

第**3**章 机构、设计与机器人

教学视频

机械工程师被赋予的首要任务是能够设计运行正常的机器,而机器常常是由各种标准化的零件组装而成的。对于一个从事机械设计的机械工程师,在用确定形状与尺寸的零件及部件"堆砌"成一个具有具体功能的机器之前,首先要把机器抽象出来,用没有特定形状的杆件等实现机器的运动功能,如实现一个函数变换、转动到平动、转动到摆动、平动到摆动、转动到一定轮廓的运动等,这称为机构运动分析与设计。机构运动分析与设计常常是一台具有创新思想的机器诞生的最重要阶段。如图 3-1(a)所示为牛头刨床;图 3-1(b)所示为牛头刨床对应的机构表达,它是一个六杆机构,它实现了杆 5 往复运动,在杆 5 前推切削的时候可提供较大的切削力。图 3-1(c)为 Stewart 六自由度并联机器人平台,图 3-1(d)所示为其机构表达,每个支腿由两个球铰副和一个移动副组成。不同类型机器人本体对应不同的运动机构。

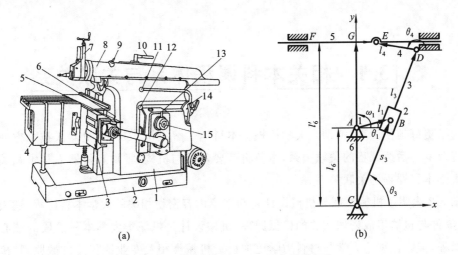

(a) (b)

图 3-1 牛头刨床/Stewart 平台及其机构

1—床身;2—底座;3—横梁;4—工作台;5—进给运动换向手柄;6—工作台横向或垂直进给手柄;7—刀架;

8—滑枕;9—位置手柄;10—调节滑枕紧定手柄;11—操纵手柄;12—工作台快速移动手柄;

13—进给量调节手柄;14—变速手柄;15—调节行程长度手柄

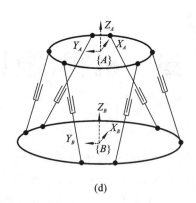

(c)　　　　　　　　　　　　　　　　(d)

续图 3-1

　　除了对一个机器进行机构分析与设计外,机构的物理实现,即能够实际完成设计所赋予的功能,包括零件尺寸、形状的确定、标准化零件选择等工程问题,成为机械工程师需要经常面对的问题。这需要了解与机械零件相关的专用术语,以便在工程活动中能够自如地与其他工程技术人员进行技术交流。如图 3-1 所示的牛头刨床,从简洁的机构表达到机器,涉及构件的结构化设计、结构件的标准化工作、标准化零件的选择等。

　　本章将对机械设计中常用的机构形式、常用机械零件及机器的构成做一简要介绍。

3.1　相关本科课程体系与关联关系

　　为了更好地使读者,特别是大学机械类本科生了解机构、零件和机器人技术方面的本科课程及其与后续课程的关联关系,本节将简要勾勒与机构、零件和机器人技术相关的机械类大学本科课程的关联关系。

　　图 3-2 表明了机械原理与机械设计是与本章内容密切相关的大学本科课程,还表明了机构、零件与机器组成密切相关的机械原理、机械设计是机械类大学本科阶段的核心学科基础课程,但它比理论力学与材料力学更加接近机械类相关专业课程。机械原理、机械设计和互换性与技术测量课程中的精度设计内容是完成机械设计类课程的必备专业基础知识,同时也直接支撑机器人本体设计理论。本章所涉及的学科基础课程也支撑了相关设计类专业课程。可以说,机械类大学本科生必须掌握好这两门课程所涉及的内容,才能为后续学科基础与专业课程的学习打下坚实的基础。

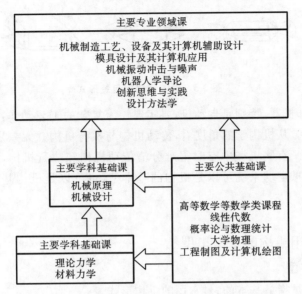

图 3-2　与机构、零件和机器人技术相关的本科课程体系

🔩 3.2　典型机构与机器人机构

机器的功能主要是靠机械的运动来实现的,而机械的运动又离不开各种机构。

如前所述,对于形形色色的机器(机械产品),其功能各异,而同样的功能也可以采用不同的原理来实现。如图 3-1(a)所示的牛头刨床,其主要功能是用刀具直线往复切削工件,前推切削,后退不切削。直线运动可用直线电动机直接驱动,但需要电动机频繁换向,控制要求高。直线运动也可用普通旋转交流电动机,通过齿轮齿条传动,但电动机也需频繁换向,传统机构成本较高。而采用图 3-1(b)所示的六杆机构,在前推时可提供较大的切削力,而后退时的力足以保证后退需要,同时电动机连续回转,不需进行频繁的换向控制。因此,用不同的机构可以实现同样的功能。对于机械工程师来说,确定合适的方案,就需要机械工程师通过机构运动学等方面的理论知识、机械工程的实际经验来综合选择。

如糖果包装机,其功能是包装糖果,而糖果包装常有以下三种形式。

(1) 扭结式　如图 3-3(a)所示,它将颗粒糖果用纸包裹后扭结而成。

(2) 接缝式　如图 3-3(b)所示,又称枕式包装,它是将包装纸包裹在糖果上进行纵封和横封得到的糖果包装。

(3) 折叠式　如图 3-3(c)所示,它将颗粒糖果用纸进行侧封、端封后实现糖果包装。

三种不同的糖果包装形式,糖果包装机的工艺动作各不相同,因而需要选择不同的执行机构,完成相应的运动方案。

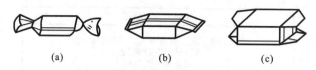

图 3-3 颗粒糖果的包装形式

由此可见,一部机器,特别是自动机,要实现较为复杂的工艺动作,往往需要通过各种类型的机构来实现。从机构学的角度看,传动机构与执行机构并无差别,只不过是在机械中所起的作用不同。有些机械中有时很难分清传动机构和执行机构,故常将二者统称为机械运动系统。机械运动系统可以是机构的基本型,也可以是机构基本型的机构组合或组合机构。

3.2.1 工程中常用机构的基本类型

1. 机构的基本型

机构的基本型是指最基本的、最常用的机构形式。

1)全转动副四杆机构的基本型

全转动副四杆机构的基本型为曲柄摇杆机构,可演化为双曲柄机构、双摇杆机构。图 3-4(a)所示为曲柄摇杆机构的机构简图。其中,构件 1 为曲柄,它可以绕转动副中心 A 做整周运动;构件 3 则只能在一定的角度范围内做往复摆动,故称为摇杆。曲柄摇杆机构的运动特点是能够将原动件的等速转动变为从动件的不等速往复摆动;反之,可将原动件的往复摆动变为从动件的圆周运动。

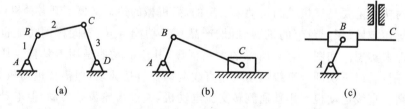

图 3-4 四杆机构的基本型

2)含有一个移动副四杆机构的基本型

含有一个移动副四杆机构的基本型为曲柄滑块机构,可演化为转动导杆机构、移动导杆机构、曲柄摇块机构、摆动导杆机构。图 3-4(b)所示为曲柄滑块机构的机构简图。

3)含有两个移动副四杆机构的基本型

含有两个移动副四杆机构的基本型为正弦机构,可演化为正切机构、双转块机构、双滑块机构。图 3-4(c)所示为正弦机构的机构简图。

4)圆柱齿轮传动机构的基本型

圆柱齿轮传动机构的基本型为外啮合直齿圆柱齿轮传动机构,可演化为斜齿圆柱齿轮传动机构、人字齿圆柱齿轮传动机构(可用渐开线齿形,也可用摆线齿形和圆弧齿形),还可以演化为行星齿轮传动机构。圆柱齿轮传动机构的基本型如图 3-5(a)所示。

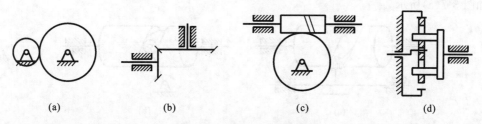

图 3-5　齿轮机构的基本型

5）锥齿轮传动机构的基本型

锥齿轮传动机构的基本型为外啮合直齿锥齿轮传动机构,可演化为斜齿锥齿轮传动机构和曲齿锥齿轮传动机构。其基本型如图 3-5(b)所示。

6）蜗杆传动机构的基本型

蜗杆传动机构的基本型为阿基米德圆柱蜗杆传动机构,可演化为延伸渐开线圆柱蜗杆传动机构、渐开线圆柱蜗杆传动机构。蜗杆传动机构的基本型如图 3-5(c)所示。

7）内啮合行星齿轮传动机构的基本型

内啮合行星齿轮传动机构的基本型是指渐开线圆柱齿轮少齿差行星传动机构,可演化为摆线针轮传动机构、谐波传动机构、内平动齿轮传动机构、活齿传动机构。其基本型如图 3-5(d)所示。

8）直动从动件平面凸轮机构的基本型

直动从动件平面凸轮机构的基本型是指直动对心尖底从动件平面凸轮机构,可演化为直动对心滚子从动件平面凸轮机构、直动对心平底从动件平面凸轮机构、直动偏置从动件平面凸轮机构。其基本型如图 3-6(a)所示。

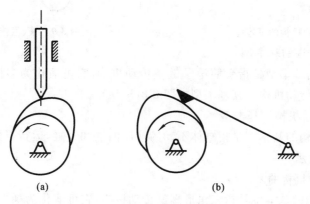

图 3-6　平面凸轮机构的基本型

9）摆动从动件平面凸轮机构的基本型

摆动从动件平面凸轮机构的基本型是指摆动尖底从动件平面凸轮机构,可演化为摆动滚子从动件平面凸轮机构、摆动平底从动件平面凸轮机构。其基本型如图 3-6(b)所示。

10）直动从动件圆柱凸轮机构的基本型

直动从动件圆柱凸轮机构的基本型主要是指直动滚子从动件圆柱凸轮机构。其基本型如图 3-7(a)所示。

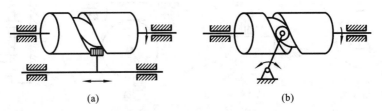

图 3-7　圆柱凸轮机构基本型

11）摆动从动件圆柱凸轮机构的基本型

摆动从动件圆柱凸轮机构的基本型主要是指摆动滚子从动件圆柱凸轮机构。其基本型如图 3-7(b)所示。

12）带传动机构基本型

带传动机构基本型是指平带传动机构,它可演化为 V 带传动机构、圆带传动机构、活络 V 带传动机构、同步齿形带传动机构。其基本型如图 3-8(a)所示。

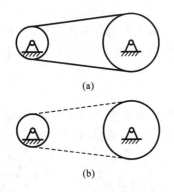

图 3-8　带、链传动机构的基本型

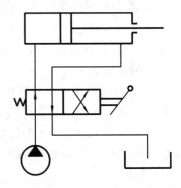

图 3-9　液、气传动机构的基本型

13）链传动机构的基本型

链传动机构的基本型是指套筒滚子链条传动机构,它可演化为多排套筒滚子链条传动机构、齿形链条传动机构。其基本型如图 3-8(b)所示。

14）液、气传动机构的基本型

液、气传动机构的基本型是指缸体不动的液压油缸和气缸,运行形式主要为摆动。其基本型如图 3-9 所示。

15）螺旋传动机构的基本型

螺旋传动机构的基本型是指三角形螺旋传动机构,它可演化为梯形螺旋传动机构、矩形螺旋传动机构、滚珠丝杠传动机构,其基本型如图 3-10 所示。

16）电磁传动机构的基本型

电磁传动机构的基本型如图 3-11 所示。电磁传动机构的基本型广泛应用在开关电路中。

17）间歇运动机构的基本型

间歇运动机构的基本型有外棘轮机构、外槽轮机构。图 3-12(a)所示为外棘轮机构的

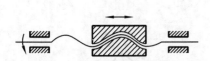

图 3-10　螺旋传动机构的基本型

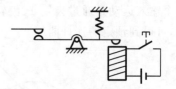

图 3-11　电磁传动机构的基本型

基本型,图 3-12(b)所示为外槽轮机构的基本型。

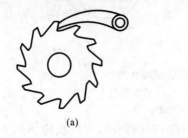

(a)

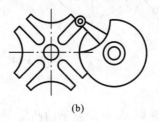

(b)

图 3-12　间歇运动机构的基本型

2. 机构组合

单一的机构经常不能满足不同的工作需要。把一些基本机构通过适当的方式连接起来,组成一个机构系统,这称为机构组合。在这些机构的组合中,各基本机构都保持原来的结构和运动特性,都有自己的独立性。在机械运动系统中,机构组合的应用很多。图 3-13 所示为一些机构组合的应用实例。

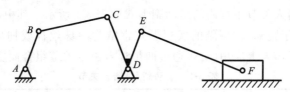

图 3-13　机构的组合示例

在图 3-13 中,铰链四杆机构 $ABCD$ 与曲柄滑块机构 DEF 串联在一起,前者的输出构件 DC 杆与后者的输入构件 DE 杆连接在一起,二者均保持自己的特性。不同机构串联的机械运动系统应用非常广泛。由于机构组合中的各机构均保持其原来的特性,机构的分析和设计方法仍然适合机构组合中的各个机构。

3. 组合机构

组合机构与机构组合有本质不同。组合机构是指若干基本机构通过特殊的组合而形成的一种具有新属性的机构。组合机构中的各基本机构已不能保持各自的独立性,也不能用原基本机构的分析和设计方法进行组合机构的设计。每种组合机构都有各自的分析和设计方法。对组合机构的开拓是机构创新设计的重要方法之一。

常见的组合机构有齿轮-连杆组合机构、齿轮-凸轮组合机构、凸轮-连杆组合机构。组合机构常用于完成复杂运动的机械系统中。图 3-14 所示为两种组合机构,它们都是实现较复杂运动轨迹的机械系统。图 3-14(a)所示为齿轮-连杆组合机构,五杆机构 $ABCDE$ 的两个输入运动是通过齿轮 1、齿轮 2 的运动来实现的。适当选择机构尺寸与齿轮的传动比,可得到预定的连杆曲线。

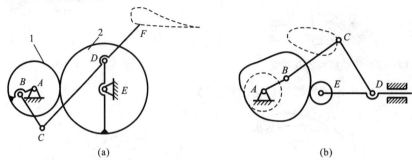

图 3-14   组合机构示例

(a) 齿轮-连杆组合机构   (b) 凸轮-连杆组合机构

1、2—齿轮

同样道理,在图 3-14(b)所示的凸轮-连杆组合机构中,五杆机构 $ABCDE$ 的两个输入运动是通过凸轮机构的凸轮和从动件来实现的,从而实现 C 点的复杂运动轨迹。

3.2.2   典型机器人机构

机器人本体由若干个关节和相应的连杆组成,从基座到末端形成运动链。根据运动链是开式还是闭式,可将机器人分为串联机器人和并联机器人。

1) 机器人关节形式

机械系统或机器人关节中可用的运动副形式如表 3-1 所示。其中,移动副和转动副用得最多,球面副常用于腕部,螺旋副的实现形式常常为滚珠丝杆或梯形螺杆,圆柱副和万向节基本上没有在机器人上应用(一般通过两个单自由度关节组合而实现其等效运动)。

表 3-1   运动副/机器人关节

形式		特征	自由度数	结构示意图	符号
移动(滑动)副		做直线移动	1		
转动副	摆转副	做旋转运动,转轴与连杆轴垂直	1		
	回转副	做旋转运动,转轴与连杆轴重合或平行	1		
	球面副	能绕过关节中心的任意轴转动	3		
螺旋副		将转动转化成移动	1		

续表

形式	特征	自由度数	结构示意图	符号
圆柱副	同时做转动和移动	2		
万向关节 （虎克铰）	绕两个垂直轴转动	2		

2）串联机器人

如果在机器人的本体机构中从基座到末端执行器各关节按串联方式依次连接，那么所形成的运动链是开链，本体是个开链机构，这样的机器人被称为串联机器人。串联机器人中可能包含局部闭链机构，例如日本安川公司早期的 Motoman K3S 机器人的小臂由闭链机构驱动，图 3-15 所示的 Motoman EPL 160 除了小臂外，腕部一个自由度也由一个闭链机构驱动。

串联机器人的关节配置或坐标形式有多种，包括直角坐标、圆柱坐标、球坐标、SCARA 和关节型等，如表 3-2 所示。

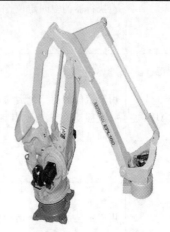

图 3-15 含两个局部闭链的 Motoman EPL 160

表 3-2 串联机器人按坐标形式分类

形式名称	特征	实例、机构简图及 工作空间示意图
直角坐标 （笛卡儿坐标）	用于定位的前三个运动按直角坐标形式配置，即通过三个相互垂直轴线上的移动关节实现末端执行器的空间定位，工作空间呈长方形	
圆柱坐标	用于定位的前三个运动按圆柱坐标形式配置，即通过两个相互垂直轴线上的移动关节和一个转动关节实现末端执行器的空间定位，工作空间呈圆柱形	

续表

形式名称	特征	实例、机构简图及工作空间示意图
球坐标	用于定位的前三个运动按球坐标形式配置,即通过一个移动关节和两个转动关节实现末端执行器的空间定位,工作空间呈球形	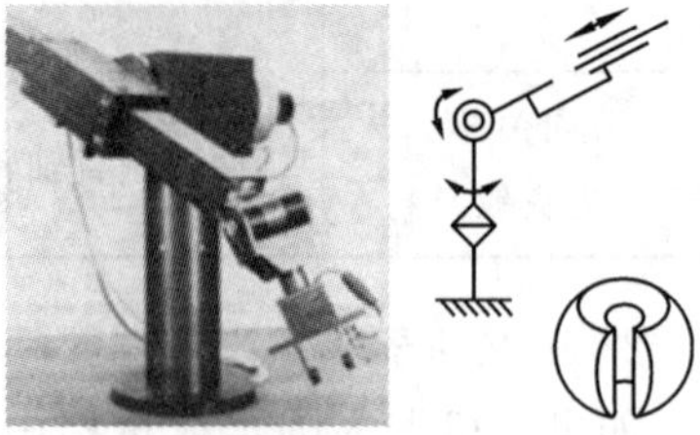
SCARA	用于定位的前三个运动通过两个转动关节和一个移动关节实现,其轴线平行且铅垂,工作空间呈圆柱形	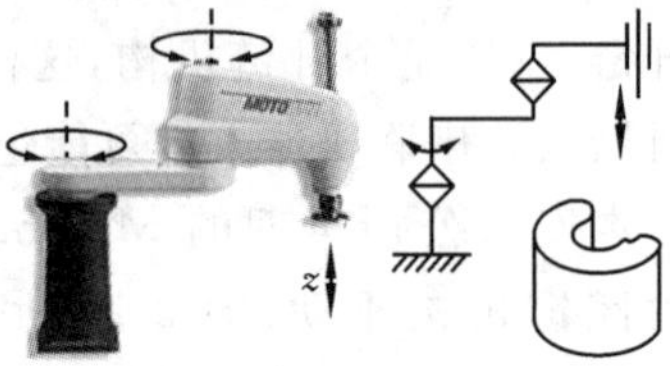
关节型	用于定位的前三个运动按类似人的腰部扭转和大小臂的摆动配置,全部由转动关节实现,后两个转动关节的轴线平行,并与第一个转动关节的轴线垂直,工作空间呈球形	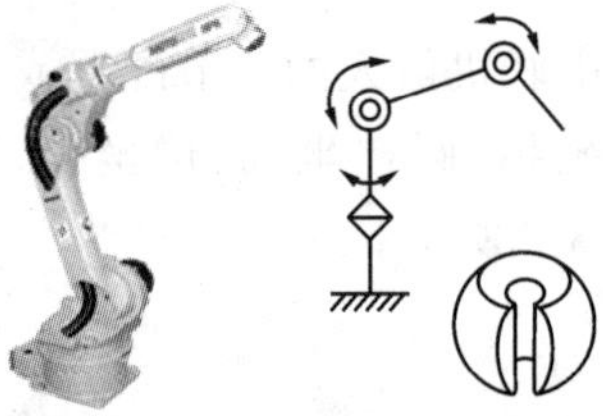

3) 并联机器人

并联机器人一般由多个相同的运动支链构成,各支链共用一个基座和一个输出平台。这些运动支链与基座和输出平台一起形成几个闭链。并联机器人根据运动支链中的关节形式和输出平台的自由度数量分为很多种类。表 3-3 列出了 Stewart 并联机器人、Delta 并联机器人以及 Tricept 并联机器人的主要特点及其机构简图。

表 3-3　典型并联机器人

形式名称	特点	实例与机构简图
Stewart 并联机器人	1965 年,由德国人 Stewart 发明,由动、静两个平台和连接两个平台的 6 条驱动支链构成,主要特点包括:①具有 6 个自由度;②运动无奇异,定位精度高,刚度大,负载大;③运动学模型有极强的非线性,工作空间小。	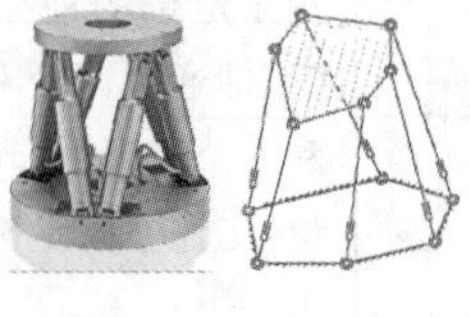

续表

形式名称	特点	实例与机构简图
Delta 并联机器人	20 世纪 80 年代初,由瑞士洛桑联邦理工学院 Reymond Clavel 提出,其动、静平台之间有三条带有四边形机构的传动链,末端的动平台只有 X、Y、Z 三个方向平动,主要特点包括:①具有三个自由度;②运动无奇异,定位精度高,负载小;③运动学模型有极强的非线性,运动空间小	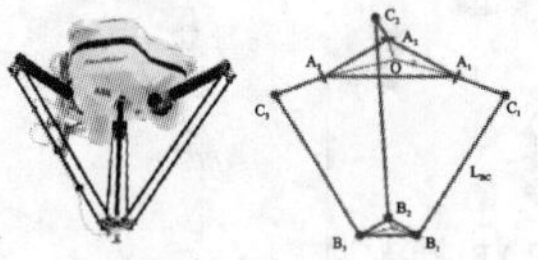
Tricept 并联机器人	1985 年,由瑞典 Neos Robotics 创始人与总裁卡尔·纽曼发明,是 5 自由度串、并混联机构,主要特点包括:①5 个自由度,串、并混合结构,并联 3 个自由度,串联 2 个自由度;②定位精度高,负载大;③工作空间大,刚度高	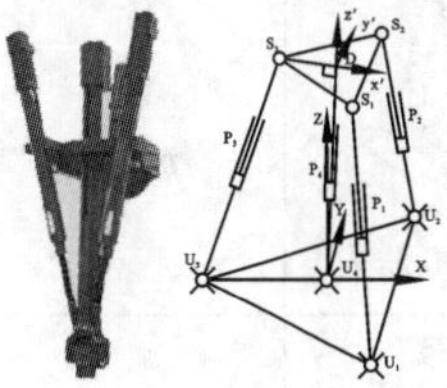

4) 工业机器人典型运动配置

工业机器人运动轴最大到 7 个运动轴,包括最大到 4 个臂轴和 3 个腕轴。目前最常用的工业机器人运动链配置归纳如表 3-4 所示。

表 3-4　工业机器人典型臂腕配置

机器人示意图	轴		腕部(自由度)		
	运动链	工作空间			
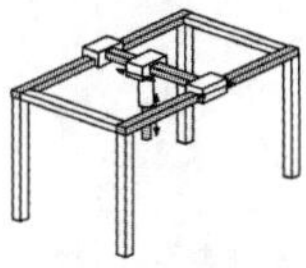 直角坐标机器人	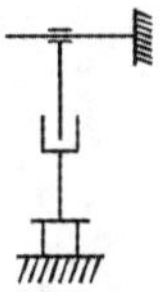	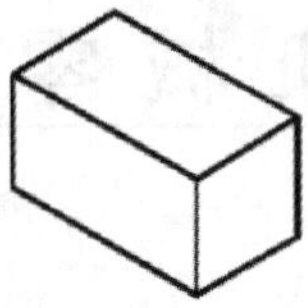	1 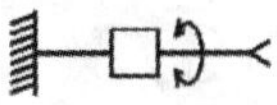	1 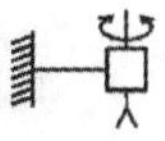	2 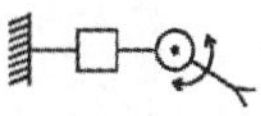
			2 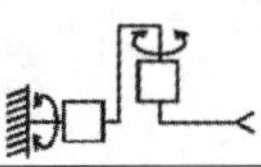	3 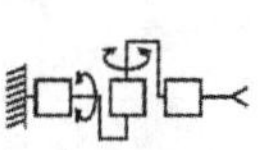	3 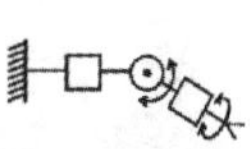
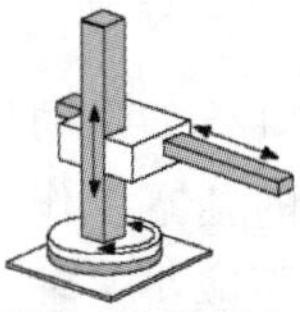 圆柱坐标机器人	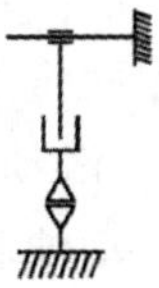		1 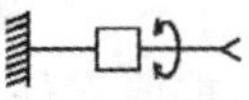	1 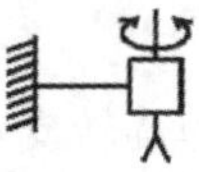	2 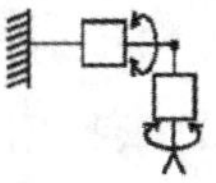
			2	3	3
 球坐标机器人			1 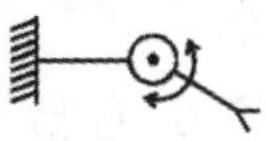	2 	3 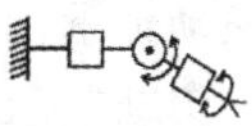
			3 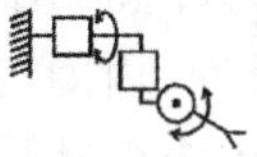	3 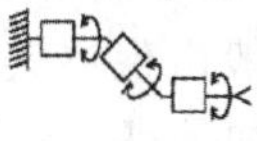	3 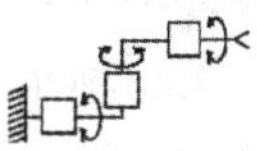

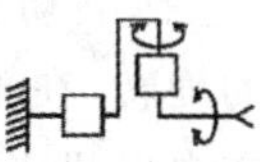

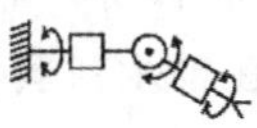

续表

机器人示意图	轴		腕部(自由度)		
	运动链	工作空间			
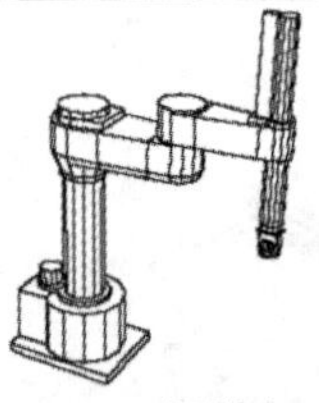 SCARA机器人	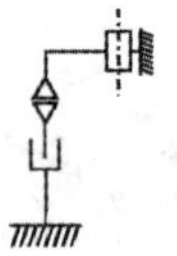	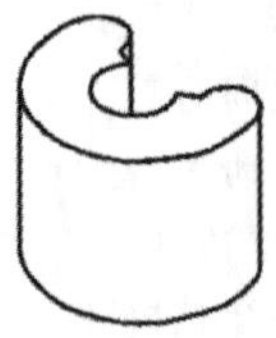	1 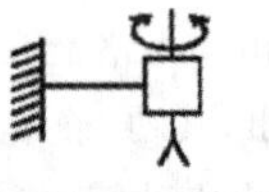	2 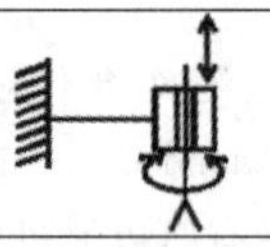	2 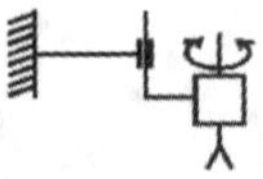
			2 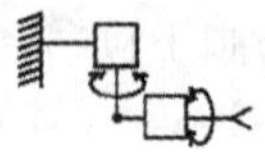		
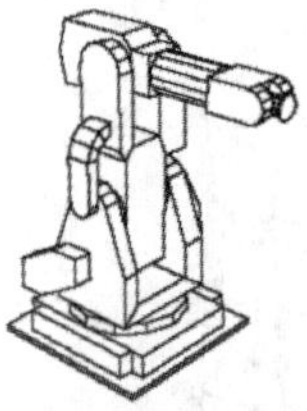 关节型机器人			2 	3 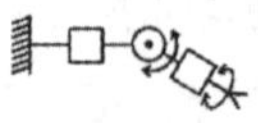	3 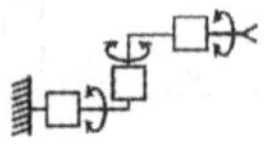
			3 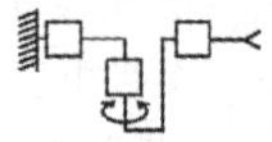	3 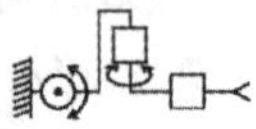	3 
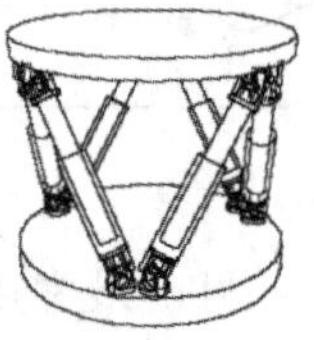 并联机器人	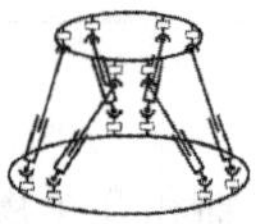	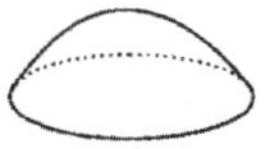			

3.3 机械零件

3.3.1 滚动轴承

　　轴承是用来作为旋转支承的重要零件,通过它连接旋转轴和固定的轴承座,如发动机与箱体、减速器与箱体等。轴承包括滚动轴承与滑动轴承两类。滑动轴承的基本工作原理是通过旋转轴在轴承衬套中的旋转,在轴与衬套间形成动压滑动油膜,从而减小了轴转动摩擦力。滑动轴承一般应用在内燃机引擎曲轴和压缩机曲轴的旋转支承中。本节仅介绍滚动轴承。

　　滚动轴承具有一定的承载能力,包括径向与轴向的载荷。不同种类的滚动轴承的承载能力不同,所主要承受的载荷方向也不同。

　　滚动轴承一般由保持架、外圈、内圈、滚动体四个部分组成。如图 3-16 所示的是滚动轴承的各种保持架。外圈一般固定不动,通过轴承座上的轴肩轴向定位。内圈与旋转轴相配合。如图 3-17 所示,轴承承受了一定的轴向推力和径向力,并通过轴与轴承座的轴肩、轴承内外圈承受轴向推力。为此,机械工程师应根据滚动轴承在轴系中可能的受力情况进行分析,确定滚动轴承的受力方向与载荷大小,并以此为依据选择恰当的轴承。

图 3-16 各种滚动轴承保持架

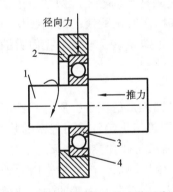

图 3-17 轴承在轴系中的安装示意图

1—轴;2—轴承座;3—内圈;4—外圈

图 3-18 带座轴承

另外一类安装形式的轴承是带座轴承,即轴承本身带了轴承座,如图 3-18 所示。它通过法兰的通孔,用螺栓与机座安装面连接。这种带座轴承的安装精度不高,但安装方便,常用在对精度要求不高的轻工机械设备中。当需要把滚动轴承安装在机器箱体内时,可采用如图 3-17 所示的安装方法;当需要把滚动轴承安装在箱体外表面时,要选择带座轴承,通过螺栓将其直接安装在箱体表面。一般滚动轴承的工程安装方法包括冷装/机械法、热安装、液压法。如图3-19所示,采用电磁感应加热滚动轴承,使其膨胀,再套在机器的传动轴中。当滚动轴承失效后就要进行拆卸。如图 3-20 所示,采用机械式拉爪从传动轴上拆卸滚动轴承。一般轴承拆下来后就不能再用了,特别是用拉爪拉滚动轴承外圈进行拆卸的轴承。

图 3-19 电磁感应加热滚动轴承

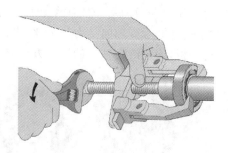

图 3-20 拉爪拆卸轴承

1) 球轴承

球轴承是最常用的滚动轴承,如图 3-21 所示。球轴承由外圈、内圈、保持架、钢球组成。保持架的作用是使钢球可以在滚道上均匀分布,并且相互间没有碰撞与摩擦。理论上,球轴承的钢球滚动体与内、外圈滚道的接触为点接触,因此球轴承的承载能力不高。但由于钢球滚动体滚动接触面小,所以允许的转速较高。球轴承包括深沟球轴承、角接触球轴承等。除了单列的球轴承外,也有双列的球轴承。为了提高轴承的承载能力,滚动体常用圆柱滚子或圆锥滚子。

2) 圆柱滚子轴承

图 3-22 所示为圆柱滚子轴承,它的滚动体采用的是圆柱形的滚子。圆柱滚子使轴承所受的径向作用力比较好地分布到内外圈滚道上。同时,所有圆柱滚子的轴线均与轴承的旋转轴线平行。由于圆柱滚子轴承的特点,它一般用于需要承受较大的径向力的旋转支承,而且其不能承受轴向力。

3) 圆锥滚子轴承

图 3-23 所示为圆锥滚子轴承,它的滚动体采用的是圆锥形的滚子。所有圆锥滚子有同样的圆锥角,其轴线与轴承的旋转轴线相交于一点。圆锥滚子常常采用轻微的腰鼓形,以改善该类轴承的耐用性。圆锥滚子轴承可以弥补球轴承与圆柱滚子轴承的不足,应用在径向载荷与轴向载荷同时存在的工况,比如汽车的车轮用轴承。汽车车轮用的轴承要承受汽车的重量及汽车转向时产生的轴向作用力。在高径向载荷与一般的轴向载荷工况下,选择圆锥滚子轴承是恰当的。图 3-24 所示为用于重载荷的 4 列圆锥滚子轴承。

图 3-21 球轴承
1—滚动体;2—保持架;
3—外圈;4—内圈

图 3-22 圆柱滚子轴承

图 3-23 圆锥滚子轴承

图 3-24 4 列圆锥滚子
轴承

4）推力轴承

如图 3-25 所示为推力轴承。推力轴承是专门用来承受轴向载荷的滚动轴承。该类轴承的所有滚动体轴线沿径向放射性分布,滚动体为带有轻微腰鼓形的圆柱滚子和圆锥滚子。推力轴承一般用于转动工作台类部件的支承,这是因为轴承一方面要保证工作台自由旋转,另一方面要承受转台的重量。

图 3-25 推力轴承

3.3.2 齿轮

机械传动系统中的齿轮是比较重要的零件。通过齿轮传动可以提高输出旋转速度,但输出力矩减小;可以降低输出旋转速度,提高输出力矩。齿轮在很多机器传动系统中采用,如直升机的主减速器、汽车变速器等。图 3-26 所示的是拖拉机的齿轮传动系统。

图 3-26 拖拉机的齿轮传动系统

齿轮的轮齿形状一般采用标准化的渐开线齿形。对于机械工程师来说,在其设计的机器中若采用齿轮,可以从齿轮供应商那里选择定型的齿轮产品或直接选择齿轮减速器。但是,选择定型齿轮可能得不到最佳的性能,如噪声水平、精度等。当机器中的齿轮特别重要,机械工程师就需要特别设计。本小节将简要介绍直齿圆柱齿轮、齿轮齿条、伞齿轮、斜齿圆柱齿轮、蜗轮蜗杆的特点。

1）直齿圆柱齿轮

直齿圆柱齿轮是最简单的齿轮,它的特点是轮齿与轴线平行,如图 3-27 所示。当两个齿轮相互啮合时,动力即从主动齿轮传递到从动齿轮。当主动齿轮是小齿轮时,从动大齿轮即减速,输出力矩增大;当主动齿轮是大齿轮时,从动小齿轮即加速,输出力矩减小。

图 3-28 所示为与直齿圆柱齿轮相关的一些术语。其中:分度圆是指设计齿轮的基准圆;齿顶圆是所有轮齿顶端的圆;齿根圆是过所有齿槽底部的圆;基圆是产生渐开线的圆;齿高是齿顶圆与齿根圆之间的径向距离。分度圆齿厚是轮齿在分度圆上度量的圆弧长度,分度圆槽宽是轮齿间齿槽在分度圆上度量的圆弧长度。标准直齿圆柱齿轮的分度圆

图 3-27　直齿圆柱齿轮

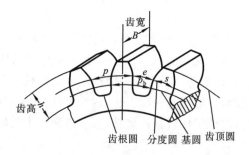

图 3-28　直齿圆柱齿轮的一些术语示意

齿厚一般稍大于分度圆槽宽,目的是避免由此造成的齿轮啮合传动时的振动、噪声与速度波动。直齿圆柱齿轮的轮齿垂直齿轮轴线的截面轮廓线是渐开线,渐开线是齿轮基圆做纯滚动的轨迹线。

分度圆模数可表示为

$$m = \frac{p}{\pi} = \frac{d}{z}$$

式中:p 为分度圆齿距;d 为分度圆直径;z 为齿轮齿数。显然分度圆模数、分度圆齿距越大,一般齿轮轮齿也越厚。

两个直齿圆柱齿轮啮合时,它们的齿形是相容的。如图 3-29 所示,小齿轮的分度圆与大齿轮的分度圆是相切的,啮合传动过程中,在理想情况下(中心距为 a_w,齿轮轮廓是理想的等),啮合点 W 是始终保持不变的,其传动比 i 可表示为

$$i = \frac{n_1}{n_2} = \frac{d_2}{d_1} = \frac{z_2}{z_1}$$

式中:n_1、n_2 分别是主动齿轮、从动齿轮的转速;d_1、d_2 分别是主动齿轮、从动齿轮的分度圆直径;z_1、z_2 分别是主动齿轮、从动齿轮的齿数。

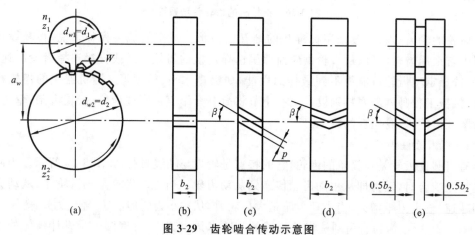

图 3-29　齿轮啮合传动示意图

(a) 齿轮啮合示意图　(b) 直齿圆柱齿轮　(c) 斜齿圆柱齿轮　(d),(e) 人字形圆柱齿轮

2）齿轮齿条

当要通过齿轮把旋转运动转变为直线运动时，就需要采用齿轮齿条的传动形式。它实际上是把两个直齿圆柱齿轮中的一个齿轮的分度圆直径变为无限大，这时该齿轮就变为齿条形式了。图3-30所示为齿轮齿条的传动示意图。齿轮齿条机构实际应用在很多需要将旋转运动转换为直线运动的场合。如图3-31所示，汽车转向机构就采用了齿轮齿条传动。

图 3-30　齿轮齿条啮合传动

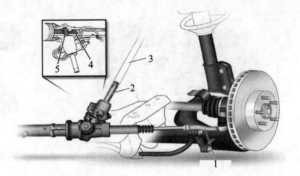

图 3-31　齿轮齿条传动在汽车转向机构中的应用
1—推杆；2—齿轮轴；3—转向柱；4—齿条；5—齿轮

3）伞齿轮

伞齿轮的轮齿不是在圆柱上生成的，而是在圆锥面上生成的。伞齿轮传动的特点是可以实现90°转向传动，如图3-32所示。伞齿轮传动可以应用在两个传动轴的轴线以90°相交的场合。图3-33所示的是各种形式的伞齿轮。

图 3-32　伞齿轮啮合传动示意图

图 3-33　各种形式的伞齿轮

4）斜齿圆柱齿轮

斜齿圆柱齿轮的轮齿不是与齿轮轴线平行，而是依螺旋线生成的。直齿圆柱齿轮啮合时，虽然是全齿宽接触，但在换齿啮合时存在冲击，从而引起振动与噪声。而斜齿圆柱齿轮可以同时有多个轮齿对啮合，因而啮合传动平稳性较好。图3-34所示为斜齿圆柱齿轮的传动示意图。由于斜齿圆柱齿轮的传动平稳性较好，故常用在转速较高的传动机构中，如汽车齿轮变速器、减速器等。图3-35所示为用在减速器中的斜齿圆柱齿轮，图3-26所示的传动系统中也采用了斜齿轮。除了将直齿圆柱齿轮改进为斜齿圆柱齿轮外，这个理念也可以用到直齿伞齿轮上,如图3-33所示。由于斜圆柱齿轮传动会产生附加的轴向力,因此,在轴系中应采用推力轴承或向心推力轴承加以平衡。

图 3-34　斜齿圆柱齿轮的传动示意图　　　　图 3-35　用在减速器中的斜齿圆柱齿轮

5) 蜗轮蜗杆

将斜齿圆柱齿轮的螺旋角增加到足够大,它就成为蜗轮蜗杆传动机构。如图3-36所示为蜗轮蜗杆传动示意图。蜗杆上只有一个齿,即蜗杆转一周,只有一个齿在回转。蜗轮蜗杆是一个减速传动机构,两个传动轴相错 90°,即传动轴在空间上不相交,这与伞齿轮传动不同。图 3-37 展示了各种形式的蜗轮蜗杆。

图 3-36　蜗轮蜗杆传动示意图　　　　　图 3-37　各种形式的蜗轮蜗杆

3.3.3　柔性联轴器

当需要一台机器的输出轴与另一台机器的输入轴连接时,可能首先会想到采用刚性的连接方法。但由于机器的安装误差,会造成两个传动轴不同轴,即使通过测量调整的方法,力图使两个传动轴对中,也会由于测量、对准的误差,造成两传动轴不可能完全对准。如图 3-38 所示,电动机输出轴与泵输入轴不同心。当两个轴存在对准误差,而又采用刚性连接的时候,必然造成附加的作用力。这个作用力是直接作用在轴承上的,因此轴承极易损坏,同时,也会产生较大的振动与噪声。图 3-38 所示的两个轴用刚性联轴器连接后所造成的影响如图 3-39 所示。

图 3-38　传动轴没有对准的示意图　　　　图 3-39　采用刚性联轴器造成的影响

因此，传动轴相互连接时常常选用柔性联轴器。图 3-40 所示为各种柔性联轴器。

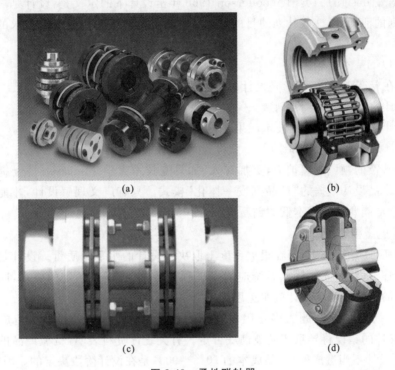

（a）　　　　　　　　　　　　　　　　　　（b）

（c）　　　　　　　　　　　　　　　　　　（d）

图 3-40　柔性联轴器

（a）各种常用柔性联轴器　（b）金属带型联轴器　（c）柔性盘型联轴器　（d）橡胶胎型联轴器

⚙ 3.4　机械设计概述

🔲 3.4.1　机械设计的基市概念

1. 概念

机械设计就是根据客观需求，提出设计任务，通过人们创造性的思维活动，借助已掌握的各种科学知识和信息资源,经过判断、决策,构思出系统的工作原理运动方式、力和能量的传递方式、结构、材料、尺寸、冷却、润滑方式等,并进行综合分析、计算,最终形成图样、文件,建立性能好、成本低、价值优的技术系统。这里所指的技术系统,简言之就是要设计的产品按系统模型分析,技术系统的输入与输出是能量、物料、信号,输入量经技术系统转换为要求的输出量。

2. 设计的本质

设计(design)一词包括两方面的含义:工业美术设计(industrial design)和工程技术设计(engineering design)。英国 Wooderson 1966 年给设计下的定义是:设计是一种反复决策、制订计划的活动,而这些计划的目的是把资源最好地转变为满足人类需求的系统或器件。

设计有以下基本内涵。

(1) 存在着客观需求,需求是设计的动力源泉。

(2) 设计的本质是革新和创造。

(3) 设计是把各种先进的技术成果转化为生产力的活动。

(4) 设计远不只是计算和绘图。

设计所涉及的领域继续扩大,更加深入,如丹麦技术大学 Andeasen 博士提出了以市场需求作为产品设计依据的"产品开发一体化"模式。只有广义理解设计,才能掌握主动权,得到符合功能要求又成本低的创新设计。

3. 设计的重要性

产品的质量、性能、成本等在很大程度上取决于设计的水平与质量。设计是建立技术系统的重要环节,所建立的技术系统应能实现预期的功能,满足预定的要求,同时也应是给定条件下的"最优解"。设计应避免思维灾害。

产品的一系列质量问题大多是因设计不周引起的。设计中的失误会造成严重的损失,某些方案性的错误将导致产品被彻底否定。有关统计资料表明,机械产品的质量事故约有 50% 是设计不当造成的;产品成本的 70%～90% 是在设计阶段决定的。因此,把好设计阶段这一关,对获得一个好产品就有了一半的把握。

3.4.2　机械设计与产品的生命周期

图 3-41(a)所示为产品生命周期的含义。从产品构思到产品终结的整个产品生命周期中,产品规划与任务设定、设计与开发是产品设计阶段。设计阶段的设计品质决定了产品生命周期的长短及产品利润的大小。只要有了好的开端,就可能得到好的结果,反之,没有好的开端,就没有好的结果。如图3-41(b)所示,在产品设计阶段,企业是亏损的,而且在产品市场导入阶段的大部分时间产品也是亏损的;随着产品市场的推广,产品利润率逐渐提高,直到达到最高点;然后,产品逐渐衰落,利润率逐渐减小,甚至亏损,最终退出市场。通过产品全寿命周期设计,可通过再利用、回收来延长产品的生命周期。因此,设计出的产品达到适应性的过程是动态的,图3-41(c)所示的是用螺旋上升线来描述让产品达到市场"适应性"的一系列工作和活动。

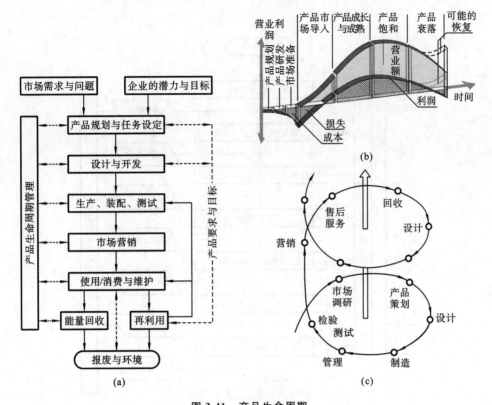

图 3-41 产品生命周期

（a）产品生命周期的含义　（b）产品生命周期与营业利润的关系　（c）产品生命周期与市场"适应性"

3.5 机械设计的过程

　　一个创新产品常常从一个新颖的想法开始，以反复、迭代的方式，完成产品设计方案遴选的概念设计阶段、详细设计阶段等系统化设计过程，制定相应的制造工艺，才能生产出消费者需要的创新性产品。图 3-42 所示为机械设计的一般过程。机械设计工程师常常要与市场营销人员、消费者沟通，并由此产生一个新产品的概念轮廓或新的构思。一个新产品最原始的创新常常产生于这个阶段，然后通过不断地迭代、修改完善这一方案。设计工程师最初的设计工作充满不确定性，即各种约束条件会随着设计的不断深化，不时发生变化，各个阶段的设计会随着设计过程的不断迭代，逐渐细化与完善。

　　一般来说，我们强调设计过程应该遵循三个重要准则：创新性、简单化、迭代。作为设计工程师应该在实际的设计工作中不断体会。一个新产品从构思到完善的设计，本身就是不断迭代的设计过程。图 3-42 所示的设计过程分为 7 个步骤：澄清并确定设计任务、确

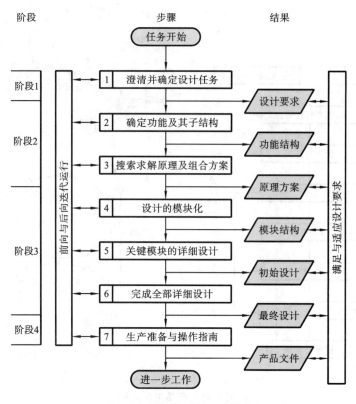

图 3-42 机械设计的一般过程

定功能及其子结构、搜索求解原理及其组合方案、设计的模块化、关键模块的详细设计、完成全部详细设计、生产准备与操作指南。其中,阶段 1 称为产品规划阶段,包括设计步骤 1;阶段 2 称为概念设计阶段,包括设计步骤 2、3;阶段 3 称为构形设计阶段,包括步骤 4、5、6;阶段 4 称为生产准备阶段,包括步骤 7。下面就设计过程的 4 个阶段进行简要叙述。

3.5.1 产品规划阶段

产品规划阶段要求进行需求分析、市场预测、可行性分析,确定设计参数及制约条件,最后给出详细的设计任务书(或要求表),作为设计、评价和决策的依据。

"好的开始,才可能有好的结果。"设计工程师首先要描述出新产品的技术要求:功能、重量、成本、安全性、可靠性,等等。这些是新产品必须满足的约束条件,也是后续产品设计过程中的约束条件。设计工程师必须查阅相关领域的技术专利文献,与可能在产品中使用的零部件供货方洽谈,参加相关专业商业展会,与潜在用户面谈,更好地了解新产品在该应用领域的情况。通过这些琐碎的工作,逐渐确定在产品规划阶段应该完成的设计文件。

3.5.2 概念设计阶段

产品的新颖性、创新性在很大程度上源于概念设计阶段的工作。图 3-43 所示为概念设计的过程。设计工程师要与产品设计团队的其他成员一起构想出设计问题的可能解决方案。这个过程是一个创新的过程,不是已有知识的简单累加。一般来说,通过设计团队召开的头脑风暴会议,记录所有的新想法、新概念,并不进行深入的讨论。通过这个概念产生过程,就有了解决问题的所有可能方案。

接下来就要对这些方案与概念进行筛选。设计工程师可以做一些初步的计算,如强度比较、安全性评价、成本、可靠性等,然后根据计算结果抛弃一些明显不合理的方案。也可以采用快速原型的方法(制作的产品如图 3-44 所示,见第 4 章快速原型技术中的方法论述),快速把设计方案从草图变为实体,然后对产品原型进行测试、分析与评价。

对于机械产品来说,在功能分析和工作原理确定的基础上进行工艺动作构思和工艺动作分解,初步拟定各执行构件动作相互协调配合的运动循环图,进行机械运动方案的设计(即机构系统的型综合和数综合)等,这就是产品概念设计过程的主要内容。

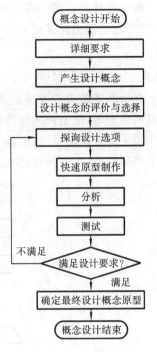

图 3-43 概念设计的过程

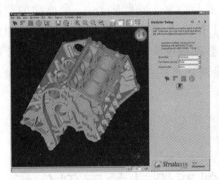

图 3-44 熔融沉积快速原型 CAD 模型与产品

3.5.3 构形设计阶段

构形设计阶段是将机械方案(主要是机械运动方案等)具体转化为机器及其零部件的合理构形,也就是要完成机械产品的总体设计,部件和零件设计,完成全部生产图样,并编制设计说明书等有关技术文件。

在构形设计时,要求零件、部件的设计满足机械的功能要求;零件的结构形状要便于制造加工;常用零件尽可能标准化、系列化、通用化;总体设计还应满足总功能、人机工程、造型美学、包装和运输等方面的要求。

构形设计时一般先将总装配图分拆成部件、零件草图,经审核无误后,再由零件工作图、部件图绘制出总装图。

3.5.4 生产准备阶段

在生产准备阶段要编制技术文件,如设计说明书,标准件、外购件明细表和备件、专用工具明细表等,编制产品操作使用手册与维修手册等各种文件。

对于大批产品来说,根据一次设计的结果直接进行大批生产是有很大风险的。一般须采用渐进、逐步完善设计的迭代过程,如图 3-45 所示。

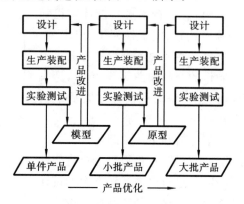

图 3-45　大批产品的递进设计过程

总之,产品的最终设计结果应满足设计要求与约束。除此之外,一个成功的产品还应满足产品安全性的要求。如果一个产品技术上很先进,但它要使用昂贵的材料和成本高的精密加工方法,用户可能因性价比的原因不会选择这个产品,而会选择成本与性能相平衡的产品。制造过程实际上就是一个不断满足消费者需求的商业过程,因而,机械设计也应做到这一点。

3.6　概念设计与创新设计的案例分析

概念设计在产品设计过程中的重要性是不容置疑的。本节将通过一个简单的设计问题阐述概念设计的过程。设计问题如下。

设计一台小车,该车只能以一个捕鼠夹的弹性势能为动力,要求以最短的时间行驶10 m 的距离;以 3 个学生组成一个参赛队;最后,通过赛道比赛确定优胜队。要求所设计的小车必须满足以下条件:

(1) 小车质量不超过 500 g;

（2）小车体积不大于 0.1 m³；

（3）比赛赛道为 10 m 长、1 m 宽，如果在比赛中小车的任何部分超出赛道，将取消比赛资格；

（4）比赛过程中，要求小车必须与地面接触；

（5）小车的动力来源为家用标准捕鼠夹；

（6）在小车的装配过程中，不能使用胶带。

以上设计约束条件对所设计的小车进行了限制。如果其中任何一条不满足，小车就是不合格的设计。比如，赛道 10 m 长、1 m 宽的特点，要求所设计的小车直线行驶的准确性。因此，小车的设计必须平衡所有约束条件，以设计符合要求的小车。

在整个小车的概念设计过程中，学生们需要准备一个笔记本。在小组讨论或小组头脑风暴讨论会过程中，如实记录下每一个闪光点，在笔记本上画出每一个构思草图。随着设计的深入，笔记本上将有丰富的设计信息，包括日期、构思、签名等。在企业的概念设计过程中，也有类似的设计档案。

3.6.1 概念设计 1——线与杠杆

如图 3-46 所示为小车的概念设计 1。该构想的要点是在后轮轴上设置一个绕线轴，其外圆周缠绕数圈拉线，而拉线用一个延长杠杆拉紧。该构想意图通过延长杠杆的旋转，拉动后驱动轴，从而驱动小车。小车行走的动力来自捕鼠夹的弹性势能。这是一个非常直接而又简单的小车构思。

项目小组经过讨论，提出了以下问题。

（1）延长杠杆的长度及绕线轴的直径应该为多少？拉线应该足够长，充分利用捕鼠夹的弹性势能，使绕线轴转动足够多的圈数。设计考虑的出发点有两个：一是在整个 10 m 路程，驱动轴保持驱动；二是只在行程前段去驱动，剩下的没有动力，靠滑行完成剩下的路程。对于第二种设计，还要考虑离合装置。为了增大启动力矩，可采用如图 3-46（c）所示的锥形绕线轴，以实现自动改变传动比。

（2）捕鼠夹安装的位置。在概念设计阶段，可暂不考虑这个问题。

（3）车轮的直径应该取多少？车轮直径越大，车速越快，但加速度会降低。因此，需要综合计算。项目小组在概念设计阶段选择了用光盘作为车轮。

项目小组用笔记本记录上面的问题与讨论，在确定了最优方案后，就需要确定尺寸、材料等物理属性。

3.6.2 概念设计 2——齿轮传动

项目小组继续讨论，并提出了一个如图 3-47 所示的方案。该方案采用齿轮传动，把捕鼠夹的弹性势能传递到驱动轴。为了减少质量，方案中去掉了一部分车体，而采用三轮小车方案。图中方案是两级齿轮传动方案。实际上，是否采用单级、两级或三级齿轮传动，在概念设计阶段并不需要考虑。与概念设计 1 一样，该方案也要充分考虑如何利用捕鼠夹的弹性势能，避免车轮打滑。当小车加速行驶时，小车质量太小，则摩擦力不够，车轮打

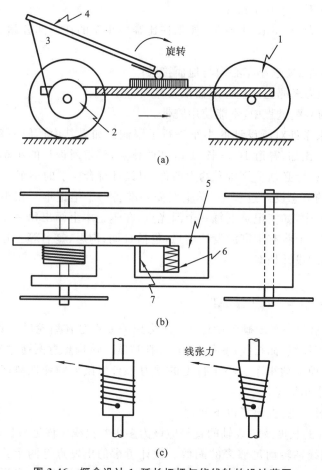

(a)

(b)

(c)

图 3-46　概念设计 1:延长杠杆与绕线轴的设计草图
1—光盘做的车轮;2—绕线轴;3—线;4—延长杠杆;5—捕鼠夹;6—弹簧;7—夹臂

滑就会发生;当小车质量增加时,车速又会变慢,但捕鼠夹的弹性势能就会完全转换为小车的动能。这种方案要求小车全程驱动。如果是半程驱动,后半程小车车轮将不能转动,只能滑动,小车动能将很快消耗掉。这是项目小组不希望看到的。

3.6.3　概念设计 3——伞形齿轮传动

项目小组经过前面的方案讨论,又提出了如图 3-48 所示的方案。该方案的创意在于以最短的时间把小车提高到最高速度,然后以滑行的方式走完剩下的路程。为此,必须要有脱离啮合传动的结构。该方案巧妙地采用了伞形齿轮,通过齿轮的啮合范围,把捕鼠夹的弹性势能完全转化为小车动能。而转到伞形齿轮的缺口部分,齿轮脱离啮合。这样,小车以滚动滑行的方式,以最小的摩擦损耗跑完全程。方案中的中间齿轮起到增加伞形齿轮与驱动轴中心距的作用,以利于结构的实现。

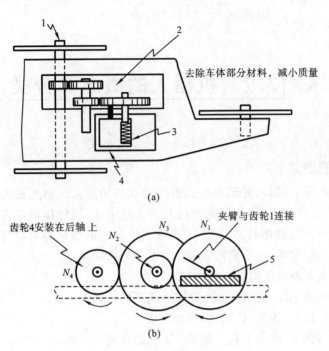

去除车体部分材料,减小质量

齿轮4安装在后轴上

夹臂与齿轮1连接

图 3-47 概念设计 2:齿轮传动的设计草图

1—后轴;2—齿轮传动链;3—弹簧;4—夹臂;5—捕鼠夹

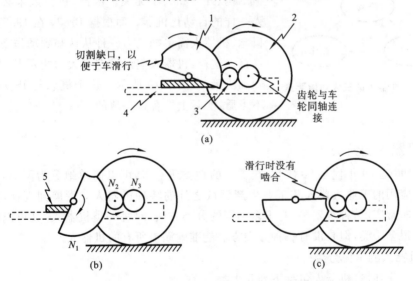

切割缺口,以便于车滑行

齿轮与车轮同轴连接

滑行时没有啮合

图 3-48 概念设计 3:伞形齿轮与惰轮传动的设计草图

1—伞形齿轮;2—前驱动轴;3—惰轮;4—车体;5—捕鼠夹

　　最后,项目小组要分析比较以上方案,确定最合理的方案,并制作出小车原型。项目小组列出可用的材料:夹芯泡沫板、轻质木材、铝合金、铜管、球轴承润滑油、线、黏结剂等。项目小组要通过一定的设计计算,进行材料的选择,确定结构尺寸,设计小车装配图及零件图,加工、制作小车原型。

3.7 机器人的概念和分类

3.7.1 机器人的概念

到底什么是机器人,国内外至今并没有一个确切的定义。早先在工业机器人的发展阶段,欧洲、美国、苏联、日本和我国都对机器人下过定义,但所作的定义都有所不同。虽然对机器人难以给出准确而具体的定义,机器人所应有的特征是可以界定的。根据 ISO(国际标准化组织)的定义,一个机器人应该具有下列特征。

- 具有能完成某种动作的执行机构;
- 具有一定的通用性,能通过改变程序实现不同的动作;
- 具有一定的智能(传感、认知、学习和决策等);
- 具有一定的独立性(可不在人的操作下自动实现其功能)。

图 3-49　机器人的三大功能要素

以上特征主要描述机器人的功能和逻辑结构,与机械结构、外形和大小无关。因此,机器人未必是一个像人一样的自动化机器。而根据 Brady 在 1985 年提出的概念,机器人简单抽象为一种从认知到动作之间的智能连接。这样,机器人应该具有三大功能要素,即动作、认知和决策,如图 3-49 所示。这个概念与 ISO 的定义并不矛盾,实际上二者是一致的。

3.7.2 机器人的分类

在 20 世纪 70 年代至 80 年代,机器人的种类还不多,可以简单地分为两类:在工业生产领域中应用的工业机器人和工业生产领域之外的特种机器人。发展到现在,机器人的范畴已经非常广泛,种类繁多,有很多不同的分类方法,对每一类机器人,又可以按不同的方式分为很多子类,但是没有一种分类方法能准确涵盖所有的机器人。

1. 机器人的常见分类

根据工作环境,机器人包括下列几大类。

- 星球机器人　在月球或火星上作业,具有移动功能,要求耐低温,能源供给为太阳能,通过卫星与地面通信,如图 3-50 所示。
- 太空机器人　在大气层外的太空中工作,要求耐低温,能源供给为太阳能,通过卫星与地面通信,如图 3-51 所示。
- 飞行机器人　在空中飞行或悬停作业,要求有大的功率质量比,能源供给为电池或燃油发动机,通过无线遥控或自主飞行,如图 3-52 所示。

•地面机器人 最常见最普通的机器人绝大多数在常温和大气压下工作,通信方式包括有线和无线方式,如图 3-53 所示。

•水下机器人 在水下作业,要求有良好的密封性和足够的抗压性,通信方式分为有电缆或无电缆,如图 3-54 所示。

图 3-50 星球机器人 图 3-51 太空机器人 图 3-52 飞行机器人

图 3-53 地面机器人 图 3-54 水下机器人

根据应用领域,机器人可分类如下。

•工业机器人 应用于工业生产的一类机器人,发展最早、技术最成熟、应用最广。固定于车间,用于焊接、喷涂、装配、打磨、搬运等作业,在汽车和电子生产线上大量使用,如图 3-55 所示。

•军事机器人 用于物资搬运、火炮发射、探雷排险或侦察等军事作业,要求机动灵活,有移动功能,在地面多数为轮式移动,也可为足式步行,在空中则是飞行移动,如图3-56所示。

•安保机器人 从事安全保卫工作,如反恐、排爆、巡逻、监控等,多为轮式或履带式移动机器人,如图 3-57 所示。

•医疗机器人 辅助医生进行医疗或诊断工作,如手术、扎针、整骨等。由于直接与人接触和交互,要求有极高的可靠性和安全性,如图 3-58 所示。另有能进入肠道或血管进行检测的微小型医疗机器人。

•建筑机器人 用于建筑物墙面的清洁、检测探伤或表面喷涂防护等作业,具有爬行移动功能,例如爬壁机器人,如图 3-59 所示。

•农业机器人 对瓜果进行采摘或对蔬菜谷物等作物进行护理、施肥或收获等处理,具有移动功能,一般为轮式或履带式。不同于一般的农业机械,农业机器人配备足够的传感器,具有一定的自主性和智能化,如图 3-60 所示。

•林业机器人 用于树枝修剪、树木清理或搬运等作业,能攀爬树木或在地面移动,有轮履式或多足式等,如图 3-61 所示。

图 3-55　工业机器人

图 3-56　军事机器人

图 3-57　安保机器人

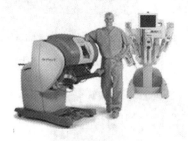
图 3-58　医疗机器人

图 3-59　建筑机器人

图 3-60　农业机器人

• 教育/娱乐机器人　针对青少年寓教于乐，或者用于老年人抚慰。要求有良好的人-机交互性能，具有观赏性和趣味性，因而一般在外观和功能上模仿某些可爱的动物，如图 3-62 所示。

图 3-61　林业机器人

图 3-62　教育/娱乐机器人

• 社会/家庭服务机器人　用于社会服务或家庭服务，例如用于展览馆接待或导航、家庭清洁或安全监控、对老弱病残人员的护理等，一般也具有良好的移动功能，对可靠性和安全性要求高，如图 3-63 所示。

图 3-63　社会/家庭服务机器人

根据机动方式,机器人可分为以下几类。

· 飞行机器人:靠翼或桨产生的升力在空中飞行移动,有固定翼、旋翼或扑翼等几种形式,如图 3-64 所示。

· 攀爬机器人:能沿着某种介质攀爬到高空,例如爬树、爬杆、爬桁架和爬壁等,如图 3-65 所示。

· 跳跃机器人:通过跳跃非连续地改变位置或状态,要求系统具有良好的抗震性和恢复姿态的能力,如图 3-66 所示。

· 步行机器人:通过足部交替运动实现移动的机器人,有双足、四足或六足等,如图 3-67 所示。

· 移动机器人:凡是具有移动功能的机器人都可称为移动机器人,但这里专指通过轮子、履带或轮履混合式实现移动功能的一种机器人,如图 3-68 所示。轮式移动机器人有独轮、双轮、三轮,直至六轮等多种结构形式。

· 爬行机器人:贴着地面,依靠身体的扭动变形来实现移动的一类机器人,如图 3-69 所示。

· 固定机器人:固定不动,没有移动功能,例如工业机器人。

· 水面游动机器人:浮在水面进行游动的机器人,如图 3-70 所示。

· 水下游动机器人:潜在水下进行游动的机器人,早先的水下机器人不具有水生动物的形状和游动方式,但近年仿生游动引起人们的很大兴趣和关注,如图 3-71 所示。

图 3-64　飞行机器人　　图 3-65　攀爬机器人　　图 3-66　跳跃机器人　　图 3-67　步行机器人

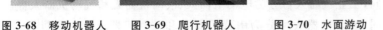

图 3-68　移动机器人　　　图 3-69　爬行机器人　　　图 3-70　水面游动　　　图 3-71　水下游动
　　　　　　　　　　　　　　　　　　　　　　　　　　　　　机器人　　　　　　　机器人

根据模仿动物对象的不同,机器人可分为以下几类。

· 仿生飞行机器人:模仿飞行动物的扑翼在空中飞行(见图 3-64)。

· 仿生攀爬机器人:如仿尺蠖机器人(见图 3-72)、仿壁虎机器人、仿蟑螂机器人等(见图 3-65 所示)。

• 仿生跳跃机器人:例如仿袋鼠、仿青蛙或仿蚱蜢进行跳跃的机器人(如图 3-66 所示)。

• 仿生步行机器人:模仿双足或四足动物进行行走的机器人,例如仿恐龙机器人(见图 3-73)、仿狗机器人(机器狗,如图 3-62、图 3-67 和图 3-74 所示)等。

• 仿生爬行机器人:贴着地面,依靠身体的扭动变形来实现移动的一类机器人,典型的是蛇形机器人,如图 3-69 所示。

• 仿生游动机器人:模仿水生动物在水面或水下进行游动的机器人,例如仿水黾机器人(见图 3-70)、仿水蛇机器人、仿鱼机器人(机器鱼,见图 3-71)和仿蝠鲼机器人(见图 3-75)。

• 仿人机器人:是一种真正字面上或狭义的"机器人",外形和运动功能都模仿人类,具有双腿双臂,自由度多(往往三十多个),代表机器人发展的最高水平,如图 3-76 所示。

图 3-72　仿尺蠖　　　图 3-73　仿恐龙　　　图 3-74　BigDog　　　图 3-75　仿蝠鲼
　　　　　机器人　　　　　　　机器人　　　　　　　　　　　　　　　　　机器人

ASIMO　　　　　QRIO　　　　　　HRP-2　　　　　Ibert-Hubo　　　　　NAO

图 3-76　几种著名的仿人机器人

2. 工业机器人的分类

根据驱动方式的不同,工业机器人可分为电动机器人、液动机器人和气动机器人等。

根据机构构型的不同,工业机器人可分为串联机器人和并联机器人。串联机器人中的各关节依次串联,从基座到末端执行器是个开链机构,但本体中可能包含局部闭链机构(例如日本安川公司早期的 Motoman 机器人的小臂由闭链机构驱动)。并联机器人一般由多个相同的运动支链构成,各支链共用一个基座平台和一个输出平台。并联机器人根据运动支链中的关节形式和输出平台的自由度数量可分为很多种类。

串联机器人按坐标形式又可分成直角坐标机器人、圆柱坐标机器人、球坐标机器人、

SCARA 机器人和关节型机器人等。

工业机器人根据技术发展进程可按代分类,即第一代机器人、第二代机器人和第三代机器人。第一代机器人可通过编程完成一些较简单的工作,或者通过操作人员进行远程操作(遥控);第二代机器人带有外部传感器,具有一定的感知环境并自行修正程序的功能;第三代机器人除了具有感知功能外,还具有一定的决策和规划能力,即在任务级进行编程。

工业机器人还可以根据负载范围和工作空间的大小进行分类,如表 3-5 所示。

表 3-5　工业机器人按负载和工作空间大小分类

类型	特征
微型机器人	负载小于 0.1 kg,动作范围小于 0.1 m
小型机器人	负载范围 0.1~10 kg,动作范围 0.1~1 m
中型机器人	负载范围 10~100 kg,动作范围 1.0~10 m
大型机器人	负载范围 0.1~1 t,动作范围大于 10 m
超大型机器人	负载大于 1 t

根据所从事的作业不同,工业机器人可分为焊接机器人(包括弧焊机器人和点焊机器人)、喷涂机器人、磨削机器人、去毛刺机器人、抛光机器人、钻孔机器人、装配机器人、搬运机器人、码垛机器人、包装机器人、上下料机器人、表面探伤机器人,等等。

3.8　知 识 拓 展

3.8.1　中国空间站机械臂

随着人类探索太空脚步的不断向前迈进,各种各样的航天飞行器发射进入太空执行任务。在各种空间活动中,诸如空间飞行器的自主交会对接、空间碎片清除、深空探测等,通常需要一种具有精确操作能力和视觉识别能力的空间机构来辅助完成,在这种情况下,空间机械臂技术应运而生。

空间机械臂是一个机、电、热、控一体化高度集成的空间机电系统,其本身实际上是一个智能机器人。根据安装位置不同,空间机械臂分为舱内和舱外两大类,舱内机械臂因为受舱内空间的限制,尺寸和运动范围都受到了制约,主要的用途是舱内组件的装配、零部件的更换、对漂浮物体的抓取、空间科学试验等。舱外机械臂针对不同任务而设计,长度从几米到十几米不等,可以辅助空间飞行器完成交会对接、对空间目标的捕获释放、在轨服务、空间观测等任务。

20世纪70年代,美国就开始探索将机械臂等机器人系统应用于航天领域,用于替代航天员在恶劣的太空环境中完成在轨组装、维修和回收空间设备的任务。之后加拿大研发了多套空间机械臂,其中,最著名的机械臂就是为国际空间站研制的"加拿大臂2"(Canadarm2)。该机械臂长17.6 m,有7个自由度,总重1.8 t,最大负荷超过116 t,可以自我重定位,具备舱体表面爬行功能(但只能在美国舱段上爬行,因为有些国家的舱段没有供机械臂爬行的点位)。

空间站机械臂是我国航天事业发展的新领域之一,融合了机、电、热、控制、光学等多项技术。空间站机械臂由核心舱机械臂(大臂)和问天实验舱机械臂(小臂)组成。核心舱机械臂是空间站任务中的"大力士"。作为我国目前智能程度最高、难度最大、系统最复杂的空间智能机械系统其主要承担舱段转位、航天员出舱活动、舱外货物搬运、舱外状态检查、舱外大型设备维护等八大类在轨任务。中国空间站机械臂的重量约0.74 t,采用了大负载自重比设计,负重能力高达25 t,可以轻而易举地托起航天员开展舱外活动、完成空间站维护及空间站有效载荷运输等任务,如图3-77所示。

 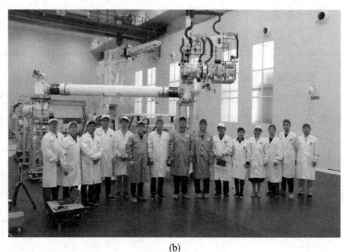

(a)　　　　　　　　　　　　　　　　　　(b)

图3-77　中国空间站机械臂

(a)空间站上的机械臂　　(b)地面上的机械臂与研究人员

我国为了建造空间站,从2007年开始就全面启动了空间站机械臂的研发工作,而当时国际空间站的"加拿大臂2"型空间站机械臂,已经服役了6年。而更早的美国航天飞机使用的"加拿大臂1",更要追溯到20世纪80年代,因此从起点来说,我国和发达国家在机、电、控、动力学、仿真等各个空间机器人专业方向有着巨大差距。我国通过空间站机械臂的研制,实现了空间机器人产品的全流程研制,培养了一大批人才,实现了空间机器人系统研制体系的全方位构建,除了空间站机械臂的研制,我国还研制出月球探测采样机械臂、火星车移动系统等空间机器人系统,同时这些技术还可满足外骨骼机器人等军民融合方面的应用需求。

中国空间站核心舱上的空间站机械臂是我国目前智能程度最高、规模与技术难度最大、系统最复杂的空间智能制造系统。中国载人航天工程总设计师周建平此前介绍称,机械臂的作用在于空间站的组装建造、维护维修、辅助航天员出舱活动等任务,"是中国空间站在轨建造能力水平的重要标志"。

中国空间站机械臂平时安装在核心舱的小柱段上,主体结构是两根臂杆,展开长度10.2 m,重约700 kg,其肩部设置了3个关节、肘部设置了1个关节、腕部设置了3个关节,每个关节对应1个自由度,具有7个自由度。通过各个关节的旋转,空间站核心舱机械臂能够实现自身前后左右任意角度与位置的抓取和操作,为航天员顺利开展出舱任务提供了强有力的保证。

为扩大任务触及范围,该机械臂还具备爬行功能。由于核心舱机械臂采用了"肩3+肘1+腕3"的关节配置方案,肩部和腕部关节配置相同,意味着机械臂的两端活动功能是一样的。机械臂通过末端执行器与目标适配器对接与分离,同时配合各关节的联合运动,从而实现了舱体上的爬行转移。

除了支持航天员出舱活动外,机械臂在后续任务中还将承担舱段转位、悬停飞行器捕获和辅助对接、舱外货物搬运、空间环境试验平台照料等重要任务。该机械臂还可以从10 m扩展到15 m,把小臂和大臂组合在一起,形成一个更长的组合臂。机械臂设计寿命15年、负载能力25 t,末端定位精度45 mm,可实现大范围、大负载操作以及局部精细化操作。此外,机械臂以后还可以扩展到实验舱Ⅰ、实验舱Ⅱ、光学舱,这些舱都可以通过舱外机械臂支持航天员开展作业。

横向对比世界其他国家机械臂,中国空间站机械臂的操控精度、负载自重比和扩展性等指标均已达到世界领先水平,而且值得一提的是核心部件全部实现了国产化。

3.8.2　柔性铰链与柔顺机构简介

柔性铰链是连接两个刚体构件的薄壁构件,由此相连的两个刚体可绕其相对转动。如图 3-78 所示为柔性铰链与传统转动副铰链的对比。基于柔性铰链的转动功能,可把它当作有限转动范围的轴承,如图 3-79 所示。

对于经典的转动轴承(滚动轴承或滑动轴承),轴与轴承座产生相对转动,而且两者的转动中心是一致的,如图 3-79(a)所示。柔性铰链也可提供与经典转动轴承相似的转动功能,不同之处在于两个构件的转动中心不再是共心的,如图 3-79(b)所示。

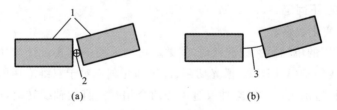

图 3-78　转动铰链对比

(a)经典转动副铰链　(b)柔性铰链

1—刚体连杆;2—转动中心;3—柔性铰链

实际上,柔性铰链可采用以下两种方式获得。

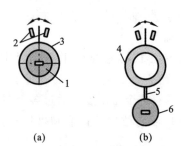

图 3-79　转动轴承与柔性铰链转动功能对比
(a) 经典同心转动轴承　(b) 不同心柔性铰链
1—固定轴;2—限位块;3—转动轴承座;4—运动连杆;5—柔性铰链;6—固定连杆

(1) 用独立的薄片(二维应用)或圆柱形(三维应用)等柔性构件,通过装配的方法,把两个刚体构件连接在一起。

(2) 在平板上直接加工得到薄壁构件,作为柔性铰链。它的特点是柔性铰链与需要连接的刚体是一体的,不需要装配。

因此,柔性铰链是连接两个刚体连杆的具有弹性与柔性的单元,它在机构中起到有限角度转动的作用。这种机构常称为柔顺机构(compliant mechanism),其设计可采用伪刚体优化方法。柔顺机构相对于传统机构的显著优点体现在以下几个方面。

(1) 无摩擦损失。

(2) 无须润滑。

(3) 无滞后。

(4) 结构紧凑。

(5) 可在小尺度应用中使用。

(6) 装配简单。

(7) 无须维护。

虽然柔顺机构具有整体无须维护的优点,但是柔性铰链存在以下缺点。

(1) 只能提供相对小的转动。

(2) 因柔性铰链变形复杂,其转动不是纯转动。

(3) 转动中心不固定。

(4) 对温度变化敏感。

对于二维应用的单轴柔性铰链来说,其柔顺机构采用一体式设计与加工,加工方法包括端铣、点火花线切割(WEDM)、激光切割、冲压和光刻。对于三维应用的柔性铰链来说,采用车削、精密铸造加工。二轴柔性铰链可绕两个相互垂直的轴线转动,两个方面的转动刚度可以不同。其他用于三维应用的柔性铰链可成为多轴柔性铰链。图 3-80 所示为三种主要类型的柔性铰链。最常用柔性铰链的几何形状是直圆形与圆角形,这是因为选择恰当的柔性铰链切口几何形状,需要综合考虑精度、能量损失、应力集中、转动能力等因素的影响。同时,柔性铰链几何尺寸的变化可能会使柔性铰链的输出有敏感的响应。一般来说,评价柔性铰链性能的指标包括以下几个方面。

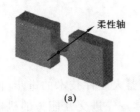 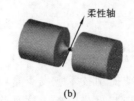 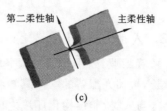

（a）　　　　　　　（b）　　　　　　　（c）

图 3-80　柔性铰链的三种主要类型

（a）单轴　（b）多轴　（c）两轴

（1）转动能力。

（2）转动精度。

（3）应力水平。

（4）能量损失。

评价柔顺机构的指标包括以下几个方面。

（1）输出位移/力。

（2）刚度。

（3）能量损失。

（4）输出运动的精度。

宏尺度下柔性铰链的材料一般为塑性材料，微尺寸下柔性铰链的材料一般为脆性材料，如 MEMS 机构采用硅或其他基于硅的材料。如图 3-81 所示为材料的力-变形曲线，采用塑性材料的柔性铰链一般工作在线性区间，这时自然保证了小应力与应变的工况；采用脆性材料柔性铰链失效的变形一般要比塑性材料柔性铰链的大。

图 3-82 所示为采用柔性铰链的平面 $xy\theta$ 三自由度精密定位平台。它采用三个压电陶瓷驱动器作为输入，三路相同柔性铰链支链放大输出。控制输入的不同位移，可得到所需的平面 $xy\theta$ 坐标位置。

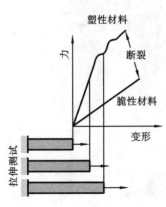

图 3-81　塑性材料与脆性材料的力-变形曲线

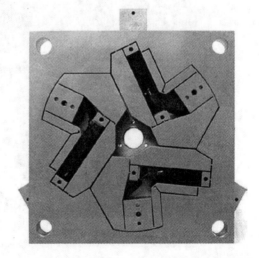

图 3-82　三输入平面 $xy\theta$ 三自由度精密定位平台

3.8.3 人-机交互技术

随着工业、家用领域对服务机器人应用需求的快速增长,机器人配备的本体感知和驱动控制技术愈发丰富,机器人硬件技术的进步,使得机器人与人类、非结构化环境之间的交互日趋完善。这种将具备先进交互能力的机器人集成在一起的一个重要应用领域是人-机协作。机器人与人通过在一定的空间环境中相互协作,完成特定的任务,形成一种互助共存的人-机关系。

1. 增强机器人感知的人-机接口技术

人类具有大量的成对或成组协作经验。人-机协作领域的主要目标之一是设计和建立类似人类相互协作的通信标准,使机器人能够在协作任务的各个阶段了解人类的意图和需求。尽管目前的技术水平很难实现复制人类感知系统的机器人,但通过理解和实现基本的通信原理,能有效地提高人-机交互性能。

一种被大量使用的人-机交互接口利用了机器视觉或语音指令识别技术。机器人利用该技术可以实现人类与机器人之间的交流。这种交流方式从人类的立场出发,通过使用人体头部、躯干或手势等信息,使机器人了解人类协作者的意图,从而实现人-机交互和协作。尽管这类接口符合人类的自然使用习惯,但对机器人而言,在更为广泛的应用场景中,对视觉或听觉接口的信息处理需要很大程度上的机器人自主性。这远远超出了当前自主机器人的工作能力范围。

另一种常见的人-机交互接口是:机器人通过在物理接触中使用力/压力传感器,实现对人类协作者的感知。由于传感器接口的通信底层机制较为简单,这种方法已经被应用于多个领域,例如协作对象传输、物件抓取和放置、姿态辅助以及工业复杂装配工艺(见图3-83)。

图3-83 生产场景中人-机协作完成复杂装配工艺

在上述大多数应用场景中,机器人的控制参数和轨迹都是通过交互力/力矩来调整的。尽管这种方法的应用范围很广,但当协作任务涉及与粗糙表面或不确定环境的同时交互(如协同操作工具的使用)时,会对传感器读数引入各种不可预测的力分量。这将会大幅降低这种接口在更复杂的交互场景中的适用性。

生物信号(如肌电图和脑电图)或其他生理指标(如皮肤电活动)可在人机协作中用于辅助机器人理解人类的意图。由于肌电图测量具有适应性和易用性,它在机器人控制中得到了广泛的应用。

生物信号在人-机接口开发中的一个重要应用是估计人类生理(如疲劳)或认知(如焦虑、注意力集中等)状态的变化,这些状态的变化可能会降低协作机器人的性能。通过从肌电图、心电图和电真皮反应中提取特征,可以在协作装置中检测人类的焦虑情绪。肌电接口为机器人控制器提供了人体运动神经行为的反馈,在协作任务的不同阶段实现合适的阻抗分布。人体疲劳评估系统为机器人提供了人体生理耐久力的状态(见图 3-84)。

图 3-84 基于人体肌电图信号的机器人对人类疲劳适应实验

2. 增强人类感知的人-机接口技术

人类的视觉和听觉系统为自身提供了强大的感官输入,这有助于人类快速、准确地感知运动和环境,并不断更新内部模型。这种感官输入在动态环境感知中起着重要作用,例如通过视觉判断物体的重量,并估计沿着预定路径移动物体所需的力。

增强现实(AR)技术可以作为一种通过人类视觉反馈来增强对环境感知的方法。这将使人类协作者能够在执行工作前,预先评估与机器人协作的规划(见图 3-85)。基于增强现实技术的潜在缺点是信息过载和产生额外费用,这可能会限制此类设备在协作环境中的预期性能。

人类肢体的感受器(如指尖、手臂皮肤等)提供的触觉信息,是人类探索外部环境和完成日常任务的一种非常重要的信息来源。由于在大多数协作场景中,人类会在一个封闭的动态链中与目标物和机器人进行物理接触,因而人类可以感知到大量有意义的信息。然而,在特殊的交互场景中,人类对环境的感知会受到任务或环境条件的影响,而利用人工传感系统这种新的技术手段可向人类提供触觉反馈。

图 3-85　通过增强现实技术(AR)向人类协作者提供触觉和视觉反馈

　　尽管通过人工系统复制人类丰富的感官体验仍然是一项艰巨的任务,但当前已发展出几种非侵入性的技术,用以观测当向人类肢体施加不同类型的刺激时,受试者产生的触觉刺激反应。这不仅提供了更便宜和易于使用的反馈系统,以不降低或小幅降低系统性能为代价,来完全取代力反馈,而且同时解决了诸如闭环稳定性等基本问题。此外,这种感官替代技术(如深度传感器)也可用于向人类提供关于机器人对环境的感知反馈,例如通过振动触觉、电皮肤或机械压力,传递关于力、本体感知或纹理的信息。这些信息是人类感官系统本身所不能提供的。合理利用感官替代技术,可以作为人类感官的延拓,丰富人类的感官体验。

 **本章重难点**

重点

- 常用机构的特点。
- 常用机械零件的特点。
- 创新设计的方法与案例。
- 重点了解机器人的机构与坐标形式。

难点

- 如何选择恰当的机构实现不同运动形式之间的转换。
- 创新设计的过程与案例分析。
- 认识人-机交互技术。

思考与练习

1. 工程中的典型机构基本型及其组合机构有哪些？

2. 什么是串联机构？什么是并联机构？它们各有什么优缺点？

3. 串、并联机器人机构的构成与特点是什么？

4. 常用滚动轴承的类型与特点是什么？

5. 常用齿轮的类型有哪些？各自的特点是什么？

6. 柔性联轴器的作用是什么？

7. 机械设计的概念与本质是什么？

8. 试举例叙述机械设计的过程。

9. 结合课外科研设计活动，完成一个机构的概念设计。

10. 机器人的定义、内涵、分类和范畴。

11. 了解与机器人相关的学科，阐述机器人技术与有关各学科的相关性。

12. 分析机器人的诞生和发展对人类工作和生活的作用，以及对社会发展的影响。

本章参考文献

[1] 张春林. 机械创新设计[M]. 北京：机械工业出版社，2007.

[2] 蔡兰，冠子明，刘会霞. 机械工程概论[M]. 武汉：武汉理工大学出版社，2004.

[3] NICOLAE LOONTIU. Compliant Mechanisms- Design of Flexure Hinges [M]. USA：CRC Press. 2003.

[4] GROTE K H, ANTOSSON E K. Handbook of Mechanical Engineering[M]. Germany：Springer，2008.

[5] PAHL G, BEITZ W, FELDHUSEN J, et al. Konstruktionslehre (in German). [M]. 7th edition. Berlin：Springer，2007.

[6] WICKERT J. An Introduction to Mechanical Engineering[M](影印版). 西安：西安交通大学出版社，2003.

[7] CRAIG J J. Introduction to Robotics – Mechanics and Control [M]. 3rd edition. Pearson Education，Inc，2005.

[8] SICILIANO B, KHATIB O. Handbook of Robotics[M]. 2nd edition. Springer，2016.

[9] 战强. 机器人学：机构、运动学及运动规划[M]. 北京：清华大学出版社，2019.

第4章 传统/非传统制造与精密制造

教学视频

　　毛坯成形与外形加工技术等传统制造与精密制造技术构成了机械制造技术的主要脉络,但随着技术的发展,一些先进的成形技术已经摆脱了毛坯制造的形象。通过各种零件外形加工方法,可以获得达到技术要求的最终零件。同时,一个完整的机器设备需要装配与连接技术把它们恰当地组装在一起,达到最后的产品技术要求。整个制造工艺过程由测量与检测技术进行品质控制。

　　本章将阐述传统的毛坯成形技术、先进的毛坯成形技术;切削加工、磨削加工、特种加工等外形加工技术;快速原型增材制造技术以及几何量测量与检测技术。

⚙ 4.1　相关本科课程体系与关联关系

　　为了更好地使读者,特别是大学机械类本科生了解后续课程与机械制造中传统制造和精密制造技术的关联关系,本节将简要勾勒与传统制造毛坯成形技术、制造技术相关的机械类大学本科课程的关联关系。

　　图4-1列出了支撑毛坯成形技术、零件外形加工及装配连接技术的主要大学本科课程,包括主要公共基础课程、主要学科基础课程和主要专业领域课程三大类。与毛坯成形技术密切相关的学科基础课是成型技术基础和机械制造技术基础部分的内容。与零件外形加工技术密切相关的学科基础课是机械制造技术基础。因此,要更好地掌握机械制造中的毛坯成形技术与零件外形加工技术,需要有主要公共基础课及主要学科基础课的理论基础。这样,才能把握传统与先进毛坯成形技术以及传统与先进零件外形加工技术与先进装配技术的发展趋势。

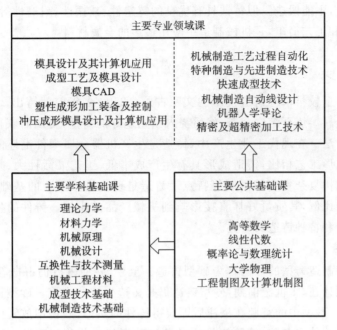

图 4-1 与制造技术相关的本科课程体系

4.2 传统的毛坯成形

在源远流长、波澜壮阔的制造活动中,工艺仍然是制造的核心。所谓"工艺",是指将原材料转变成产品的方法和技术。一定的工艺方法总是和一定的设备相关联的,工艺方法及相关设备的发展和更新引起制造技术的进步,甚至带来整个制造工业的飞跃。

4.2.1 常见钢与铸铁的性能

金属材料中使用最多的是钢铁,钢铁是世界上的头号金属材料。通常所说的钢铁实际上是钢与铁的总称。一般钢的含碳量为 $0.025\% \sim 1.5\%$,生铁的含碳量较高,为 $2\% \sim 4\%$。

碳素钢是指碳的质量分数小于 2.11% 和含有少量硅、锰、硫、磷等杂质元素所组成的铁碳合金,简称碳钢。为了改善和提高钢的性能,在碳钢的基础上加入其他合金元素的钢称为合金钢。常用的合金元素有硅、锰、铬、镍、钨、钼、钒、稀土元素等。合金钢具有耐低温、耐腐蚀、高磁性、高耐磨性等良好的特殊性能,它在工具或力学性能、工艺性能要求高的、形状复杂的大截面零件或有特殊性能要求的零件方面,得到了广泛应用。

碳的质量分数大于 2.11% 的铁碳合金称为铸铁。由于铸铁所含的碳和杂质较多,其力学性能比钢差,不能锻造。但铸铁具有优良的铸造性、减振性、耐磨性等特点,加之价格低廉、生产设备和工艺简单,是机械制造中应用最多的金属材料。

4.2.2　铸造工艺

我国是世界上较早掌握铸造技术的文明古国。2500多年前就铸出270 kg的铸铁刑鼎。铸造是将金属熔炼至熔融状态,然后浇入预先造好的铸型,凝固后获得一定形状与性能铸件的成形方法。在现代工业生产中,铸造是生产机器金属零件毛坯的主要工艺方法之一。与其他成形工艺相比,铸造成形具有生产成本低、工艺灵活性大、几乎不受零件尺寸大小及形状结构复杂程度的限制等特点。铸造是现代机械工业的基础,铸件在机械产品中占有很大的比例,其质量好坏直接影响到机械产品的质量。铸件的生产工艺方法大体分为砂型铸造和特种铸造两大类。

1．砂型铸造

利用石英砂制造铸型的方法称为砂型铸造。至今,砂型铸造仍占据着铸造生产80%以上的比例。预计在21世纪前期,砂型铸造仍是铸造生产的主流。砂型铸造采用型砂来制造砂型和砂芯,砂型中的空腔在浇注后即获得铸件的实体,砂型中放置的砂芯在浇注后经过清除即获得铸件的空腔,清除浇注后砂芯和砂型的工艺称为清砂。砂型铸造应用了较多的铸造工艺。砂型铸造分为手工造型和机器造型,具体又可分为两箱造型、三箱造型及多箱造型。根据铸造型腔制作的工艺方法,又可分为整模造型、分模造型、挖砂造型、活块造型、多箱造型、刮板造型等。套筒零件的分模砂型铸造工艺过程如图4-2所示,通过将模样沿最大截面处分开,一半模样在下箱,一半模样在上箱,完成铸造用型腔的构建。

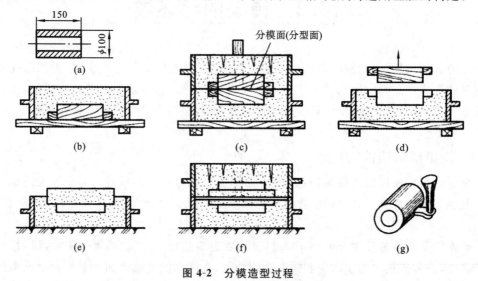

图4-2　分模造型过程
(a)铸件剖面图　(b)造下型　(c)造上型　(d)敞箱,起模,开浇口
(e)下芯　(f)合箱　(g)带浇口铸件

如果在造型过程中,型砂的紧实和起模使用机器取代人工,这就称为机器造型。普通机器造型的紧砂方式包括振击式、压实式、振压式、微振压实式、抛砂式和射压式,图4-3所

示为振压式造型的过程。

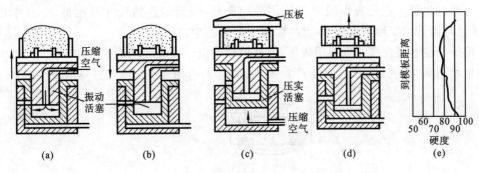

图 4-3 振压造型的过程

(a)振动(上升) (b)振动(下落) (c)压实 (d)起模 (e)硬度分布

2. 特种铸造

特种铸造是指与砂型铸造不同的其他铸造方法。主要有压力铸造、低压铸造、差压铸造、金属型铸造、熔模铸造、实型铸造、陶瓷铸造和连续铸造等。特种铸造方法优点很多，绝大多数方法获得的铸件尺寸精度高、表面光洁，易实现少、无切屑加工；铸件内部组织致密，力学性能好；金属浇注消耗液少，工艺出品率高；多数工艺方法简单，易于实现机械化和自动化；可以改善劳动条件，提高劳动生产率。特种铸造工艺种类繁多，而且还在不断地发展。本章将在4.3节简要介绍熔模精密铸造工艺、压力铸造工艺等。

4.2.3 塑性成形工艺

塑性成形工艺是利用金属的塑性变形来得到一定形状的制件，同时提高或改善制件力学或物理性能的基础工艺之一。负载大、工作条件恶劣的关键零件，如汽轮机的转子、主轴、叶轮和护环，大量生产的汽车、拖拉机中的曲轴、连杆、齿轮和转向节，大型水压机的立柱、高压缸，以及冷、热轧辊，等等，都是以此种工艺加工而成的。

1. 金属成形方法

从金属成形方法来分，有轧制、拉拔和挤压三大方面，每个方面又包括多种加工方法，形成各自的工艺领域。轧制是使金属锭料或坯料穿越两个旋转轧辊的特定空间来获得一定截面形状的材料的方法。我们通常看到的型材、板材和管材就是轧制而成的。拉拔是将大截面的坯料拉过有一定形状的模孔，从而获得小截面材料的方法，这种方法通常用来拉制棒材、管材和线材。挤压是对大截面坯料或锭料一端加压，使金属从模孔中挤出，从而获得符合模孔截面形状的小截面材料的方法，它适用于生产无法拉拔成形的高塑性材料的型材和管材。以上的塑性成形方法一般在加热状态下进行，称为热塑性成形，加热的目的就是提高材料的塑性。但有时高塑性的材料也可在室温下进行塑形，称为冷塑性成形。

2. 锻造和冲压

锻造是使金属材料在不分离条件下的通过大量塑性变形来获得毛坯的方法，为了使金属材料在高塑性下成形，通常锻造是在热态下进行的，因此锻造也称为热锻。

锻造通常又分自由锻和模锻两大类。自由锻一般是在手工锤、空气锤或水压机上，利用简单的工具将金属锭料或坯料锻成特定形状和尺寸的塑性成形方法,铁匠打铁加工就是手工的自由锻。进行自由锻时不使用专用模具,因而锻件的尺寸精度低,生产率也不高,所以自由锻主要用于单件、小批生产或大锻件的生产。

模锻是使金属在模具中锻压成形,因此模锻的锻件就有较精确的外形和尺寸,同时生产率也相当高,它适合于大批量生产。图 4-4 所示为弯曲连杆的模锻过程示意图。

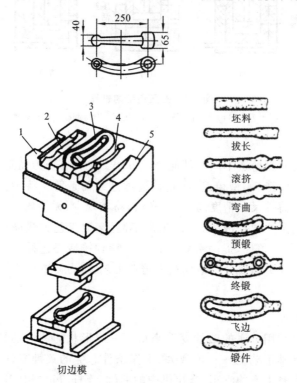

图 4-4 弯曲连杆的模锻过程示意图

1—拔长模膛;2—滚挤模膛;3—终锻模膛;4—预设模膛;5—弯曲模膛

随着生产技术的发展,在锻造中也引入了挤、轧等变形方式来生产锻件,这样就扩充了锻造工艺的领域,也使生产率得到进一步提高。由于锻压设备刚度的提高和新模具材料的应用,对于某些中、小型锻件采用了不加温或少加温的锻造方法,即所谓冷锻、冷轧、冷挤或温锻、温挤等工艺。这样,既节约了能源,又可减少或免除因加热所带来的不良后果,如氧化、脱碳等缺陷,这就为提高锻件的精度创造了条件,是实现少、无切削的重要途径。

冲压和上述各种体积成形方法不同,它属于板料成形,是利用专门的模具对板料进行塑性加工的方法,故也称板料冲压。人们常见的如汽车的外壳等板壳件,都是冲压成形的。同时,由于冲压一般都是在室温下进行的,故也称为冷冲压,其基本成形方式有冲裁、拉深、弯曲成形等多种工序。

冲压所采用的设备一般为带惯性飞轮的冲床。随着对冲压过程速度与力的控制要求,已经出现了一种可控冲床;如图 4-5 所示为香港中文大学研制的可控冲床;图 4-6 所示为数控冲床,在圆盘上布置了 32 个冲头。

图 4-5 可控冲床

图 4-6 数控冲床

4.2.4 焊接工艺

在我们的日常生活和工作中，到处都可以看到焊接加工的踪迹。矗立在上海市中心一座高达 209 m 的电视塔，是用很多根大小不同的钢管连接起来的，它就是焊接技术的结晶。制造一艘 30 万吨的油轮就要焊接 1000 km 长的焊缝，相当于北京到上海的距离。就是一辆小汽车上也有 5000～12000 个焊点。一架飞机的焊点多达二三十万个。随着电子工业的迅猛发展，焊接技术在电子工业中也占有举足轻重的地位，它能用微型焊接技术焊接比纸还薄的金属箔、比头发还细的金属丝。

通过焊接这种连接方法，可以得到后续机械外形加工用的毛坯，如通过焊接方法得到机床的焊接床身。根据焊接过程的特点，焊接方法基本上可以分为熔化焊、压力焊、钎焊这三大类。

1. 熔化焊

熔化焊是一种使用最为广泛、最为普遍的焊接方法。它采用一种高温热源将需要连接处的金属局部加热到熔化状态，使它们的原子充分扩散、冷却凝固后形成整体。图 4-7(a)所示为普通电弧焊，图 4-7(b)所示为埋弧焊。

2. 压力焊

在焊接时，连接处的金属不论是否加热都需要施加一定的压力，金属受压后产生一定的塑性变形，而使两个金属件紧密接触，使分子扩散并结合成牢固的接头。为了使被焊金属接触部分的原子或分子之间容易进行扩散和结合，常常在加压焊接的同时把金属加热到塑性状态。如利用可燃气体火焰加热的压力焊称为气压焊；利用电流通过焊接材料时产生的电阻热把金属加热的压力焊称为电阻焊（见图 4-8）；利用摩擦将金属加热到塑性状态然后加压的焊接称为摩擦焊；利用高频感应电流来加热金属的压力焊称为高频感应焊；还有利用炸药在爆炸过程中产生的巨大的冲击压力来实现金属连接的称为爆炸焊；等等。

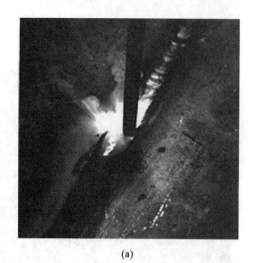 

(a)　　　　　　　　　　　　(b)

图 4-7　熔化焊方法

（a）普通电弧焊　（b）埋弧焊

只需加上足够大的压力,而不需加热的焊接称为冷压焊,这种方法只适用于某些金属,如铜、铜合金等。

图 4-8　电阻焊设备

3. 钎焊

钎焊是指利用熔点比被连接金属低的物质——钎料(或称焊料),经过加热,母材不熔化而使钎料熔化并填满两块金属连接处的缝隙,由钎料与被焊金属中的原子相互产生不同程度的扩散,冷却后结合成整体的焊接方法,包括硬钎焊和软钎焊。采用硬钎料进行的钎焊称为硬钎焊,如钣金制品的缝隙采用的钎焊焊接,在航空工业中常采用钎焊来制造蜂窝结构、滤网、喷气发动机叶轮及喷射器等,美国的 B-52 轰炸机机身上更是大量采用这种焊接方法。采用软钎料进行的钎焊称为软钎焊,如在制造各类电子产品时,就是用这种方法将各种元件焊接在线路板上的。

激光软钎焊在微电子封装和组装中已经用于高密度引线表面贴装器件的再流焊、热敏感和静电敏感器件的再流焊、选择性再流焊、BGA 外引线的凸点制作、Flip Chip 的芯片上凸点制作、BGA 凸点的返修、TAB 器件封装引线的连接等。图 4-9 所示为采用激光软钎焊进行电子贴片元件焊接的示意图。

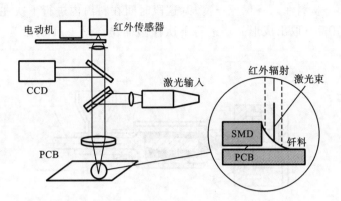

图 4-9 激光软钎焊进行电子贴片元件的焊接

4.2.5 粉末冶金

采用压力将金属粉末材料(或金属粉末和非金属粉末的混合物)固结,然后烧结成形而制造各种类型的零件的方法称为粉末冶金。现代汽车、飞机、工程机械、仪器、仪表、航空航天、军工、核能、计算机等工业中,需要许多具有特殊性能的材料,形状复杂或在特殊条件下工作的零部件,其中有相当部分采用粉末冶金而制成。如汽车的发动机、变速箱、转向器、启动马达、雨刮器、减振器、车门锁等部件中都使用有粉末冶金件。粉末冶金的工艺过程如图 4-10 所示。

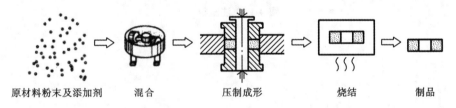

原材料粉末及添加剂   混合   压制成形   烧结   制品

图 4-10 粉末冶金的工艺过程

4.2.6 注塑成形

塑料制品的成形方法很多,但从原理上来看,这些成形加工都要经过三个基本阶段:熔化(可塑化阶段),流动(成形阶段),固化(冷却阶段)。塑料的成形方法通常有以下几种:压塑、注塑、挤塑、吹塑、压延、层压等。在生产中应用较为广泛的是注塑成形。

注塑成形是利用压力在金属模里压入热熔塑料冷却固结成形的方法,又称注射成形或注射模塑。注塑成形生产周期短,几乎不进行后处理,能一次成形外形复杂、尺寸精确的塑料制品。它生产效率高,易于实现自动化操作,适用于家用电器和办公自动化设备等外在部件的成形生产,但成形设备及模具较贵。

从原理上看,这种成形法的过程是在料筒中将材料加热到流动(可塑化)状态,再利用高压注射到模具内,使之冷却、固化或硬化,接着打开模具取出成形品。这种方法的具体操作步骤是合模→材料注入→保压→冷却(这段时间在料筒内进行下次注射材料的加热、塑化和计量)→开模→取出成形品→进行下次注塑操作。图 4-11 所示为注塑成形原理示意图。

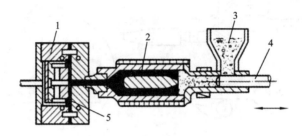

图 4-11　注塑成形原理示意图

1—模具;2—电阻丝加热;3—粒状原料;4—柱塞;5—成品

注射成形所采用的设备是注塑机,图 4-12 所示的是一种注塑机的实物图。

图 4-12　注塑机

4.3　先进的毛坯成形或近净成形技术

毛坯成形技术本意是为后续机械半精、精加工提供零件加工用的毛坯技术。但随着工艺的进步,其成形产品甚至已经可以成为最终精加工的成形产品。

近净成形技术是指零件成形后,仅需少量加工或不再加工,就可用作机械构件的成形技术。它是将新材料、新能源、机电一体化、精密模具技术、计算机技术、自动化技术、数值分析和模拟技术等多学科高新技术融入传统的毛坯成形技术,使之由粗糙成形变为优质、高效、高精度、轻量化、低成本的成形技术。该项技术涵盖近净形铸造、精密塑性成形、精确连接、精密热处理改性、表面改性、高精度模具等专业领域,并且是新工艺、新装备、新材料及各项新技术成果的综合集成技术。

4.3.1 精密铸造

为获得高质量的铸件,实现少、无切削加工,近年来发展了很多新的铸造方法,包括压力铸造(高压、低压、差压)、熔模铸造、实型铸造、陶瓷型铸造和离心铸造等。下面就典型的精密铸造方法作一简要介绍(见表 4-1)。

表 4-1 部分精密铸造方法的特征及应用范围

铸造方法	工作原理	铸件特征			应用范围	
		材质	尺寸	尺寸精度 (IT)	生产率	适用批量
高压铸造	金属液在高压下充型,并在压力下凝固成形	各种非铁合金	中小件	4	很高	大量
低压铸造	金属液在低压作用下由下而上充型,并在压力下凝固成形	各种铸造合金	中小件	6	较高	大量
差压铸造	利用 A、B 室压力差进行升液、充型和结晶	非铁合金	中小件	6	一般	成批
熔模铸造	用蜡模代替木模,造型后不取出,浇注后蜡模气化消失	各种铸造合金	小件为主	4	较低	成批大量
实型铸造	用泡沫塑料模代替木模,造型后不取出,浇注后模型气化消失	各种铸造合金	大中小件	8	一般	各种批量
陶瓷型铸造	用陶瓷浆做造型材料,灌浆成形,高温焙烧后合箱浇注	各种合金钢	大中小件	6	低	单件小批
离心铸造	将金属液浇入旋转的铸型中,金属液在离心力作用下充型和结晶	各种铸造合金	大中小件	6	较高	成批大量

1. 熔模铸造

熔模铸造的历史可以追溯到 4000 年前,埃及、中国和印度都有熔模铸造的历史,后用于制造假牙及珠宝首饰业中。20 世纪 30 年代末,人们发现 Austenal 实验室为外科手术研制的钴基合金可用于航空涡轮增压器。这类合金在高温下有着优异的性能,但很难加工,熔模铸造就成为该类合金成形的工艺方法,迅速地发展为工业技术,进入航空和国防工业部门,并很快应用到其他工业部门。

熔模铸造的主要工艺步骤如下。

步骤 1 制作浇口棒。根据零件图要求设计压型,用钢或其他材料加工压型,再将调成糊状的模料压注到压型里制成熔模。

步骤 2 把若干熔模组焊接到预先由蜡料制成的蜡棒(即浇注系统)上。

步骤 3 在模组表面涂上耐火涂料。

步骤 4 往模组上撒上一层耐火材料(通常为石英砂或铝矾土),再放入硬化剂中,使涂层硬化,这样重复数次,使模组表面结成 8~10 mm 厚的硬壳。

步骤 5 把完成制壳的模组放入热水池或其他热容器中,将模料(包括蜡棒)全部熔化,形成中空的型壳,把型壳放入加热炉中进行焙烧。

步骤 6 将熔融的金属浇注到型壳中。

步骤 7 用振壳机械脱壳,清砂后获得铸件组。

步骤 8 切除浇冒口,再经其他清理工作后即得到所需的铸件。

这种工艺方法采用只能使用一次的易熔模型,故又称为失蜡铸造。熔模铸造的工艺过程如图 4-13 所示。

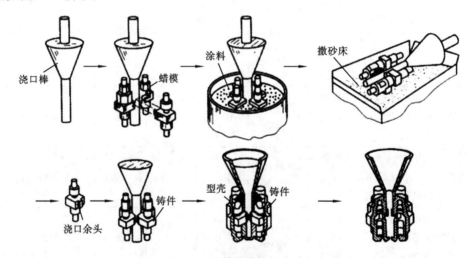

图 4-13　熔模铸造的工艺过程

熔模铸造的特点是设备简单,生产占地面积小,不需大量投资,小型工厂和乡镇企业能很快上马。熔模铸件与砂型铸件相比,熔模铸件具有较高的尺寸精度和较低的表面粗糙度,可减少机械加工余量或直接得到零件,实现少、无切削加工,从而大大提高生产率。因此,熔模铸造又称为熔模精密铸造。

熔模铸造适用于机床、汽车、拖拉机、动力机械、矿山机械、电力机械、汽轮机、燃气轮机、仪表、风动工具等民用工业产品的生产。对航空航天用的涡轮、叶片及军械零件,用精密铸造的实用价值更大。实际上,有相当多的精密件采用熔模精密铸造已成为唯一的、最经济的生产方法。此外,随着旅游事业的蓬勃发展,用熔模铸造生产各种民间工艺美术品及仿制出土文物、复制历史人物纪念像也显示出它独特的优越性。

2. 压力铸造

压力铸造是将熔融合金在高压、高速条件下充型,并在高压下冷却凝固成形的一种精密铸造方法,简称压铸,其最终产品是压铸件。

压力铸造特性如下。

(1) 高速充填　通常浇口速度达 30~60 m/s。

(2) 充填时间很短　中小型件通常为 0.02~0.2 s。

(3) 高压充填　热室机压力通常为 680~3400 Pa/cm^2。

(4) 熔液的冷却速度快。

压铸所用的金属材料一般为铝、锡、锌、镁等,其中铝合金用量很大,其产品涵盖面很广,包括汽车轮毂、车模构件等,如图 4-14 所示。其中,图 4-14(a)为汽车轮毂,图 4-14(b)为汽车车模,图 4-14(c)为 168 发动机箱体,图 4-14(d)为 TB50 摩托车箱体。所采用的设备为压铸机,如图 4-15 所示。

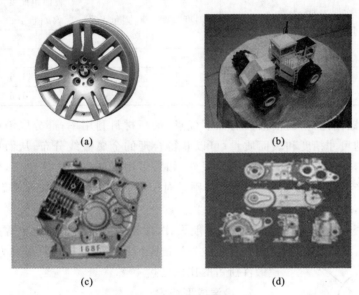

图 4-14　部分压铸产品

(a) 汽车轮毂　(b) 汽车车模　(c) 发动机箱体　(d) 摩托车箱体

图 4-15　压铸机

4.3.2 精密塑性成形技术

精密塑性成形技术是通过塑性变形方法来实现精密成形的一种先进制造技术。精密塑性成形件不仅具有良好的内部组织与性能,还因其成形精度高而大大减少了切削加工量,使成形件表面的细化晶粒得以保存,金属纤维的连续性不受破坏,从而提高了零件的性能,成为当代动力机械提高生产效率的重要工艺方法之一。

1. 精密模锻

精密模锻是从普通模锻逐步发展起来的一种少、无切削工艺,是获得高精度、高质量锻件的锻造工艺,包括压力机精锻、高速锤精锻和多向精密模锻等。与一般模锻相比,在材料利用率、锻件精度等方面有优势,具体比较见表 4-2。

表 4-2 模锻的参数比较

模锻方式	需加工面比例/(%)	余量	斜度/(°)	圆角半径	表面粗糙度 Ra 值/μm		肋板高宽比	
					钢	铝	钢	铝
普通模锻	60～80	一般	5～7	大	20	10	5	8
精密模锻	<20	少、无余量	<3	小	1	1.6	8	23
多向模锻	<20	少、无余量	<1	小	1	1.6	10	23

与一般模锻相比,精密模锻具有如下优点:提高材料利用率;部分取消或减少切削加工;提高锻件的尺寸精度和表面质量;可以获得合理的金属流线分布,从而提高零件的承载能力。因此,对于量大面广的中小型锻件,如果采用精密模锻方法生产,则可显著提高生产率,降低产品成本,提高产品质量,特别是对于一些难以切削的贵重金属如钛、钴、钼、铌等合金零件,采用精密模锻生产更有意义。

目前,精密锻造在汽车、拖拉机、航空航天、医疗器械、仪器仪表、电子等行业都有广泛应用。在工业发达国家的航空发动机和汽车动力部件中,精密模锻件所占的比例已达 40%。

2. 冷温成形技术

冷温成形技术是指金属材料在室温或再结晶温度下的一种塑性成形方法,塑性变形的主要方式是挤压和镦粗。目前,冷温成形已广泛应用于标准件、液压件及汽车、电子、兵器和日用品的生产。典型的产品有冷挤压活塞销,冷挤压变速箱输入、输出轴,冷挤压磁鼓,冷镦伞齿轮,冷温挤压三销轴及星形套等。

3. 回转成形技术

回转成形是指工件成形时,或工具回转,或工件回转,或工具和工件同时回转的一种成形方法。其方法包括辊锻和楔横轧成形技术,其共同特点为成形过程是连续的和局部的。辊锻是材料在一对反向旋转模具作用下产生塑性变形得到所需锻件或锻坯的塑性成形工艺,其变形原理如图 4-16 所示。楔横

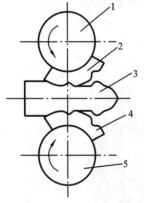

图 4-16 辊锻变形原理
1—上锻辊;2—锻辊上模;3—毛坯;
4—锻辊下模;5—下锻辊

轧的工作过程如图4-17所示,两个带楔形凸起的模具以相反方向运动并带动工件旋转,使工件成形为阶梯轴类锻件。

4. 精密冲裁工艺

精密冲裁简称精冲,它与普通冲裁的主要区别是凸、凹模之间的间隙小,一般为料厚的 0.5%,相当于普通冲裁的 $1/10$;带有齿形的 V 形压边圈和反压板。精冲过程是在压边力、反压力和冲裁力三力同时作用下进行的。精密冲裁过程如图4-18所示。

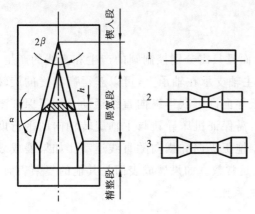

图 4-17 楔横轧的工作过程

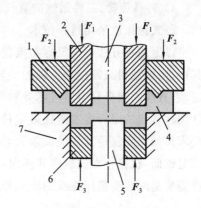

图 4-18 精冲过程示意图

1—压边圈;2—凸模;3—顶杆;

4—工件;5—冲孔凸模;6—反压板;7—凹模

4.4 零件外形加工原理与传统外形加工方法

4.4.1 外形加工的运动学原理

一般来说,机床使用了四种不同运动学原理来产生不同机械零件的几何形状。它们分别是:展成法(generation),复制法(copying),成形法(forming),插补法(interpolation)。

1. 展成法

展成法是指通过机床刀具与工件之间的复合运动形成工件所需的形状的方法,这些复合运动由绕一轴心的旋转运动和沿一坐标轴的直线运动构成。比如,圆柱形零件的外表面可以通过圆和一条直线的展成获得。一般来说,有四种展成方法获得圆柱面。

1)刀具旋转并做轴向直线运动

当机床刀具相对于工件较小时,可采用这种技术。比如,钻和立式镗孔是这种技术的应用例子。如图4-19所示为这种技术的示意图。

2) 工件旋转并做轴向直线运动

当工件相对于机床刀具较小时,可采用这种技术。比如,圆柱磨削是这种技术的应用例子;单轴纵切自动车床也是这种技术的应用例子,这种机床可按凸轮自动加工小直径的圆柱形工件。

3) 工件旋转、刀具做轴向直线运动

车床上的车削就采用这种技术。

4) 刀具旋转、工件做轴向直线运动

卧式镗床就采用这种技术。

以上四种方法可以很容易地获得圆柱面,而且只需分别控制圆的产生和直线的产生。其中,圆的获得只需控制主轴的旋转运动,而主轴支承在轴承上,可以获得高精度的旋转运动;直线的获得只需用机床导轨对机床拖板导向即可获得纵向直线运动。为了保证零件圆柱素线的平行度或圆柱形零件的圆柱度,需保证机床导轨与主轴旋转轴向的平行度要求。如果要获得其他展成表面,需协调控制拖板纵向和横向的直线运动。如果展成表面是锥面,机床拖板的纵向和横向运动关系比是常数。如果展成表面是其他的复杂表面,就需要适时改变机床拖板的纵向和横向运动关系比。

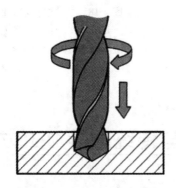 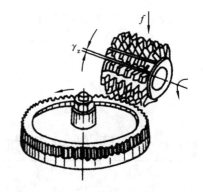

图 4-19　刀具旋转并做轴向直线运动展成法　　图 4-20　滚齿机的渐开线表面的展成运动

对于其他复杂表面展成的一个典型例子就是齿轮渐开线表面的展成运动。如图 4-20 所示为滚齿机床的齿轮渐开线表面的展成运动,它包括滚刀的旋转运动和垂直直线运动及工件的旋转运动。这三个运动按照一定的运动关系,由机械传动链保证了渐开线表面的展成。

2. 插补法

插补法是通过机床各运动轴的协调步进运动实现各种表面的展成。目前,一般通过数控机床的数控系统完成各插补轴的联动运动控制来实现插补展成。插补展成一般包括 2 轴联动、3 轴联动、多轴联动等。图 4-21 所示为两轴联动插补展成的示意图,图 4-22 所示为多轴联动的数控机床示意图。

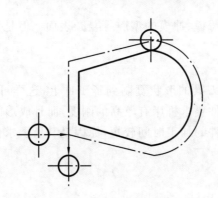

图 4-21 两轴联动插补展成

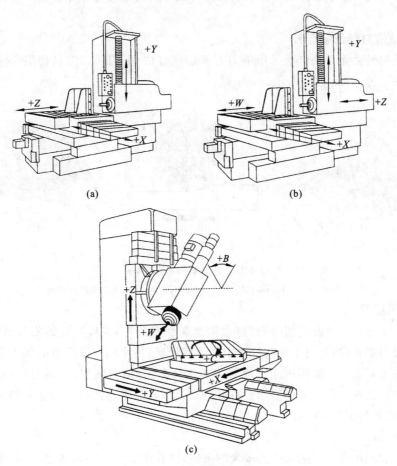

(a)

(b)

(c)

图 4-22 多轴联动数控机床

（a）三轴联动数控机床 （b）四轴联动数控机床 （c）五轴联动数控机床

3. 复制法

对复制法来说,工件所要求的形状同样是因刀具或工件的运动得到的。但是,刀具或工件的运动是依赖于靠模针跟踪与工件形状一致的模板得到的。复制法适用于非圆曲线轮廓或多台阶圆柱零件或铸模、冲模的型腔等复杂表面。但是这些复杂表面采用数控插补展成效率更高。

4. 成形法

成形法是将机床成形刀具的形状复制到了工件上,这样可得到所要求的工件形状。采用成形刀具加工机械零件要求机床有较高的刚度,而且成形的最大长度为 50 mm。采用成形法的优点是机械零件的加工时间较短,原因是其所要求的运动只需刀具在深度方向的直线运动。

4.4.2 传统的外形加工方法

机械零件的外形加工方法可按材料去除方法分为传统外形加工方法和非传统外形加工方法。

1. 传统的材料去除方法

传统的材料去除方法包括采用单刃刀具切削方法、采用多刃刀具切削方法和采用磨粒切削方法三种,如图 4-23 所示。

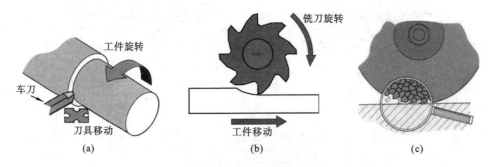

图 4-23 传统材料去除方法
(a) 单刃刀具切削 (b) 多刃刀具切削 (c) 磨粒切削

2. 切削加工

切削加工方法是指使用切削刀具(包括磨料和磨具)与工件之间的相对运动,把工件上多余的材料层切除,使得工件获得规定的几何形状、尺寸和表面质量的加工方法。普通机床切削加工是由工人操作机床完成切削加工任务的,是传统的、经典的,也是最基本的切削加工。切削加工可分为车削加工、铣削加工、刨削加工、钻削加工、磨削加工和齿轮加工等多种形式,如图4-24所示。

1) 车削加工

在车床上利用车刀切除工件上多余的材料,以获得所要求的形状、尺寸精度和表面质量的加工方法称为车削。车削加工时,工件被夹持在车床主轴的端部做旋转运动,刀具被夹持在刀架上沿纵向或横向做进给运动。

车削加工的主要设备是车床。车床的种类很多,如卧式车床、立式车床、转塔车床、专用车床、数控车床及车削加工中心等。图 4-25 所示为一种普通卧式车床的外形,图 4-26 所示为常用车刀的形状和应用,图 4-27 所示为普通卧式车床可以加工的典型表面。

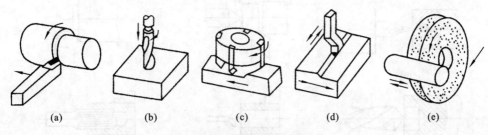

图 4-24 切削加工的主要形式

(a) 车削 (b) 钻削 (c) 铣削 (d) 刨削 (e) 磨削

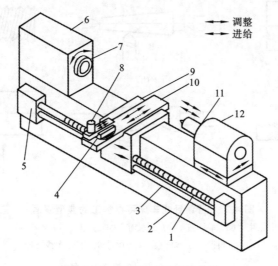

图 4-25 普通卧式车床的外形

1—滚珠丝杠;2—床身;3—进给杆;4—溜板箱;5—进给齿轮变速箱;6—床头箱;
7—回转主轴;8—刀架;9—床鞍;10—横向滑台;11—顶尖;12—尾座

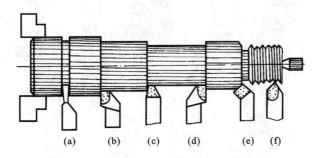

图 4-26 常用车刀的形状和应用

(a) 切槽车刀 (b) 右偏车刀 (c) 圆角车刀 (d) 左偏车刀 (e) 45°偏刀 (f) 螺纹车刀

2）铣削加工

在铣床上用旋转的铣刀加工工件的方法称为铣削。铣削时,铣刀的旋转为主运动,工件做缓慢的直线进给运动。通过选择恰当的铣刀,可完成特定表面的加工。各种铣刀类型如图4-28 所示。铣削主要加工平面和各种沟槽,还可以加工螺旋槽和齿轮等,如图4-29 所示。

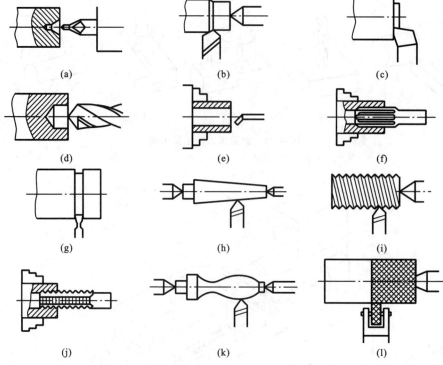

图 4-27　普通卧式车床可以加工的典型表面

（a）钻中心孔　（b）车外圆　（c）车端面　（d）钻孔　（e）镗孔　（f）铰孔

（g）切槽　（h）车锥面　（i）车螺纹　（j）攻螺纹　（k）车成形面　（l）滚花

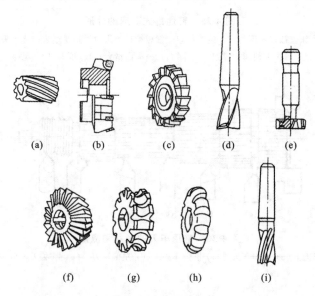

图 4-28　常用铣刀

（a）圆柱铣刀　（b）面铣刀　（c）三面刃盘铣刀　（d）键槽铣刀

（e）T 形槽铣刀　（f）角度铣刀　（g）、（h）成形铣刀　（i）立铣刀

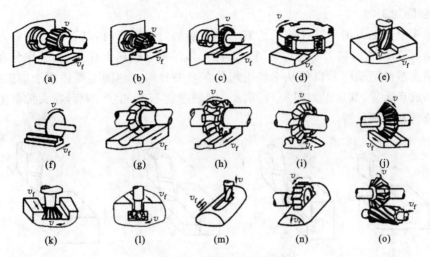

图 4-29 铣削加工的应用范围

(a) 圆柱形铣刀铣平面 (b) 套式面铣刀铣台阶面 (c) 三面刃铣刀铣直角槽 (d) 端铣刀铣平面
(e) 立铣刀铣凹平面 (f) 锯片铣刀切断 (g) 凸半圆铣刀铣凹圆弧面 (h) 凹半圆铣刀铣凸圆弧面
(i) 齿轮铣刀铣齿轮 (j) 角度铣刀铣 V 形槽 (k) 燕尾槽铣刀铣燕尾槽 (l) T 形槽铣刀铣 T 形槽
(m) 键槽铣刀铣键槽 (n) 半圆键槽铣刀铣半圆键槽 (o) 角度铣刀铣螺旋槽

　　铣刀是一种多刃刀具,它在铣削时,有几个刀齿同时参加铣削,每个刀齿可间歇地参加切削和轮流进行冷却。因此铣削的切削速度较高,生产效率高,在大批量生产中,铣削几乎取代了刨削。采用组合铣刀在一次进给中能完成几个表面的加工,这样不仅大大提高了生产率,还能保证被加工零件的尺寸精度。

　　铣削的主要设备是铣床,常用的有卧式升降台铣床、立式升降台铣床、龙门铣床、工具铣床等。图 4-30 所示为万能卧式升降台铣床。

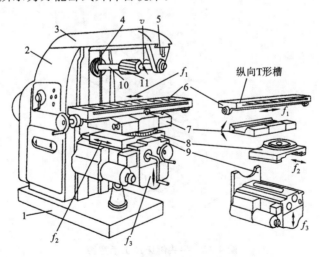

图 4-30 万能卧式升降台铣床

1—底座;2—床身;3—横梁;4—主轴;5—支架;6—工作台;

7—转盘;8—床鞍;9—升降座;10—刀杆;11—铣刀

3）刨削加工

在刨床上用刨刀加工工件的工艺方法称为刨削。在刨削时,其刀架带动刨刀做直线往复运动(v_c),回程时刨刀不进行切削。工件毛坯固定在刨床工作台上,工作台在加工中做间歇横向进给运动(f),以便从毛坯上切除多余的材料。刨削主要适用于加工平面、各种沟槽和成形面等,其加工如图 4-31 所示。刨削速度不高,生产率低,在大批量生产中已逐渐被铣削和拉削代替。

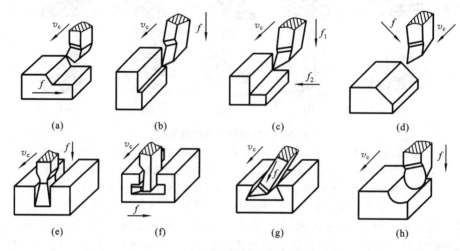

图 4-31　刨削加工范围

（a）刨水平面　（b）刨垂直面　（c）刨台阶面　（d）刨斜面　（e）刨直槽
（f）刨 T 形槽　（g）刨燕尾槽　（h）刨成形面

刨削的设备是刨床。最常用的刨床有牛头刨床和龙门刨床两类。图 4-32 所示为牛头刨床加工示意图。

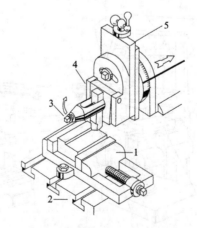

图 4-32　牛头刨床加工示意图

1—台钳;2—工作台;3—刀具回程提升机构;4—摆架;5—牛头推杆

4）钻削加工

钻削是指用钻削刀具(如麻花钻等)在钻床上对工件进行孔加工的操作,是孔加工最常用的方法。通常以钻头的回转为主运动,钻头的轴向移动为进给运动。

钻削所用的主要设备是钻床,常用的钻床有三种:台式钻床、立式钻床和摇臂钻床。图 4-33 所示为钻床示意图。

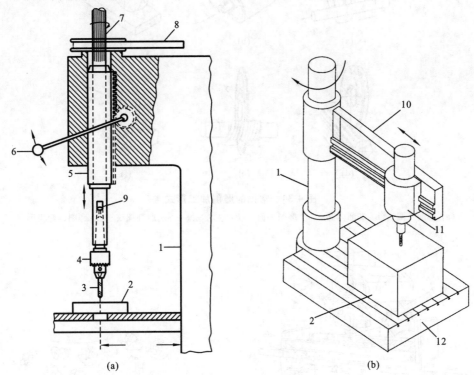

图 4-33 钻床示意图

(a)立式钻床示意图 (b)摇臂钻床示意图

1—立柱;2—工件;3—钻头;4—钻夹头;5—齿条;6—操作手柄;7—主轴;

8—传动皮带;9—尾孔;10—悬臂;11—主轴箱;12—工作台

5)磨削加工

磨削是指用高速旋转的砂轮作为刀具对工件表面进行微刃切削的方法,是零件精加工的主要方法之一。砂轮上的磨粒的硬度很高,它不仅能加工一般的金属材料,如碳钢、铸铁,还可以加工一般刀具难以加工的硬材料,如淬火钢、硬质合金等。

磨削主要用于零件的内、外圆柱面,内、外圆锥面,平面及成形表面(花键、螺纹、齿轮等)的精加工,以获得较高的尺寸精度和较低的表面粗糙度。几种常见的磨削加工形式如图 4-34 所示。

磨削加工的主要设备是磨床。常用的磨床有外圆磨床、内圆磨床、平面磨床等。图 4-35 所示为平面磨床示意图。

砂轮是磨削的主要切削工具。它是由磨粒加结合剂用烧结的方法制成的多孔物体。磨粒、结合剂和空隙是构成砂轮的三要素。如图 4-36 所示,磨粒间的空隙结构有助于磨削。砂轮表面尖棱多角的磨粒如同千万把微型铣刀,在砂轮高速旋转下切入工件表面,从而实现磨削加工。

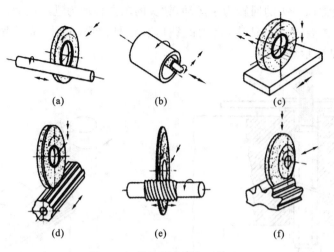

图 4-34　常见的磨削加工形式

（a）磨削外圆　（b）磨削内圆　（c）磨削平面　（d）磨削花键　（e）磨削螺纹　（f）磨削齿轮齿形

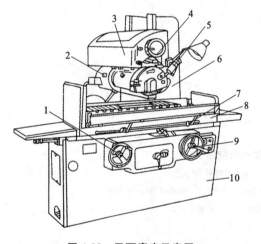

图 4-35　平面磨床示意图

1、4、9—手轮；2—磨头；3—滑板；5—砂轮修整器；
6—立柱；7—撞块；8—工作台；10—床身

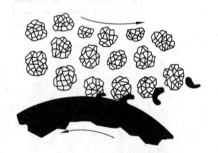

图 4-36　磨削示意图

　　磨料是制造砂轮的主要原料,直接担负切削工作,必须锋利和坚韧。常用的磨料有刚玉类和碳化硅类两种:刚玉(Al_2O_3)类适用于磨削钢料及一般刀具材料;碳化硅(SiC)类适用于磨削铸铁、青铜等脆性材料及硬质合金刀具。

　　6）精整和光整加工

　　精整加工是指在精加工后从工件上切除极薄的材料层,以提高工件的精度和降低表面粗糙度的方法,如珩磨、研磨、超精加工等。光整加工是指不切除或切除极薄金属层,用以降低表面粗糙度或强化表面的加工过程,如抛光轮抛光、辊光、砂光等。

　　精整和光整加工的特点见表4-3。

表 4-3　精整和光整加工的特点

名　称	特　点	精度和表面粗糙度
研磨	利用研具和研磨剂从工件上研去一层极薄金属层的精加工方法。能提高加工表面的耐蚀性和耐磨性,提高疲劳强度。生产率极低,不能提高工件各表面间的位置精度	表面粗糙度 Ra 值一般能达 $0.3\sim0.2~\mu m$,研磨块规精度可达 $0.02\sim0.01~\mu m$
珩磨	是一种固结磨粒压力进给切削的方法。能切除较大的加工余量,能有效提高零件尺寸精度、形状精度和降低零件表面粗糙度,但对零件位置精度改善不大。主要用于加工内孔,如飞机、汽车、拖拉机发动机的汽缸、缸套、连杆及液压油缸、炮筒等	加工小圆孔,圆度可达 0.5 μm,圆柱度在 $0.5~\mu m$ 以下,Ra 值为 $0.4\sim0.04~\mu m$
超精加工	是一种固结磨粒压力进给切削的方法。通过介于工件和工具间的磨料及加工液,工件与研具相互机械摩擦,一般在几秒到几十秒内即可达镜面	Ra 值为 $0.08\sim0.01~\mu m$
抛光	用涂有抛光膏的软轮高速旋转加工工件,一般不能提高工件的形状精度、位置精度和尺寸精度。通常用于电镀或油染的衬底面、上光面的光整加工,是一种简便、迅速、廉价的零件表面最终光饰方法。普通抛光工件 Ra 值为 0.4 μm,精密抛光工件 Ra 值为 $0.01~\mu m$,精度可达 $1~\mu m$	高精密抛光 $Ra<0.01~\mu m$,精度 $<1~\mu m$;超精密抛光 $Ra<0.01~\mu m$,精度 $<0.1~\mu m$
水合抛光	利用在工件表面上产生的水合反应的新型高效、超精密抛光方法。在普通抛光机上,给工件的抛光部位加上耐热材料罩,使工件在过热水蒸气介质中进行抛光。主要适用于集成电路中的蓝宝石表面加工	表面粗糙度 Ra 值抛光为 $0.002\sim0.001~\mu m$
双盘研抛	是超大规模集成电路硅片精密研抛的主要方法。硅片对厚度误差要求极严,用 $0.01~\mu m$ 级胶质硅微粉游离磨粒来研抛硅片表面,能达到要求	全体厚度误差$<2~\mu m$ 局部厚度误差$<1~\mu m$

⚙ | 4.5　非传统的外形加工方法

　　非传统外形加工又称为特种加工,是指那些不属于塑性成形及切削、磨削等传统工艺范畴的加工工艺方法。它是将电、磁、声、光等物理能量,以及化学能量或其组合直接加在被加工的部位上,从而使材料被去除、发生变形或改变性能等。特种加工可以完成用传统方法难以实现的加工,如高强度、高韧度、高硬度、高脆性材料,耐高温材料,工业陶瓷,磁性材料的加工,以及精密、微细、复杂零件的加工。特种加工是对传统加工工艺方法的重

要补充与发展,已成为航空、航天、汽车、拖拉机、电子、仪表、家用电器、纺织机械等制造工业中不可缺少的加工方法。在生产中应用较多的主要有电火花加工、电化学加工、电解磨削和激光加工,还有超声加工、化学加工、电子束加工等。

4.5.1 电火花加工

1. 电火花加工的原理及特点

电火花加工是利用浸在工作液中的两极间脉冲放电时产生的电蚀作用来蚀除导电材料的特种加工方法,又称放电加工或电蚀加工,英文简称 EDM。电火花加工的原理如图 4-37 所示。加工时,工具电极(常用铜、石墨制作等)和工件分别接脉冲电源的两极,并浸入绝缘工作液(常用煤油或矿物油)中。工具电极由自动进给调节装置控制,以保证工具与工件在正常加工时维持一很小的放电间隙($0.01 \sim 0.05$ mm)。当脉冲电压加到两极之间,便将当时条件下极间最近点的液体介质击穿,形成放电通道。由于通道的截面积很小,放电时间极短,致使能量高度集中,放电区域产生的瞬时高温足以使材料熔化甚至蒸发,以致形成一个小凹坑。第一次脉冲放电结束之后,经过很短的间隔时间,第二个脉冲又在另一极间最近点击穿放电。如此周而复始高频率地循环下去,工具电极不断地向工件进给,它的形状最终就复制在工件上,形成所需要的加工表面。

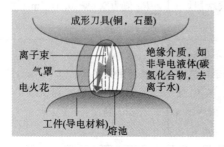

成形刀具(铜,石墨)
离子束
气罩
电火花
绝缘介质,如非导电液体(碳氢化合物,去离子水)
工件(导电材料) 熔池

图 4-37 电火花加工原理

电火花通孔加工精度可达到 $0.005 \sim 0.02$ mm,表面粗糙度 Ra 值为 $0.4 \sim 1$ μm;加工型腔的精度可达到 $0.01 \sim 0.1$ mm,表面粗糙度 Ra 值为 $1 \sim 2.5$ μm。电火花加工的主要特点:适合于加工普通机械加工方法难以加工的形状复杂的工件;可以加工极硬的材料;加工时无宏观的切削力,有利于薄壳零件的加工与微细加工;电火花加工后的表面呈现均匀的凹坑,有利于贮油与润滑;精加工时去除率低;粗加工时表面质量差;存在电极损耗,影响加工精度。

2. 电火花加工的应用

电火花加工主要用于模具中的型孔和型腔的加工,已成为模具制造业的主导加工方法。

1) 电火花成形加工

电火花成形加工是通过工具电极相对于工件做进给运动,将工具电极的形状和尺寸复制在工件上,从而加工出所需要的零件。它包括电火花型腔加工和穿孔加工两种。电火花型腔加工主要用于加工各类热锻模、压铸模、挤压模、塑料模和胶木模的型腔。电火花穿孔加工主要用于型孔(圆孔、方孔、多边形孔、异形孔)、曲线孔(弯孔、螺旋孔)、小孔和微孔的加工,可以实现电火花钻孔、电火花外圆/表面磨削、切断等工艺,如图 4-38 所示。

2) 电火花线切割加工

电火花线切割加工是利用移动的细金属丝(如钼丝)作工具电极,按预定的轨迹进行

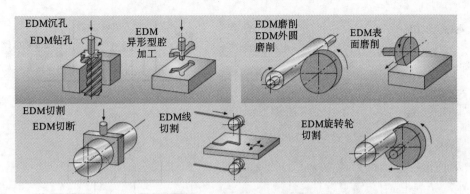

图 4-38 电火花加工的应用案例

脉冲放电切割。电火花线切割的原理如图 4-39 所示。工作时,脉冲电源的一极接工件,另一极接缠绕金属丝的贮丝筒。切割如图 4-39 中的内封闭结构,钼丝应先穿过工件上预加工的工艺小孔,再经导轮带动贮丝筒做正、反向的往复移动。工作台在水平面两个坐标方向按各自预定的控制程序,根据放电间隙状态做伺服进给移动,合成各种曲线轨迹,把工件切割成形。与此同时,工作液不断喷注在工件与钼丝之间,起绝缘、冷却和冲走屑末的作用。电火花线切割广泛用于加工各种冲裁模、样板及各种形状复杂的型孔、型面和窄缝等。电火花线切割加工的典型尺寸精度为 0.005～0.03 mm,表面粗糙度 Ra 值为 0.4～2 μm。

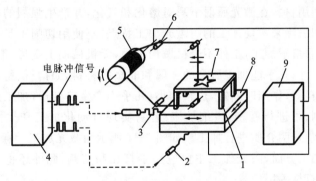

图 4-39 电火花线切割原理

1—垫铁;2—步进电动机;3—丝杠;4—微机控制柜;5—贮丝筒;
6—导轮;7—工件;8—切割工作台;9—脉冲电源

4.5.2 电化学加工

电化学加工是指利用电化学反应(或称电化学腐蚀)对金属工件表面产生腐蚀、溶解而改变工件尺寸和形状的加工方法。与机械加工相比,电化学加工方法不受材料硬度、韧度的限制,已广泛用于工业生产中。常用的电化学加工有电解加工、电磨削、电化学抛光、电镀、电刻蚀和电解冶炼等。图 4-40 是其工作示意图。

电化学加工要求加工物必须可导电。加工时,刀具是阴极,加工物是阳极。电流经电

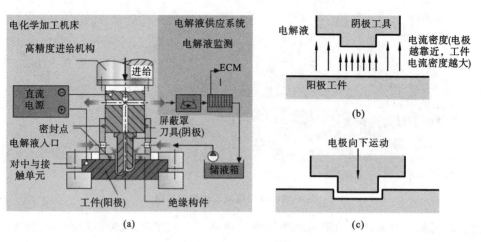

图 4-40 电化学加工示意图

解液流过电极和加工物，刀具沿着欲加工的路径加工，没有和加工物接触，没有电火花产生。加工物被溶解，是电镀的反向操作。电化学加工有着很高的金属移除率，没有热应力，也没有机械应力残留，加工表面可以达到镜面的水平。

4.5.3 激光加工

激光加工是利用材料在激光照射下瞬时熔化和气化，并产生强烈的冲击波，使熔化物质爆炸式地喷溅和去除来实现加工的。激光加工特点：不使用切削工具，不存在工具磨损和更换问题；属于非接触加工，工件不受机械切削力，无机械加工变形，能加工易变形的薄板和橡胶等弹性工件；几乎能加工所有的金属和非金属材料，如钢材、耐热合金、高熔点材料、陶瓷及复合材料等；作用时间短，热影响小，几乎不产生热变形；加工效率高，可实现高速打孔和高速切割；可进行精密、微细加工；容易实现自动化加工和柔性加工；可通过空气、惰性气体或光学透明介质进行加工。如图 4-41 所示为激光加工示意图。

在材料去除加工方面，激光加工主要应用于打孔和切割，此外还将激光用于画线、修边、动平衡校正与打标等用途。

4.5.4 超声加工

超声加工是指利用超声频做小振幅振动的工具，并通过它与工件之间游离于液体中的磨料对被加工表面的锤击作用，使工件材料表面逐步破碎的特种加工方法，英文简称为USM。其加工原理如图 4-42 所示。超声加工常用于穿孔、切割、焊接、套料和抛光，主要用于加工各种不导电的硬脆材料，例如玻璃、石英、陶瓷、宝石、金刚石等；可加工出各种形状复杂的型孔、型腔、成形表面等。超声与机械、电火花、电解等加工方法配合进行复合加工，可取得较好效果，例如，电火花加工与超声加工复合使用，可使精加工时的去除率提高4 倍以上。超声复合加工是超声加工的重要发展方向。在超声加工机床中，以超声波抛光机、超声波电火花复合抛光机、超声清洗机应用最为广泛。

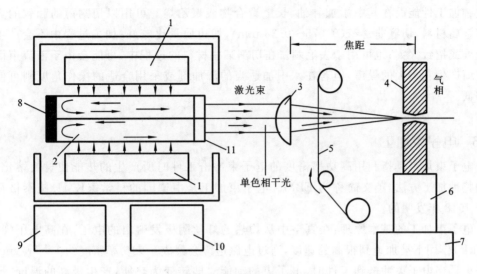

图 4-41 激光加工示意图

1—闪光灯;2—激光材料;3—透镜;4—工件;5—防护带;6—夹具;
7—工作台;8—全反射镜;9—冷却系统;10—电源;11—偏光镜

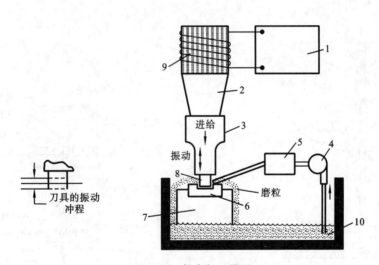

图 4-42 超声加工原理

1—高频电源;2—支承;3—刀具夹持器;4—泵;5—冷却器;
6—工件;7—夹具;8—刀具;9—变换器;10—液槽

4.5.5 液体喷射加工

喷射加工是指通过调整液流束或混有磨料的气流束喷射工件而去除材料的工艺方法。主要有磨料喷射加工、液动力加工和喷水加工三种。图4-43所示为液体喷射加工的示意图。

液动力加工是通过调整液流束冲击工件而去除材料的工艺方法,常用的液体是水,或为改善加工性能而在其中添加甘油、长链聚合物或聚乙烯。可用以切割薄的和软的金属及非金属材料,切缝非常窄(0.075～0.38 mm),切边质量比较好;加工过程中不会产生大量尘埃或招致火灾;也可用于去毛刺。在切割某些材料的过程中,可能会由于液流束混入空气而产生相当大的噪声,但若在水中加适当的添加剂或采用合适的操作角度则可使噪声降低。

4.5.6 电子束加工

电子束加工是指利用高功率密度的电子束冲击工件时所产生的热能使材料熔化、气化的特种加工方法,英文简称为 EBM。电子束加工是由德国的科学家K. H. 施泰格瓦尔特于 1948 年发明的。

电子束加工的基本原理:在真空中从灼热的灯丝阴极发射出的电子,在高电压(30～200 kV)作用下被加速到很高的速度,通过电磁透镜会聚成一束功率密度约 10^7 W/cm^2 的电子束。当电子束冲击到工件时,电子束的动能立即转变为热能,产生极高的温度,足以使任何材料瞬时熔化、气化,从而可进行焊接、穿孔、刻槽和切割等加工。由于电子束和气体分子碰撞时会产生能量损失和散射,因此电子束加工一般在真空中进行。图 4-44 所示为电子束加工原理图。

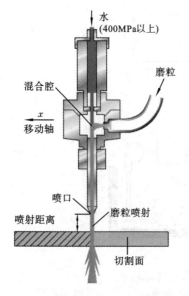

图 4-43　液体喷射加工示意图

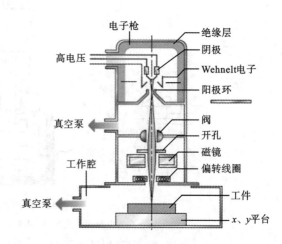

图 4-44　电子束加工原理图

电子束加工的主要特点如下。

(1) 电子束能聚焦成很小的斑点(直径一般为 0.01～0.05 mm),适合于加工微小的圆孔、异形孔或槽。

(2) 功率密度高,能加工高熔点和难加工材料如钨、钼、不锈钢、金刚石、蓝宝石、水晶、玻璃、陶瓷和半导体材料等。

(3) 无机械接触作用,无工具损耗问题。

（4）加工速度快，如在 0.1 mm 厚的不锈钢板上穿微小孔的速度可达 3000 个/s，切割 1 mm 厚的钢板速度可达 240 mm/min。电子束加工广泛用于焊接，其次是薄材料的穿孔和切割。穿孔直径一般为 0.03～1.0 mm，最小孔径可达 0.002 mm。切割 0.2 mm 厚的硅片，切缝仅为 0.04 mm，因而可节省材料。

4.6 快速原型技术

快速原型技术（rapid prototyping，RP，也称快速成形技术）在 20 世纪 80 年代诞生于美国后，迅速扩展到欧洲和日本，并于 20 世纪 90 年代初期引进我国。快速原型技术与虚拟制造技术被称为未来制造业的两大支柱技术。快速原型技术是一种快速产品开发和制造的技术，利用光、电、热等手段，通过固化、烧结、黏结、熔结等方式，将材料逐点堆积，形成所需的制件。快速原型技术与其他成形技术相比，它借助计算机、激光、精密传动、数控技术等现代手段，将 CAD 和 CAM 集成于一体，根据在计算机上构造的三维模型，能在很短的时间内直接制造出产品样品，无须传统的刀具、夹具、模具。RP 创立了产品开发的新模式，使设计人员以前所未有的直观方式体会设计的感觉，感性地、迅速地验证和检查所设计产品的结构和外形，从而使设计工作进入一种全新的境界，改善了设计过程中的人机交流，缩短了产品开发周期，加快了产品更新换代的速度，降低了企业投资新产品的风险。

4.6.1 快速原型技术的基市原理

快速原型技术彻底摆脱了传统的"去除"加工法，而基于"材料逐层堆积"的制造理念，将复杂的三维加工分解为简单的材料二维添加的组合，它能在 CAD 模型的直接驱动下，快速制造任意复杂形状的三维实体，是一种全新的制造技术。其基本步骤如下。

步骤 1 由 CAD 软件设计出零件的曲面或实体模型，按照一定的厚度在 z 向对生成的 CAD 模型进行切面分层，生成每个截面的二维平面信息。

步骤 2 对二维层面信息进行工艺处理，选择合适的加工参数，系统自动生成刀具移动轨迹和数控加工代码。

步骤 3 对加工过程进行仿真，确保数控加工代码正确无误。

步骤 4 利用数控装置控制激光束或其他工具的运动，在当前层上进行轮廓扫描，加工出适当的界面形状。

步骤 5 铺上一层新的成形材料，为进行下一层面的加工做好准备。

步骤 6 如此重复，直到整个零件加工完毕为止。

快速原型技术工艺方法（见图 4-45）较传统的许多加工方法具有以下优越性。

（1）可以制成几何形状任意复杂的零件 不受传统机械加工方法中刀具无法达到某些形面的限制。

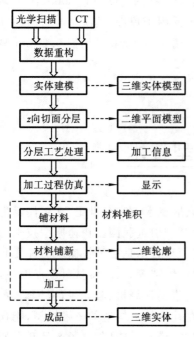

图 4-45　快速原型技术工艺方法流程

（2）大幅缩短新产品的开发成本和周期　一般采用快速成形技术可减少 30%～70% 的产品开发成本,减少 50% 的开发时间,甚至更少。开发光学照相机体,如采用快速成形技术仅需 3～5 天（从 CAD 建模到原型制作）,花费 6000 美元;而用传统的方法则至少需要 1 个月,花费约 36000 美元。

（3）在曲面制造过程中,CAD 数据的转化（分层）可百分之百地全自动完成,而不像在切削加工中那样,需要高级工程人员数天复杂的人工辅助劳动才能转化为完全的工艺数控代码。

（4）不需要传统的刀具或工装等生产准备工作　任意复杂零件的加工只需在一台设备上完成,其加工效率亦远胜于数控加工。

（5）非接触加工　没有刀具、夹具的磨损和切削力所产生的影响。

（6）加工过程中无振动、噪声和切削废料。

（7）设备购置投资低于数控机床投资。

4.6.2　快速原型技术的主要工艺方法

目前快速原型方法有几十种,其中以 SLA、LOM、SLS、FDM 工艺使用最为广泛和成熟。主要 RP 方法制件的机械特性如图 4-46 所示。

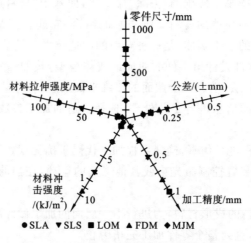

●SLA ▼SLS ■LOM ▲FDM ◆MJM

图 4-46　RP 方法制件的机械特性示意图

1. 光固化成形(SLA)工艺

光固化成形也称立体光刻(stereolithography apparatus, SLA)。该工艺是基于液态光敏树脂的光聚合原理工作的。这种液态材料在一定波长和功率的紫外光照射下能迅速发生光聚合反应,分子量急剧增大,材料就从液态转变成固态。其工艺原理图如图 4-47 所示。

2. 叠层实体制造(LOM)工艺

叠层实体制造也称分层实体制造(laminated object manufacturing, LOM)。该工艺采用薄片材料,如纸、塑料薄膜等,片材表面事先涂覆一层热熔胶。加工时,热黏压机构热压片材,使之与下面已成形的工件部分黏接,然后用 CO_2 激光器按照分层数据,在刚黏结的新层上切割出零件当前层截面的内外轮廓和工件外框,并在截面轮廓与外框之间多余的区域切割出上下对齐的网格,以便在成形之后方便剔除废料;激光切割完成后,工作台带动已成形的工件下降一层纸厚的高度,与带状片材(料带)分离;原材料存储及送进机构转动收料轴和供料轴,带动料带移动,使新层移到加工区域,工件的层数增加一层;再在新层上切割截面轮廓。如此反复,直至零件的所有截面黏结、切割完,得到分层制造的实体零件为止。其工艺原理图如图 4-48 所示。

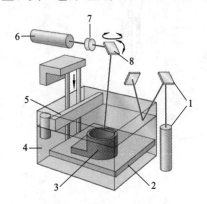

图 4-47 SLA 工艺原理

1—液体树脂水平测量单元;2—工件平台;

3—固化的模型;4—液体树脂;5—涂覆器;6—激光器;

7—激光聚焦镜单元;8—激光束控制单元

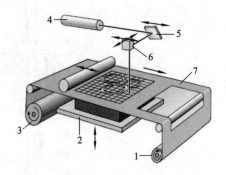

图 4-48 LOM 工艺原理

1、3—薄膜滚筒;2—工件平台;4—激光器;

5—反射镜;6—切割头;7—薄膜

3. 选择性激光烧结(SLS)工艺

选择性激光烧结(selective laser sintering, SLS)是利用粉末状材料在激光照射下烧结的原理,在计算机控制下层层堆积成形的。其工艺原理图如图 4-49 所示。

4. 熔融沉积制造(FDM)工艺

熔融沉积制造(fused deposition modeling, FDM)是利用热塑性材料的热熔性、黏结性,在计算机控制下层层堆积成形的。其工艺原理图如图 4-50 所示。其供料系统带有由压电晶体控制的喷嘴,每秒钟能喷射 6000～12000 滴直径小于 0.1 mm 的液滴,从而有较高的成形速度和精度。对于加热后呈熔融状而非全液态的原材料,采用推挤式喷嘴(见图 4-51)。

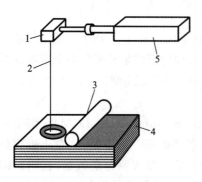

图 4-49　SLS 工艺原理

1—扫描镜；2—激光器；3—平整辊；

4—粉末；5—激光器

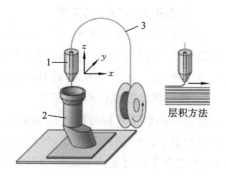

图 4-50　FDM 工艺原理

1—喷头；2—成形工件；3—料丝

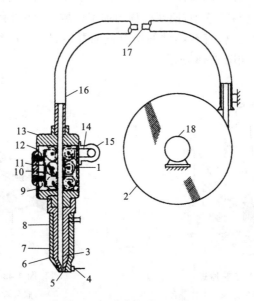

图 4-51　喷嘴和送丝系统

1—主动辊；2—供料辊；3—流道；4—热电偶；5—出口；6—喷头；7—加热器；

8—加热线圈；9、12—弹簧；10、13—从动辊；11—压板；14—皮带或链条；

15—主驱动电动机；16—导向套；17—柔性丝材；18—附加驱动电动机

5. 三维印刷(3DP)工艺

三维印刷(three dimensional printing,3DP)是由美国麻省理工学院开发成功的,它的工作过程类似于喷墨打印机,其工艺原理及制品如图 4-52 所示。

6. 三维焊接(TDW)工艺

三维焊接(three dimension welding,TDW)采用现有各种成熟的焊接技术、焊接设备及工艺方法,用逐层堆焊的方法制造出全部由焊料金属组成的零件,也称熔化成形或全焊缝金属零件制造技术。

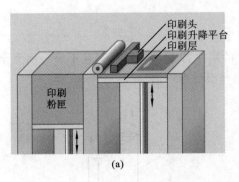

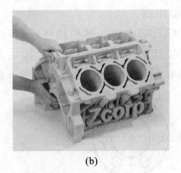

(a)　　　　　　　　　　　(b)

图 4-52　Z 公司的三维印刷机及制品实例

4.7　装配与连接技术

任何机械产品或设备都是由若干个零件和部件组成的。根据规定的技术要求,将零件组合成组件、部件,并进一步将零件、部件组合成机械产品或设备的过程称为装配。装配是整个机械制造过程的后期工作。机器的各种零件只有经过正确的装配,才能成为符合要求的产品。怎样将零件装配成机器、零件精度与产品精度的关系及保证装配精度的方法,这是装配工艺要解决的问题。

随着产品多样性的增加及批量的减小,装配自动化技术成为机器装配过程的必然选择。为此目的而发展起来的装配机器人取得了重要的进展。机器人大国日本在 20 世纪 90 年代中期,装配机器人已占到机器人总数的 40% 以上。装配机器人成为"未来工厂"的重要组成部分。

机器零件装配中的连接技术是确保装配合理、有效的重要技术。目前,不同的机械零件连接方法已有 80 多种,考虑到经济性、新材料的使用,一些新的连接技术受到厂家与研究单位的重视,如汽车仪表盘塑料件之间采用的振动摩擦焊连接技术;为减小热应力的影响,在飞机结构件的连接中大量采用的塑性变形的铆接和包边连接技术;在汽车车身连接中采用具有较小热影响区的激光焊接连接技术,以及在半导体装配中采用的微连接技术。本节主要介绍典型紧固件连接案例、塑料件的摩擦焊连接和包边连接。

4.7.1　螺纹连接的装配

螺纹连接是最常用的一种可拆卸连接形式,常用的连接零件有螺栓、螺钉、螺母及各种专用螺纹件。装配时应注意以下几个方面。

（1）零件与螺纹连接件的贴合面要平整光滑,否则螺纹容易松动。为了提高贴合面的质量,可加垫圈。

（2）螺母端面应与螺栓轴线垂直,松紧适度。

（3）采用多个螺母连接时,应按一定的顺序拧紧,见图 4-53,且不要一次完全旋紧,应按顺序分两次或多次旋紧,以保证零件贴合面受力均匀。

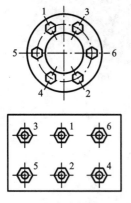

图 4-53　螺母拧紧连接顺序

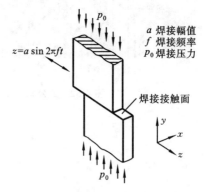

图 4-54　线性振动摩擦焊连接原理示意图

4.7.2　塑料件的振动摩擦焊连接

对于热塑性塑料,可以使两个被焊接塑料件在一定的压力下产生相对运动,摩擦力产生的热使塑料件焊合在一起。按振动摩擦力产生的运动方式不同,塑料振动摩擦焊连接分为线性振动和旋转振动摩擦焊连接两种。图 4-54 所示为线性振动摩擦焊连接的原理示意图。塑料振动摩擦焊一般采用 8～15 s 一个周期完成一次塑料焊接,可以采用自动化的塑料振动摩擦焊连接设备。

4.7.3　包边与铆接连接

由于没有像焊接因受热融合产生的残余热应力,通过结构件的塑性变形完成结构之间的连接成为对残余应力及成本控制产品的首选连接技术。

通过结构件塑性变形的连接方法包括包边、铆接等工艺方法。包边是通过两结构件的卷曲变形而相互包合在一起的结构连接方法。铆接是通过铆钉连接两结构件,同时利用铆钉或结构件的塑性变形完成两结构件的连接的。也可以通过结构件之间实现自铆接,完成铆接连接。其应用如图 4-55 所示。

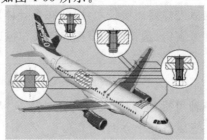

图 4-55　应用塑性变形完成结构连接的典型例子

4.8 几何测量与检测

4.8.1 测量原理与测量标准

1. 测量原理

测量是指一个采用公认的量值单位系统完成被测量与标准量的比较过程。如在生产实际中,采用钢尺测量零件尺寸,那么钢尺的刻度即标准量,被测零件的实际要素即被测量。通过测量,可以得到一个带有物理单位的数字量,但这不一定是被测量的真值,真值是在一个精度极限范围内。

对于测量来说,最重要的是准确度(accuracy)与精密度(precision)的概念。准确度表示测量值与被测量真值的一致程度。精密度表示该测量过程中所得测量结果的重复程度,常用随机误差表示。随机误差 σ 可表示为

$$\sigma = \sqrt{\dfrac{\sum\limits_{i=1}^{n}(x_i - \mu)^2}{n}} \tag{4-1}$$

式中:x_i 表示测量值;μ 表示测量值的均值;n 表示测量次数。

针对一个测量对象,选择一个测量仪器或确定测量系统,一般的准则是所选测量仪器的不确定度(可理解为精度)为被测对象几何量公差的 1/10。例如,如果零件尺寸的设计公差为 ± 0.25 mm,那么要求测量仪器的精度为 ± 0.025 mm。

2. 测量标准系统的历史

目前,国际上存在两种长度单位系统:美国长度系统(U. S. C. S)和国际长度单位系统(SI)。世界上最早的长度单位是依照人体特征长度作为标准的。大约在公元 3000 年前,古埃及就采用长度单位 cubit(丘比特)。一个标准丘比特定义为一个手肘到指尖的距离,长度大约是 524 mm。并进一步定义:一个标准丘比特等于 28 个 digits(人手指宽度);一个 palm 等于 4 个 digits;一个 hand 等于 5 个 digits。古希腊继承采用 finger(大约 19 mm)作为基本测量长度单位,1 foot(英尺)等于 16 finger。古罗马定义 1 pace(步)等于 5 英尺,1 mile(英里)等于 5000 英尺。中世纪欧洲大部分地区采用了基于古罗马的长度单位系统。在此时,诞生了两种长度系统:英制和米制。其中,yard(码)定义为英国国王亨利一世的鼻尖到大拇指尖的距离,等于 3 英尺(1 英尺等于 0.3048 m)。由于之后崛起的美国采用了英制,该长度系统就演变成 U. S. C. S。米制最早由法国里昂的 Vicar G. Mouton 于 1670 年提出,他建议标准米以地球 1 分弧度的子午线长度为其基本单位。法国大革命后

米制终于建立起来,并确定米的定义为地球北极到赤道长度的 1/10000000。1960 年,国际重量与测量国际会议确定米制为国际标准长度系统。虽然,美国是世界上唯一采用 U.S.C.S 的国家,但也采纳 SI。

3. 检测原理

检测是采用测量和量规技术判断一个产品的零件、组件或材料是否符合设计要求的技术。机械零件的检测包括两类:一类是通过采用测量仪器测得几何尺寸,并以此判断该零件的几何尺寸是否处于检测极限范围内,确定零件是否合格;另一类是采用量规(一种不能得到被测零件几何尺寸的量具)直接判断被测零件是否合格,该方法不能得到被测零件的实际尺寸。

4.8.2 几何量技术要求基础

机械产品及零部件的测量检测需要明确检测对象的技术要求。这里的技术要求主要是指机械零部件的几何要求,包括尺寸、形状与位置和表面粗糙度要求。

1. 极限与配合

为了表示孔、轴的偏差和公差与尺寸的关系,国家标准规定了公差带图,如图 4-56(a)、图 4-56(b)所示。零线表示基本尺寸,零线以上的偏差为正偏差,零线以下的偏差为负偏差,位于零线上的偏差为零。

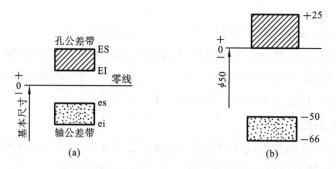

图 4-56　孔、轴公差带图

尺寸公差的大小表明零件对这个尺寸准确程度的要求。通常把零件尺寸的准确程度称为精度。国家标准将标准公差等级划分为 20 个精度等级,分别用 IT01,IT0,IT1,IT2,…,IT18 表示,IT01 级精度最高,公差最小,IT18 级精度最低,公差最大。其中 IT01~IT12 级用于配合尺寸,IT13~IT18 级用于非配合尺寸。图样中不标注公差大小的尺寸称为自由尺寸,一般按 IT13 级精度加工。表 4-4 中给出了部分常用精度的标准公差数值。

表 4-4 公称尺寸小于 500 mm 的标准公差（摘录自 GB 1800.2—2009）

基本尺寸 /mm		公差等级									
		IT01	⋯	IT6	IT7	IT8	IT9	IT10	IT11	IT12	⋯
大于	至	μm								mm	
—	3	0.3	⋯	6	10	14	25	40	60	0.10	⋯
3	6	0.4	⋯	8	12	18	30	48	75	0.12	⋯
6	10	0.4	⋯	9	12	18	30	48	75	0.12	⋯
10	18	0.5	⋯	11	18	27	43	70	110	0.18	⋯
18	30	0.6	⋯	13	21	33	52	84	130	0.21	⋯
30	50	0.6	⋯	16	25	39	62	100	160	0.25	⋯
50	80	0.8	⋯	19	30	46	74	120	190	0.30	⋯
⋮	⋮	⋮	⋮	⋮	⋮	⋮	⋮	⋮	⋮	⋮	⋮
400	500	4	⋯	40	63	97	155	250	400	630	⋯

基本偏差是指国家标准中规定的用以确定公差带相对于零线（表示基本尺寸的一条直线）位置的上偏差或下偏差，一般是指靠近零线的那个偏差。当公差带在零线的上方时，基本偏差为下偏差，用 EI（孔）或 ei（轴）表示；反之则为上偏差，用 ES（孔）或 es（轴）表示（见图 4-57）。

相同基本尺寸的包容面和被包容面装配在一起称为配合，如轴与孔的配合，键与槽的配合等。相配合的基本尺寸称为配合尺寸。

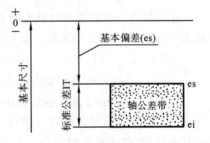

图 4-57 轴公差带大小及位置

由于配合的轴和孔的公差、精度不同，配合后的松紧程度也就不同。根据配合的松紧程度，国家标准分为间隙配合、过盈配合和过渡配合。具体的配合面采用哪种配合性质，由设计决定并在装配图中标明。

（1）间隙配合 两配合面间存在间隙的配合（包括间隙量为零的极限情况），主要用于配合面间有相对运动的表面，如图 4-58(a)所示。

最大间隙＝孔的最大极限尺寸－轴的最小极限尺寸

最小间隙＝孔的最小极限尺寸－轴的最大极限尺寸

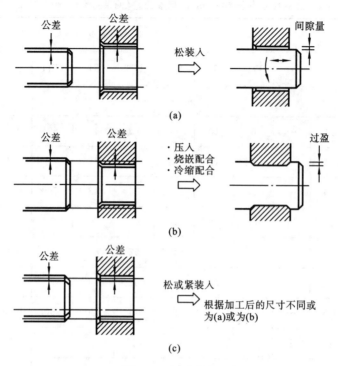

图 4-58　配合种类

(a) 间隙配合　(b) 过盈配合　(c) 过渡配合

（2）过盈配合　两配合面间具有过盈的配合（包括过盈为零的极限情况），主要用于配合面要求紧固无相对运动的表面。应使孔径的实际尺寸小于轴的实际尺寸，如图 4-58(b) 所示。

$$最大过盈＝轴的最大极限尺寸－孔的最小极限尺寸$$
$$最小过盈＝轴的最小极限尺寸－孔的最大极限尺寸$$

（3）过渡配合　两配合面间可能存在间隙或稍有过盈的配合，主要用于轴和孔配合有较好的对中性，且便于装拆的场合。孔径的实际尺寸可能大于或小于轴径的实际尺寸，如图 4-58(c)所示。

2. 形状和位置公差

机械零件的形状和位置精度在很大程度上影响着该零件的质量和互换性，因而它也影响着整个机械产品的质量。为了保证机械产品的零件的互换性及质量，就应该在零件图样上给出形状和位置公差（简称形位公差），规定零件加工时产生的形状和位置误差（简称形位误差）的允许变动范围，并按零件图样上给出的形位公差来检测形位误差。

我国已发布《形状和位置公差》系列国家标准。国家标准规定的形位公差项目有 19 个。其中，形状公差项目 6 个，方向公差项目 5 个，位置公差项目有 6 个。形位公差的每个项目的名称和符号见表 4-5。

表 4-5 形位公差分类、项目及符号

分 类	项 目	符 号	分 类	项 目	符 号
形状公差	直线度	▬	方向公差	平行度	∥
	平面度	▱		垂直度	⊥
	圆度	○		倾斜度	∠
	圆柱度	⌭		线轮廓度	⌒
	线轮廓度	⌒		面轮廓度	⌓
	面轮廓度	⌓	位置公差	位置度	⊕
				同心度（用于中心点）	◎
跳动公差	圆跳动	↗		同轴度（用于轴线）	◎
	全跳动	⌰		对称度	≡
				线轮廓度	⌒
				面轮廓度	⌓

3. 表面粗糙度

无论是机械加工的零件表面，或者是用铸造、锻压等方法获得的零件表面，总会存在着微观几何形状误差（轮廓微观不平度），即使是经过精细加工，看来很光亮的表面，经过放大还是可以看出表面仍具有一定的凸峰和凹谷。这种峰谷的高低和尖钝反映了零件表面的粗糙程度。表面粗糙度不仅对零件的配合性质、耐磨性、强度、抗腐蚀性、机器的工作精度、机器装配后的可靠性和寿命有着重要的影响，而且对连接的密封性和零件的美观等也有很大的影响。因此，对表面粗糙度提出合理要求是一项不可缺少的重要内容。

按 GB/T 131—2006 规定，评定表面粗糙度的指标有许多，其中轮廓幅度参数按照原始轮廓、粗糙度轮廓（用 λ_c 抑制原始轮廓长波波长所得轮廓）和波纹度轮廓（用 λ_f 抑制原始轮廓长波波长所得轮廓）分类，其中最常用的是算术平均偏差、轮廓最大高度。针对表面粗糙度轮廓，算术平均偏差用 Ra 表示，轮廓最大高度用 Rz 表示。按照最新的国家标准，表面粗糙度代号的各种要求和数值的标注方法及其含义如图 4-59 所示。

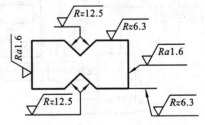

图 4-59 表面粗糙度标注示例

4.8.3 制造过程质量控制

制造系统的生产过程的质量管理包括两大类方法：一类是基于问题求解的管理方法；另一类是采用预防性的管理方法。为了定量评价制造系统生产过程的质量，需要许多现场的测量监测系统，实时获取生产系统实际的数据，比如设备的性能数据等。其中，过程质量的统计评价与控制方法(SPC)是经常采用的一个质量控制的统计方法。通过 SPC 可以不断修正生产系统的系统误差和缩小随机误差的大小,保持生产系统加工能力维持不变。如图 4-60 所示,在不同的阶段,对于已有系统误差与随机误差的生产系统,通过系统修正与调整,使生产系统重新回到正常生产状态,保证产品质量。如图 4-61 所示为基于统计控制加工过程的质量控制概览。

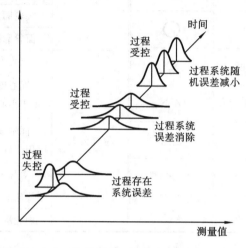

图 4-60　通过消除生产系统的系统误差与随机误差,使加工能力维持稳定

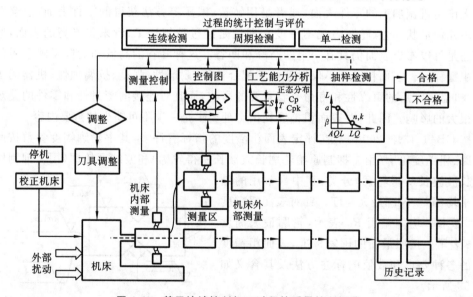

图 4-61　基于统计控制加工过程的质量控制概览

4.8.4　传统测量仪器与量具

　　本小节将简要叙述手动操作的传统测量仪器与量具。这些仪器可用于测量零件的长度、深度和直径,还有一些几何特征,如角度、直线度、圆度等。

1. 精密量块

按国际标准定义确定的长度基准是不能直接使用的,需要一个长度的量值传递系统,从高精度的长度量具传递到普通精度的长度量具。精密量块处于长度量值传递系统的前端,是一种重要的高精度长度量具。按照我国的国家标准,一等量块是最高等级的量块。

如图 4-62 所示,量块的形状是一个长方体,它通过两个相对的测量之间的距离,确定量块的长度。量块经过严格的加工,使得量块长度达到很高的尺寸精度。量块两测量面需经过抛光,并保证很高的平行度。两个量块按测量面研合,可以使量块吸附在一起。最高等级(高等级实验室标准)的量块长度的尺寸精度可达到±0.00003 mm。量块材料一般选用较硬的材料,如工具钢、含铬/钨合金。

量块使用的基本方法是选用最少的量块,并组合得到所需要的尺寸,并通过比较测量的方法实现零件尺寸测量。理论上可以由量块组合得到分辨率最小为 0.0025 mm 的任意尺寸。计量实验室常用硬花岗岩平台作为量块的平面基准,并严格控制测量温度为 20 ℃。在车间内使用精密量块时,常常会有量块磨损与测量温度的偏差,这时需要进行相应的补偿和周期性的量块长度校准。

2. 线性长度的测量量具

线性长度的测量量具包括两大类:带刻度的量仪和不带刻度的量仪。钢尺是一种最常见的带刻度的线性测长量具,其最小刻度为 1 mm 或 0.5 mm,车间里使用的常用规格有150、300、600、1000 mm。卡规是钳工使用的常用工具,也用来测量内外几何要素的线性尺寸,它是不带刻度的量具,如图 4-63 所示。卡规可以用来确定两个点或线间的距离,并通过钢尺或其他刻度量具读出测量值。

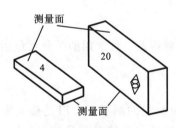

图 4-62　量块

图 4-63　卡规

游标卡尺是一种带有游标和卡钳的线性测长量具。其最简单的不带游标的卡尺,如图 4-64(a)所示,其最小分辨率是 0.5 mm。带有游标的卡尺是由法国数学家 P. Vernier(1580—1637)发明的,因此其英文命名为 vernier caliper,称为游标卡尺,如图 4-64(b)所示。游标卡尺的分辨率可达 0.01 mm。游标卡尺除了可以测量内外要素的长度外,还可以测量深度尺寸,如槽、盲孔的深度。

千分尺(micrometer)是另外一种常用的线性测长量具,如图 4-65 所示。对于遵循美国标准的典型千分尺,其测量主轴旋转一转,轴向运动 0.025 in,旋转游标带有 25 个刻度,因此其分辨率为 0.001 in。这也是千分尺中文名称的由来。对于遵循 ISO 标准的典型千分尺,其测量主轴旋转一周,轴向运动 0.5 mm,旋转游标带有 50 个刻度,因此其分辨率为

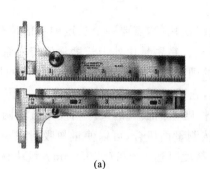 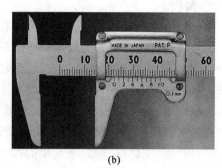

(a)　　　　　　　　　　　　　　　　(b)

图 4-64　卡尺

(a) 无游标卡尺　　(b) 游标卡尺

图 4-65　千分尺

0.01 mm。现代的千分尺都带有数显装置,避免了人为读数误差。最常用的千分尺包括外径千尺、内径千尺和深度千尺。

3. 比较式量具

比较式量具是通过两个物体之间的尺寸比较,完成被测量的测量。一般是被测零件与一个参考表面之间的尺寸比较。比较式量具不能提供被测量的绝对测量值,但可提供被测物体与参考表面间的相对量值与方向。该类量具分为机械式与电子式。

机械式比较量具的典型代表是机械式百分表(dial indicators),如图 4-66 所示。它通过触头的线性运动转变为指针的旋转运动,其分辨率为 0.01 mm。机械式百分表可以测量直线度(straightness)、平面度(flatness)、平行度(parallelism)、垂直度(squareness)、圆度(roundness)和圆跳动(runout)。如图 4-67 所示为采用机械式百分表进行圆跳动的测量。

电子式比较量具与机械式比较量具不同的是采用传感器技术,把机械位移变化转变为电信号,经过调理、放大等处理,以数字化方式显示出来。比较典型的是数显百分表,如图 4-68 所示。电子式比较量具的优点在于:

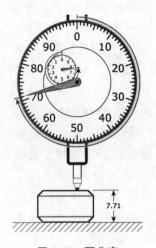

图 4-66 百分表

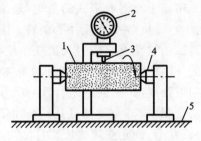

图 4-67 百分表测量圆跳动原理图

1—圆柱零件；2—百分表；3—触头；
4—顶尖；5—测量平台

图 4-68 数显百分表

（1）具有较优的灵敏度、精度、测量重复性和响应速度；

（2）测量分辨率可达 0.025 μm；

（3）操作方便；

（4）消除人为读数误差；

（5）便于实现测量自动化。

4. 量规

量规是被测几何量尺寸的物理再现，检测用的量规一般包括孔用量规和轴用量规。孔用量规与轴用量规都包含通规（GO gages）和止规（NO-GO gages）两种，分别代表被检测尺寸的上下极限。如果通规能够通过工件，止规不能通过工件，表明被测工件尺寸处于上下极限范围内。通规测量面尺寸体现工件的最大实体尺寸，即最难装配的状态，检测工件实体材料是否超过上极限。止规测量面尺寸体现工件的最小实体尺寸，检测工件实体材料是否超过下极限。图 4-69 所示为检验轴的卡规，其上带有通规与止规测量面。图 4-70 所示为检验孔的塞规，其上带有通规与止规测量面。

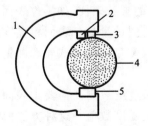

图 4-69 检验轴的卡规

1—量规框架；2—止规测量面；

3—通规测量面；4—工件；5—测量砧

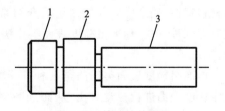

图 4-70 检验孔的塞规

1—止规测量面；2—通规测量面；3—手柄

量规是一种大量应用于互换性生产过程中的检测工具,因为其检测快捷、使用简便。但由于其不能得到更多的被检工件的信息,逐渐开始不适应现代生产技术发展的需要。随着现代高速测量仪器的发展,获得更多被测工件信息的自动检测方法得到应用,由此基于制造过程统计的检测技术成为可能,制造过程就有可能长时间保持稳定。

5. 角度量具

角度测量一般采用角规。市面上有各种形式的角规,最简单的角规带有一个测量刀尺,它与带有半圆弧刻度盘的中心铰接,并以此为中心旋转。图 4-71 所示为一个带有测量游标的角规,它有两个直线刀尺,由这两个直线刀尺形成角度,然后通过半圆弧刻度盘读出角度值。带有游标的角规的分辨率可达 5′,不带游标的角规的分辨率仅为 1°。

高精度的角度测量要采用正弦规,其测量原理如图 4-72 所示。采用正弦规测量工件几何要素的角度时要使用高精度量块,其角度测量是一个间接的计算过程。通过仔细地调整量块组合,得到量块组合长度 H,而正弦规的长度 L 已知。因此,可以按

$$A = \arcsin\left(\frac{H}{L}\right) \tag{4-2}$$

来计算工件几何要素的角度 A。

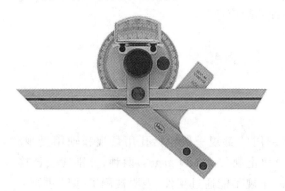

图 4-71 角规

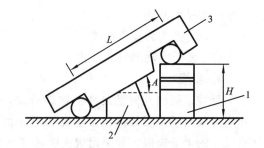

图 4-72 用正弦规测量角度
1—量块;2—被测工件;3—正弦规

6. 表面测量量具

对于一个零件几何要素的表面评定有两类参数:表面纹理和表面完整性。表面纹理主要是指表面粗糙度,表面完整性则主要用于材料特性相关的参数表征,如零件表面以下的材料特性、残余应力等。这里只介绍常用的表面粗糙度的测量量具。表面粗糙度测量主要有三种方式:标准粗糙度表面类比法、触针式轮廓测量仪测量和光学式轮廓测量仪测量。

标准粗糙度表面类比法是一种非常简单的方法,它是通过把被测几何要素表面与标准粗糙度表面进行视觉对比,从而判断该几何要素的表面粗糙度数值。这种方法便于设计工程师对图样上标注的表面粗糙度数值作出恰当的判断,其缺点是表面粗糙度的确定带有很大的主观性。

触针式电动轮廓测量仪通过一个宝石头的触针与工件轮廓表面产生相对二维运动,

实现一个截面内的轮廓测量,如图 4-73 所示。触针式轮廓仪的触针宝石头的尖角点半径一般为 0.005 mm 和 90°尖角。图 4-74 所示为触针式轮廓测量仪的基本原理,所测得的离散数据很容易按照表面粗糙度参数的标准定义进行数学计算,并得出表面粗糙度数值。

图 4-73　触针式电动轮廓测量仪

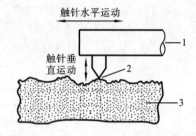

图 4-74　触针式电动轮廓测量仪的基本原理
1—触针头;2—触针;3—工件

　　基于光学方法的表面粗糙度测量是一种非接触式的测量方法。光学式轮廓测量仪主要是利用光反射、光散射和激光技术实现表面粗糙度测量。它适用于不能采用接触式测量和需要高速全检的应用场合。但是采用光学方法测量得到的表面粗糙度并不一定总是与采用触针法测量得到的结果一致。

4.8.5　现代测量与检测技术

　　现代测量技术与检测技术是指代替传统的手动测量与一般量具测量手段的最新测量手段。这里主要涉及坐标测量机,基于激光技术的测量方法和基于机器视觉的测量方法。

1. 坐标测量机

　　坐标测量机是一个带有测量探头和运动定位机构的一个自动化测量设备,它可以做到在三维空间把测量探头定位到相对于工件表面的任意测量位置。坐标测量机有多种结构,图 4-75 所示为一种龙门式坐标测量机。为了保证坐标测量机的精度,其框架结构的刚度较高,同时设备采用空气气浮轴承,以减小运动摩擦和设备的测量平台的隔振,以降低外界振动对测量精度的影响。对于坐标测量机来说,比较重要的是接触式探头和其测量模式。现代探头大都是采用"接触-触发"探头,即当探头接触工件表面时,探头产生微小变形并超过其中心位置,随即产生触发信号,坐标测量机马上记录脉冲和探头尺寸补偿的当前坐标位置。

　　坐标测量机探头相对于工件测量表面的定位有四种控制模式:手动控制,计算机辅助的手动控制,计算机辅助的电动控制,计算机直接控制。手动控制模式是指操作人员直接推动浮动的探头接触工件,完成坐标测量,且进一步的测量参数需要手工进行计算,如通过已知孔的圆周三点坐标来计算孔中心位置等。计算机辅助的手动控制与手动控制不同的地方是后续测量参数的计算由计算机辅助完成。计算机辅助的电动控制是指操作人员

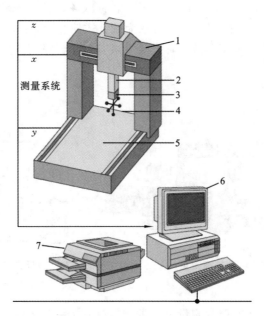

图 4-75　龙门式坐标测量机

1—龙门式框架；2—测量臂；3—探头系统；4—测头；5—工作台；6—控制计算机；7—打印机

通过摇杆等控制装置驱动电动机探头，完成坐标测量与后续参数的计算机辅助计算。计算机直接控制是指预先由测量人员编制好测量程序，然后由计算机按照程序自动完成整个测量任务，包括后续各种测量参数的计算，如孔中心计算、直线度、圆度、平行度等。

采用坐标测量机完成测量任务可以避免人为因素造成的测量误差，测量效率高，可以达到比较高的精度，便于实现自动化测量。

2. 激光测量量具

激光是由于受激辐射造成的光放大现象，它具有很高的单色性、准直性。这些特性使得激光应用在很多领域。切割、焊接是两大激光应用领域，这些领域对激光的要求是功率大，为此常采用固体激光器。而在测量领域应用的激光是采用低功率的气体激光器，如氦氖激光器。下面着重介绍两种基于激光技术的测量仪器。

1）扫描激光测量仪

如图 4-76 所示为一个扫描激光测量仪测量物体直径的例子。通过一个旋转反射镜把激光器发出的准直激光束偏转为一个伞束光阵面，并通过准直透镜形成一个平行光束阵面，该光束阵面瞬时只有一束激光光束，这些瞬时平行光束透过聚焦透镜，聚焦在光电探测器上。当被测物体置于该平行光束阵面内时，将遮挡部分瞬时激光束。根据旋转反射镜的摆动周期，光电探测器将输出一个周期性的脉宽信号。两个脉冲之间的间隔时间与被测物体的直径成正比，这样就实现了被测物体的直径测量。

2）激光三角测量法

激光三角测量法利用一个三角关系实现两个未知点间距离的测量。如图 4-77 所示为激光三角测量法的原理。位置探测器用于检测光点的位置。对于物体高度 D 的测量，可

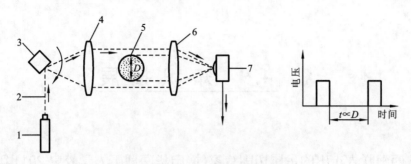

图 4-76　扫描激光测量仪测量物体直径
1—激光器；2—激光束；3—旋转反射镜；4—准直透镜；5—被测物体；6—聚焦透镜；7—光电探测器

使用基于激光三角法原理的测量仪，H 是测量仪的已知初始高度。当物体置于测量仪测量平台上时，光点位置发生变化，相对应的位置探测器上的光点位置也发生变化，由此得到 L，α 是这时候的入射激光束与反射激光束之间的夹角，根据

$$D = H - R = H - L\cot\alpha \tag{4-3}$$

得到物体高度 D。

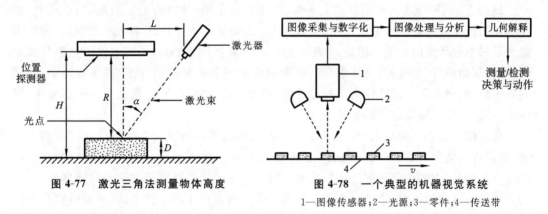

图 4-77　激光三角法测量物体高度　　　　图 4-78　一个典型的机器视觉系统

　　　　　　　　　　　　　　　　　　1—图像传感器；2—光源；3—零件；4—传送带

3. 视觉测量量具

　　用于测量/检测的机器视觉系统涉及图像采集、处理、分析与几何解释。几何解释包括尺寸测量、缺件检测和特征检测等。用于测量与检测的机器视觉系统包括二维和三维两类。大多数机器视觉的实际应用是二维系统，其典型的测量器具是影像测量仪。该类系统技术上涉及系统标定技术、底层图像处理技术、特征提取等机器视觉技术。机器视觉技术主要应用在四大领域：检测，零件辨识，视觉导航和控制，安全监控。机器视觉最重要的应用大约可以覆盖 90% 的工业应用，包括尺寸测量、零件缺失判定和裂纹/缺陷检测。零件辨识应用包括零件分类计数和字符识别。视觉导航和控制应用涉及机器人或类似机器的视觉接口，以完成机器的运动导航。安全监控应用涉及采用视觉影像技术的检测设备或环境非正常特征，提示工作危险。图 4-78 所示为一个典型的机器视觉系统。

4.9　知识拓展

4.9.1　从西南联大走出的金属切削专家(摘自华南理工大学校史 2011 年报道)

周泽华,金属切削理论专家、鳞刺理论创立者、华南理工大学机械与汽车工程学院博士生导师。年过九旬的他,毕业于抗日烽烟中的西南联大,半个世纪以来,这位儒雅学者秉承着西南联大"违千夫之诺诺,作一士之谔谔"的治学精髓,始终执着于学术追求,风雨砥砺、耕耘不辍,与华工一起走过了 58 个春秋,把毕生精力投入到他所钟爱的教育事业。

初见周泽华,虽已年过九旬,依然精神矍铄、思维敏捷;说话时,他面带微笑,嘴角微微上扬,显得慈祥敦和。家中珍养着兰花,壁上悬挂着小提琴,一件一物均显示出他的渊博儒雅。随着记者提问,周泽华的思绪渐渐拉远,往事历历在目。

1939 年,周泽华考入西南联大。不久,由于家乡沦陷,他失去经济来源,只得在外"兼差",勤工俭学。那时国内物价飞涨、货币贬值,无疑更让周泽华的生活雪上加霜,甚至窘迫到了买不起牙膏的境地。但是,令年少的周泽华满怀敬意的是,同样清贫的西南联大的教授们,却始终"同尝甘苦,共体艰危",印象最深刻的就是朱自清先生,虽布衣陈旧,依然安贫乐教,治学不辍。在这样艰苦的日子里,周泽华不仅没有消沉,反而更磨炼了意志,砥砺了品格,奠定了踏实求学的基础。

在大师如云的西南联大,少不了受一些名师的熏陶。梅贻琦先生曾说过:"所谓大学者,非谓有大楼之谓也,有大师之谓也。"此话让周泽华感慨至今。在那些简陋的校舍里,冯友兰先生的《中国哲学》,陈岱孙先生的《经济学》不啻为这些寒苦学子的精神盛宴,他们为大师们的魅力所倾倒,求学之情溢于言表。课室内讲台走道水泄不通,课室外窗台下里三层外三层,这样的情形比比可见。

西南联大的老师们以"研究学术、启迪后进"为天职,这对周泽华后来的为师为学有深远的影响。其中,王力是影响周泽华最深的一位先生,先生潜心钻研,历时多年著成《中国汉语语法》,这番功力学养令周泽华非常佩服,暗下决心要多钻研、多用功,老老实实做学问。

谈及西南联大的淘汰率,周泽华至今仍然印象深刻。他所在的机械系那个班入学时有一百名学生,毕业时仅剩三十多名。周泽华回忆道:"当时老师们出题有个惯例,不及格率低于 30%,说明题出浅了。教力学的孟教授出题,计算不难,但需要掌握窍门。我在他那吃过一些苦头,这让我永远记得,做学问脑筋要灵活,要多思考,不能死记硬背。"

1943 年,周泽华从西南联大毕业,随后到工厂工作。虽已身为车间主任,他却依然怀念遨游书海的生活,渴望再入学术的殿堂。1951 年,周泽华终于如愿以偿,进入岭南大学执教,两年后又因院系调整结缘华南工学院,开始了他孜孜不倦的学者生涯。

　　源于西南联大,周泽华奠定了"要培育就培育精品"的治学思想。果然,严师出高徒,他先后只培养了 30 名研究生,当中却有不少人成为了知名教授、大学校长、业内精英。

　　在华工走过了半个世纪,周泽华唯实求真的敬畏学术之心从未懈怠。探求真知的路上,有过困难,有过坎坷,也曾遭受质疑,但他始终锲而不舍地执着追求,攀登学术之巅。

　　20 世纪 50 年代,"鳞刺是积屑瘤碎片的观点"在理论界占有统治地位。传统的理解是"积屑瘤高频破坏和再生产生的碎片嵌入已加工表面形成鳞刺,使表面粗糙。"但是,周泽华经过长久思索之后,产生了怀疑:"积屑瘤是在前刀面上形成的,与已加工表面相对的是后刀面,积屑瘤的碎片是怎么跑到后刀面去的呢?"为了探究这个问题,他设计了快速落刀装置,制成金相磨片,放在显微镜下观察。他惊奇地发现:在没有积屑瘤形成的情况下,也能出现鳞刺。于是,他大胆提出:鳞刺不是积屑瘤的碎片,而是一种独立现象。观点一经提出,当时年仅三十多岁的周泽华便饱受质疑。对于质疑,周泽华显得坦然,他说:"不要怕受到质疑,别人的反对是自己前进的动力。"于是,不服输的个性使他用各种方法设计了多个试验,经过反复推敲,最终用试验观察和理论分析征服了各方学者,创立了鳞刺理论,其部分著作见图 4-79。这一理论纠正了在国内外流行了半世纪之久的错误观点,掷地有声地打破了学术权威,对金属切削理论的发展产生了深远影响。

(a)　　　　　　　　　　　　　　　　　　(b)

图 4-79　鳞刺理论著作与求真之路

　　周泽华对真理的忘我追求让他的学生非常钦佩。夏伟教授对他的严谨认真印象深刻:"我还记得实验室里那一缸缸他亲手做的标本,至今提醒着我做学问需求真务实。"叶邦彦教授则为他的"忘我"所折服:"吃饭时,他经常想问题想得入神,连自己盛了几碗饭都不察觉。"对此,周泽华始终朴实地说:"做学问要有一股钻劲,把思想和精神集中在一点,像纳鞋底那样把力量用在尖尖的锥子上,才能穿透鞋底。"

　　忘情于学术探究,却无妨于周泽华对生活本真的眷恋。这位在学术上享有盛名的学者,在生活上同样有着儒雅的情趣。他博览群书,爱好文学,也喜欢作诗。他在 1998 年所作的《退休述怀》中写道:"白头无奈壮心何! 解甲忧思谱凯歌。老汉从今身自主,再登一顶莫蹉跎。"周泽华把生活视为学术研究的延续,科技与人文双向互动。

鲜为人知的是,周泽华还热衷于小提琴制作。年轻的周泽华就喜欢小提琴。由于购买的小提琴音色不好,他由一位小提琴演奏爱好者转变为小提琴制作爱好者。记者追问原因,周泽华说:"我喜欢钻研问题,若是碰到了一个别人无法解决的问题,我去研究,解决了,我就很开心。"退休后,在与小提琴制作家谭抒真的一次闲聊中,周泽华得知当时还无人能测量琴弦的张力,他如获至宝,对此难题产生了莫大的兴趣。周泽华一展理工科之长,在实验台上制作了小提琴模型,一边往琴弦一端的桶里加水,一边听着琴弦的音高,测出了琴弦的张力。至今,周泽华家中依然保留着亲手制作的小提琴,小提琴表面的油漆虽已渐渐淡去,却更加优雅素朴。

"倏忽流光七八秋,倾情书海任遨游。一生名利非吾事,四海真知乃所求。"从周泽华78岁诞辰的诗作,记者深切地感受到他倾情于书海,至乐于求真的人生追求。至今,这位91岁的老人依然关注着中国高等教育的发展,他的一颗赤诚之心不会停歇,永远为他挚爱一生的教育事业跳动。

4.9.2 近净成形与集成铸件工艺(Near-Net-Shape Manufacturing and Integral Castings).

The main advantage of shaping by casting is the realization of near-net-shape production of castings, thereby minimizing cutting processing and drastically shortening the process chains due to fewer process stages. The process chain is dominated up to the finished part by chip-arm shaping.

Development in shaping by casting is focused on two directions. First, the components become increasingly closer to the finished parts. Second, many single parts are aggregated to one casting(integral casting, one-piece-casting). Both directions of development are realized in all variants of casting technology.

For evaluation, the manufacturing examples in Figs. 4-80 and 4-81 were considered from melting up to a commensurable part.

Figure 4-80 shows a technical drawing of a flat part that had previously been produced by cutting stating from a bar, that is now made as a casting(malleable cast iron)using the sand-molding principle. In cutting from a semifinished material, material is utilized at only 25.5%. As a result of shaping by casting, utilization of material was increased to 40%. The effects of shaping by casting become evident in the energy balance (primary energy, cumulative energy demand). For cutting the flat part from a semifinished product, 49362 GJ/t parts are required. For shaping by casting, 17462 GJ/t parts are required. Consequently, 64.6% of the energy can be saved. Compared to cutting of semifinished steel material, for part manufacturing about a third as much primary energy is required.

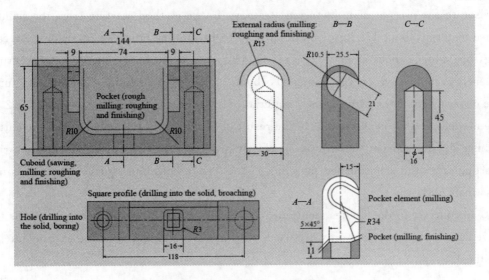

Fig. 4-80　Example：Flat part

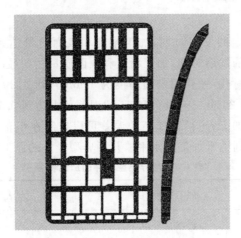

Fig. 4-81　Example：Airbus doorway

The doorway structure of an Airbus passenger door(PAX door：height about 2100 mm；width about 1200 mm)is illustrated in Fig. 4-81. The conventional manufacturing of the doorway structure as practiced until now，apart from the standard parts such as rivets，rings，and pegs，64 milling parts were cut from semifinished aluminum materials with very low material utilization. Afterwards，those parts were joined by about 500 rivets.

As an alternative technological variant，it is proposed that the doorway structure be made of three cast segments. Assuming almost the same mass，in production from semifinished materials，the ratio of chips amounted to about 63 kg，whereas in casting，this can be reduced to about 0.7 kg. Thus，in casting，the chip ratio amounts to only 1% in com-

parison to the present manufacturing strategy. In the method starting from the semifinished material, about 175 kg of material have to be molten; however, in shaping by casting, this value is about 78 kg——that is 44.6%. As a result of the energy balance(primary energy, cumulative energy demand), about 34483 MJ are required for manufacturing the doorway from the semifinished material. However, in shaping by casting, 15002 MJ are needed——that is about 46%. The result of having drastically diminished the cutting volume due to near-net shaping can be clearly proven in the energy balance: in the variant starting from the semifinished material, 173 MJ were consumed for cutting, in casting, less than 2MJ.

In contrast to the studies mentioned above, today, the Airbus door constructions that have been cast as one part only are used. 64 parts are aggregated to one casting(integral casting).

4.9.3 精密与超精密加工技术

1. 概述

精密加工是指在一定的发展时期,加工精度和表面质量达到较高程度的加工工艺。超精密加工则指在一定的发展时期,加工精度和表面质量达到最高程度的加工工艺。

在瓦特改进蒸汽机时代,镗孔的最高精度为 1 mm。到了 20 世纪 40 年代,最高加工精度已经达到 1 μm。到 20 世纪末,精密加工的误差范围达到 0.1~1 μm,表面粗糙度 Ra <0.1,通常称为亚微米加工;超精密加工的误差可以控制在小于 0.1 μm 的范围,表面粗糙度 Ra<0.01,已发展到纳米加工的水平。几种典型零件的加工精度如表 4-6 所示。

表 4-6　部分典型零件的加工精度

零　件	加工精度/μm	表面粗糙度 Ra/μm
激光光学零件	形状误差 0.1	0.01~0.05
多面镜	平面度误差 0.04	<0.02
磁头	平面度误差 0.04	<0.02
磁盘	波纹度 0.01~0.02	<0.02
雷达导波管	平面度、垂直度误差<0.1	<0.02
卫星仪表轴承	圆柱度误差<0.01	<0.002
天体望远镜	形状误差<0.03	<0.01

1983年,日本的田口教授在考察了许多精密与超精密加工实例的基础上,对精密与超精密加工的现状进行了总结,并预测了其发展趋势,如图4-82所示。

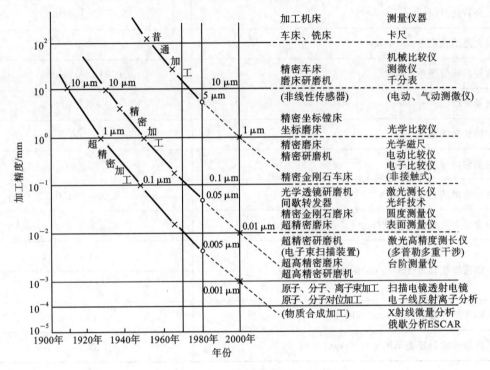

图4-82 加工精度发展趋势示意图

2. 几种精密与超精密加工方法

根据加工过程材料质量的增减,精密与超精密加工方法可分为:去除加工(加工过程中材料质量减少)、结合加工(加工过程中材料质量增加)和变形加工(加工过程中材料质量基本不变)三种类型。精密与超精密加工方法根据其机理和能量性质可分为:力学加工(利用机械能去除材料)、物理加工(利用热能去除材料或使材料结合或变形)、化学与电化学加工(利用化学与电化学能去除材料或使材料结合或变形)和复合加工四类。精密与超精密加工方法中有些是传统加工方法的精化,有些是特种加工方法的精化,有些则是传统加工方法及特种加工方法的复合。

1)金刚石超精密切削

金刚石超精密切削属微量切削,切削在晶粒内进行,切应力高达13000 MPa。由于切削力大,应力大,刀尖处会产生很高的温度,使一般刀具难以承受。而金刚石刀具因为具有很高的高温强度和高温硬度,加之材料本身质地细密,刀刃可以磨得很锋利,因而可加工出粗糙度值很小的表面。并可获得高的加工精度。表4-7所示为金刚石车床的主要技术指标。

表 4-7　金刚石车床的主要技术指标

最大车削直径、长度/mm		400、200
最高转速/(r/min)		3000、5000 或 7000
最大进给速度/(mm/min)		5000
数控系统分辨率/mm		0.0001 或 0.00005
重复精度(±2σ)/mm		≤0.0002/100
主轴径向圆跳动/mm		≤0.0001
主轴轴向圆跳动/mm		≤0.0001
滑台运动的直线度/mm		≤0.002/150
横滑台对主轴的垂直度/mm		≤0.002/100
主轴前静压轴承(ϕ100 mm)的刚度/(N/μm)	径向	1140
	轴向	1020
主轴后静压轴承(ϕ80 mm)的刚度/(N/μm)		640
纵横滑台的静压支承刚度/(N/μm)		720

2）精密与超精密磨削

精密与超精密磨削工艺方法主要包括超硬砂轮精密与超精密磨削、塑性（延性）磨削、精密与超精密砂带磨削和游离磨料加工。

超硬砂轮精密与超精密磨削采用的超硬砂轮一般指以金刚石和立方氮化硼（CBN）为磨粒的砂轮。超硬砂轮的修整与一般砂轮的修整有所不同，分整形与修锐两步进行。目前多采用电解修锐的方法，并可实现在线修整（称为 ELID 磨削）。ELID（electrolytic in-process dressing）磨削是利用非线性电解修整作用和金属结合剂超硬砂轮表层氧化物绝缘层对电解抑制作用的动态平衡，对砂轮进行连续修锐修整，使砂轮磨粒获得恒定的突出量，从而实现稳定、可控、最佳的磨削过程，适合于对硬脆材料进行超精密镜面加工。ELID 磨削技术是日本理化研究所大森整教授 1987 提出，并于 1989 年将该项技术应用于实际磨削加工。图 4-83 所示为 ELID 磨削原理，图 4-84 所示为 ELID 修锐原理。

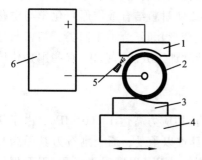

图 4-83　ELID 磨削原理
1—电极；2—CIFB 砂轮；3—工件；
4—工作台；5—磨削液；6—电源

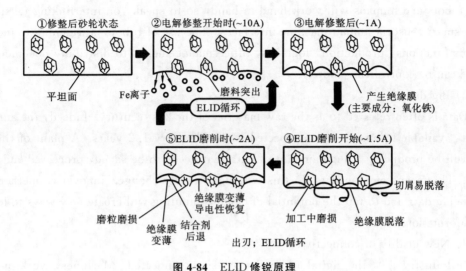

图 4-84　ELID 修锐原理

4.9.4　Industry 4.0

Western civilization has already witnessed three industrial revolutions, which could also be described as disruptive leaps in industrial processes resulting in significantly higher productivity. The fourth industrial revolution is already on its way. This time, the Internet is combining with intelligent machines, systems production and processes to form a sophisticated network. The real world is turning into a huge information system.

Industry 4.0 provides the relevant answers to the fourth industrial revolution. Let's take a look at the key characteristics of the new industrial landscape:

1) Cyber-physical systems and marketplace

In Industry 4.0, IT systems will be far more connected to all sub-systems, processes, internal and external objects, the supplier and customer networks. Complexity will be much higher and will require sophisticated marketplace offerings. IT systems will be built around machines, storage systems and suppliers that adhere to a defined standard and are linked up as cyber-physical systems (CPS). Using these technologies will make it possible to flexibly replace machines along the value chain. This enables highly efficient manufacturing in which production processes can be changed at short notice and downtime (e.g. at suppliers) can be offset.

2) Smart robots and machines

In the future robots will become intelligent, which means able to adapt, communicate and interact. This will enable further productivity leaps for companies, having a profound change on cost structures, skills landscape and production sites. Smart robots will not only replace humans in simply structured workflows within closed areas. In Industry

4. 0, robots and humans will work hand in hand, so to speak, on interlinking tasks and using smart sensoria human-machine interfaces. The use of robots is widening to include various functions: production, logistics, office management (to distribute documents). These can be controlled remotely.

3) Big data

Data is often referred to as the raw material of the 21st century. Indeed, the amount of data available to businesses is expected to double every 1. 2 years. A plant of the future will be producing a huge amount of data that needs to be saved, processed and analyzed. The means employed to do this will significantly change. Innovative methods to handle big data and to tap the potential of cloud computing will create new ways to leverage information.

4) New quality of connectivity

In Industry 4. 0, the digital and real worlds are connected. Machines, work pieces, systems and human beings will constantly exchange digital information via Internet protocol. Production with interconnected machines becomes very smooth. Machines automatically adapt to the production steps of each part to manufacture, coordinating almost as in a ballet to automatically adjust the production unit to the series to be manufactured. Even the product may communicate when it is produced via an Internet of things and ask for a conveyor to be picked up, or send an e-mail to the ordering system to say "I am finished and ready to be delivered". Plants are also interconnected in order to smoothly adjust production schedules among them and optimize capacity in a much better way.

5) Energy efficiency and decentralization

Climate change and scarcity of resources are megatrends that will affect all Industry 4. 0 players. These megatrends leverage energy decentralization for plants, triggering the need for the use of carbon-neutral technologies in manufacturing. Using renewable energies will be more financially attractive for companies. In the future, there may be many production sites that generate their own power, which will in turn have implications for infrastructure providers. In addition to renewable energy, decentralized nuclear power-e. g. small-size plants is being studied as a way to supply big electro-intensive plants, thus providing double-digit energy savings.

6) Virtual industrialization

Industry 4. 0 will use virtual plants and products to prepare the physical production. Every process is first simulated and verified virtually; only once the final solution is ready is the physical mapping done——meaning all software, parameters, numerical matrixes are uploaded into the physical machines controlling the production. Some initial trials have made it possible to set up an automotive part production unit in three days——as opposed to the three months it requires today. Virtual plants can be designed and easily visualized in 3D, as well as how the workers and machines will interact.

Fig. 4-85 gives an overview of the firm as an interconnected global system on a microeconomic level. Our graph depicts the key factors: outside the factory we see a 4. 0 supplier network, resources of the future, new customer demands and the means to meet them. Inside the factory, we envision new production technologies, new materials and new ways of storing, processing and sharing data. In this system, data is gathered from suppliers, customers and the company itself and evaluated before being linked up with real production. The latter is increasingly using new technologies such as sensors, 3D printing and next-generation robots. The result: production processes are fine-tuned, adjusted or set up differently in real time.

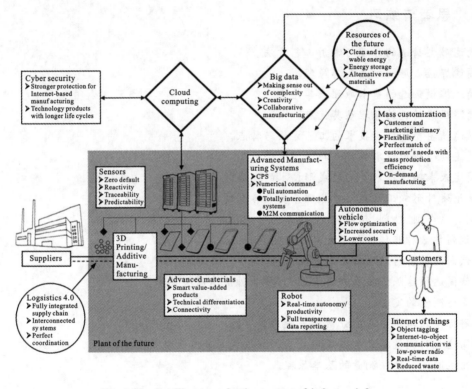

Fig. 4-85 Intelligent production system of industry 4. 0

 **本章重难点**

重点

- 锻压、冲压等塑性变形的基本知识与设备。
- 焊接的方法分类及其基本特征。

- 熔模铸造与压力铸造的基本知识与设备。
- 外形加工的运动学原理。
- 传统外形加工的方法及特点。
- 非传统外形加工的方法及特点。
- 传统测量器具的种类与基本原理。
- 现代测量器具的种类与基本原理,特别是坐标测量机的工作原理。

难点

- 近净成形的有关成形方法及其基本原理。
- 精密与快速原型技术等先进加工方法的特点与应用领域。

思考与练习

1. 简述砂型铸造的原理与常用工艺方法。
2. 简述焊接成形的方法及其原理。
3. 简述熔模铸造的基本原理及其优点。
4. 简述压力铸造的原理及其优点。
5. 简述精密塑性成形技术的工艺方法与特点。
6. 简述近净成形技术的特点与工艺方法分类。
7. 简述未来铸造技术等毛坯成形技术的发展趋势。
8. 试论述外形加工的运动学原理分类及各自的特点。
9. 试简述车削、铣削、钻削、磨削的工艺特点及其各自加工零件的特征。
10. 试列举3种非传统加工方法并说明其特点。
11. 试简述精密与超精密加工的技术特点。
12. 试简述快速原型技术的特点,并列举3种快速原型技术方法。
13. 简述测量的定义。
14. 游标卡尺与千分尺的分辨率一般为多少?
15. 简述坐标测量机的基本原理及其工作模式的分类及其优点。
16. 简述激光三角法测量的基本原理。

本章参考文献

[1] 焊接知识[EB/OL]. 维基百科, http://zh. wikipedia. org/zh/％E7％84％8A％E6％8E％A5.

[2] 蔡兰,冠子明,刘会霞. 机械工程概论[M]. 武汉:武汉理工大学出版社,2004.

[3] 李魁盛,侯福生. 铸造工艺学[M]. 北京:中国水利水电出版社,2006.

[4] 张世昌. 先进制造技术[M]. 天津:天津大学出版社,2004.

[5] GROTE K H, ANTOSSON E K. Handbook of mechanical engineering[M]. Germany:Springer,2008.

[6] 电化学加工[EB/OL]. 维基百科, http://en. wikipedia. org/wiki/Electrochemical_ machining.

[7] 张鹏, 孙有亮. 机械制造技术基础[M]. 北京：北京大学出版社, 2009.

[8] 杨继全, 徐国财. 快速成形技术[M]. 北京：化学工业出版社, 2006.

[9] 快速原型技术[EB/OL]. 维基百科, http://en. wikipedia. org/wiki/Rapid_prototyping.

[10] 工业 4.0[EB/OL]. 维基百科, http://en. wikipedia. org/wiki/Industry_4.0.

[11] GROOVER M P. Fundamentals of modern manufacturing：materials, processes, and systems[M]. NewYork：Wiely, 2007.

[12] Metrology[EB/OL]. 维基百科, http://en. wikipedia. org/wiki/Metrology.

[13] 王伯雄, 陈非凡, 董瑛. 微纳米测量技术[M]. 北京：清华大学出版社, 2006.

[14] 产品几何技术规范(GPS) 几何公差、形状、位置和跳动的公差标注：GB/T 1182—2008(idt, ISO 1101：2004).

[15] 产品几何技术规范(GPS) 技术产品文件中表面结构的表示法：GB/T 131—2006 (idt, ISO 1302：2002).

第5章 电子制造技术

教学视频

当今几乎每一个消费品内部都装有集成电路的电路板。每个高功能产品内部的"电子水平"相对普通产品要高很多。对于读者来说,除了学习传统机械产品的制造方法外,对于这些特殊的集成于设备内部的集成电路、电路板及其组装的制造技术的学习,是把握未来制造技术发展趋势的重要部分。

5.1 相关本科课程体系与关联关系

为了更好地使读者,特别是大学机械类本科生了解与电子制造相关的本科课程及其与关联课程的关系,本节将简要勾勒出电子制造的机械类大学本科课程的关联关系。

图 5-1 中的机械类本科课程没有与电子制造密切关联的专业领域课程,但机械设备数控技术、工程光学、自动化焊接技术、自动化机械设计等专业领域课程与电子制造技术有一定的关系。由于电子制造所涉及的制造对象已经不是传统意义上的机械产品,而是电路板组装产品、集成电路芯片等。而新型的制造技术常常是跨学科的,对于大学机械类本科生应该主动了解、学习与掌握。因此,对于本章的学习,学生应本着开拓视野、了解前沿及新制造方法与技术的动机进行学习。

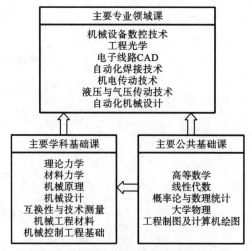

图 5-1 与电子制造相关的本科课程体系

⚙ | 5.2　电子制造概述

半导体制造主要是指集成电路的基本单元(也称 IC、微芯片、芯片)的制造,其年增长率达到 18%。2010 年,全球半导体制造业年产值达到 2700 亿美元,到 2019 年已增长到约 5200 亿美元,2021 年全球半导体制造业更保持高速增长,年产值达到 6500 亿美元。现代半导体与集成电路芯片已广泛应用于各类消费品及计算设备的"计算大脑"中,而这又涉及电路板制造及其芯片、电路板及其他元器件的装配制造。

制造微型设备需要精确复杂的设计和微型制造技术。大型晶片可减少原材料成本并且增加芯片生产产量。半导体制造系统可在直径约 200 mm(8 in)的晶片上生产 $0.25\sim$ $0.35~\mu m$ 的电路线宽;300 mm(12 in)直径的晶片已进入量产;国际半导体工业协会预测 2010 至 2016 年间,450 mm(18 in)的晶片将进入量产,它采用线宽为 $0.03~\mu m$ 的生产技术。这一技术的发展趋势如图 5-2 所示。

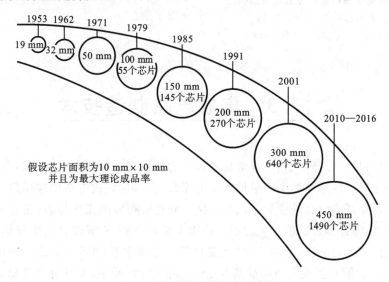

图 5-2　半导体芯片的发展趋势

在整个电子制造产业链中,除了集成电路制造及电路板制造外,电子组装技术成为构建完整电子产品的又一关键技术。从物理意义上说,电子组装就是将一个系统中的电子元器件相互实现电连接,同时系统和外部装置通过接口联系。电子组装也包括用于支承和保护电器的必要机械结构。一个复杂的系统往往包含大量的元器件,相互间有着复杂的联系,所以这类系统组装时通常采用分层组装。如图 5-3 所示,电子组装分为 5 层。最低层指在一块 IC 上的电气内部连接,称为 0 级封装,这一技术属于集成电路制造技术范畴。将封装在塑料或陶瓷外壳中的 IC 连接到外壳引脚上称为 1 级封装,这一技术也属于

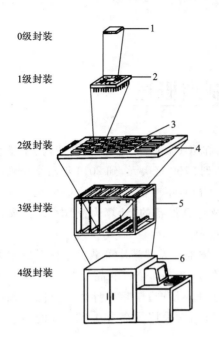

图 5-3 大型电子系统中的分层组装结构

1—IC;2—封装芯片;3—电子元器件;

4—印制电路板;5—机架;6—电气柜和系统

集成电路制造技术范畴。通过通孔插装技术或表面贴装技术,将 IC 和其他部件组装到印制电路板上称为 2 级封装。组装好的印制电路板安装到机架或其他框架上称为 3 级封装。在 3 级封装中,电路板间用电缆连接,在一些大型的电子设备中,如大型计算机,采用板卡封装,即小尺寸印制电路板(称为"卡板")被安装在大尺寸的印制电路板(称为基板)上。基板为安装在它上面的卡提供了相互间的连线。4 级封装是指在装有电子系统的电气柜中各部件之间的电线、电缆连接。在相对简单的系统中,不需要具备上述所有级别的封装。

本节将针对这一电子制造产业链中的上下游制造技术对集成电路制造工艺、电路板制造技术、电子组装中的 2 级封装技术进行简要的论述,以使读者对这一全新的制造领域有一个全面了解。

5.3 集成电路制造技术

半导体材料是一种晶体材料(通常是硅),它的特性介于导体(如铝和铜)与绝缘体(如橡胶和玻璃)之间。硅是地球上储量最丰富的元素之一,是集成电路中应用最广泛的半导体材料,它有着良好的综合性能和较低的价格。硅还有很好的工艺特点,很容易氧化生成一种在电路中绝缘性能较好的二氧化硅。硅掺杂后可得到 N 型或 P 型半导体,把它们进行恰当的整合,可得到 NPN 型或 PNP 型晶体管。金属氧化物半导体是一种场效应晶体管(MOSFET),它们是集成电路的最基本单元。在实际应用中,大部分普通集成电路是互补金属氧化物半导体电路(CMOS),其结构如图 5-4 所示。

图 5-5 所示的是双列直插式封装集成电路芯片的基本结构。集成制造的微电子器件相互以微导线连接组合形成特定功能的电子芯片,用导线和焊盘将电子芯片电路与外引脚连接。为了防止电子芯片受损,同时便于和外部引脚连接,电子芯片被放置在引线框架上,并以特定的封装形式密封。

如图 5-6 所示,以硅为衬底材料的集成电路芯片的生产过程分成以下三个阶段。

(1)硅圆晶片的制作 从硅土、硅酸盐(二氧化硅)中提炼高纯度硅,熔化后生成单晶硅棒,单晶硅棒被切成硅圆晶片。

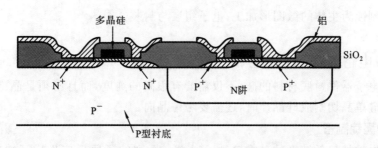

图 5-4　互补金属氧化物半导体电路(CMOS)结构

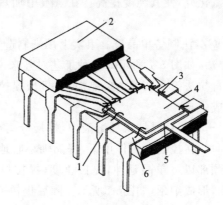

图 5-5　双列直插集成电路芯片结构

1—引线架；2—封装材料；3—连接线；4—电路芯片；5—芯片垫；6—焊点

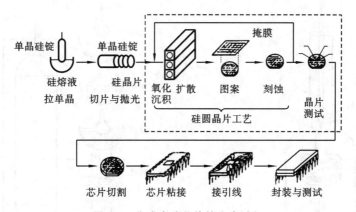

图 5-6　集成电路芯片的生产过程

（2）集成电路芯片的制作　该阶段由多个工序组成，完成在硅晶片（衬底材料）上的特定区域制作微电子器件及其之间的微导线连接，实现集成电路电子芯片的功能。

（3）硅晶片上芯片的分割、封装和检测。

第一、二阶段常称为"前端"加工，第三阶段常称为"后端"加工。超大规模集成电路生产过程中主要涉及的硅加工工艺技术包括：以单晶生长、晶片加工为主体的衬底制备；以外延、氧化、蒸发、化学气相沉积等为主体的薄膜制备；以扩散、离子注入为主体的掺杂；以制版、光刻、刻蚀为主体的微图形加工;电子组装与封装。

5.3.1 集成电路前端加工工艺

作为微电子器件衬底材料的硅,不仅需要有很高的纯度,而且必须是晶格取向一致的硅单晶。在硅单晶切割成硅晶片时,还需要考虑晶向。

1. 硅单晶锭制备

首先用电炉加热低纯度的硅或硅铁。通过一系列的还原反应生成了掺有杂质的硅,用蒸馏法把它转化成液体氯化硅,使其纯度提高。在氢气中加热氯化硅,得到超纯的多晶硅。

然后采用切克劳斯基(CZ)法制备单晶硅。事实上用来制造集成电路的所有单晶硅都用这种方法制备,也称直拉法,如图 5-7 所示。这种工艺对硅来说,就是一种从液态到固态的单元素晶体生长系统。直拉法拉晶装置由单晶炉腔、机械提拉机构、气氛控制系统和电子控制及电源四个部分组成。

为了启动单晶硅的生长,常将籽晶插入硅熔液中,慢慢分离出纯硅来。单晶生长的方向一般是⟨111⟩或⟨100⟩方向。在控制装置作用下,籽晶轴小心地向上提升。开始时,为了抑制位错大量地从籽晶向颈部以下单晶延伸,提拉速度(提拉机构的垂直速度)相对快一点,使单晶硅在籽晶上固化,形成细颈,如图5-8所示。随后提拉速度减慢,细颈仍以单晶结构逐渐生长为要求的单晶硅直径。除了提拉速度,坩埚的旋转速度和其他的工艺参数也用于控制单晶硅的尺寸。

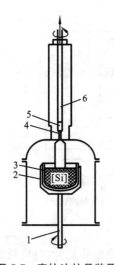

图 5-7 直拉法拉晶装置

1—坩埚轴;2—石墨坩埚;3—石英坩埚;
4—籽晶;5—籽晶托架;6—籽晶轴

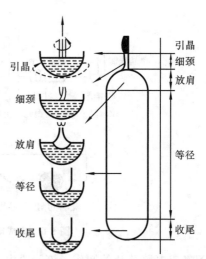

图 5-8 用直拉法生长的单晶硅

如果单晶硅被杂质污染,即使是微小量,也会引起硅特性的极大改变,所以在单晶硅生长过程中,必须防止污染。为了减少发生不期望的硅反应及氧化,拉晶过程一般是在真空或惰性气体中进行。

2. 硅晶片的预加工

单晶硅锭需要经过一系列工艺过程,加工成薄的圆盘式的硅晶片,主要包括:晶锭整形、晶片切割和晶片精细加工。

1)晶锭整形

硅是硬而脆的材料,对硅进行整形和切割一般采用金刚石砂轮工具。从晶片等径和电阻率均匀性要求出发,整形加工的第一步是去掉拉晶时生成的单晶硅锭的收肩、放肩和尾部。

拉制出的单晶硅存在外表面毛刺、直径偏差等现象,这时还要对单晶硅锭外圆进行滚磨整形,使单晶硅锭直径达到要求,如图 5-9(a)所示。外圆磨削后,通常沿单晶硅锭的纵向磨出一个或几个小平面(见图 5-9(b)),这些平面的作用是:分类和鉴别晶片;确定晶向;在自动化工艺设备中用于晶片定位。

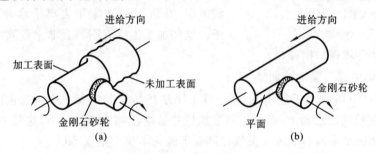

图 5-9　单晶硅锭磨削整形
(a)滚磨整形　(b)纵向磨平面

2)晶锭切割

按晶向要求,将已整形、定向的单晶硅棒切割加工成符合一定规格的薄片。所得的圆形晶片厚度大约为 0.5 mm,直径为 200 mm 或 300 mm。图 5-10 所示为用内圆金刚石砂轮锯片切割晶片的示意图。晶片切割后边缘存在锋利的棱角,磨除晶片边缘棱角的工艺称为边缘倒角。图 5-11 所示为采用凹形金刚石砂轮进行晶片边缘倒角加工的示意图。切割下来的晶片也称晶圆。

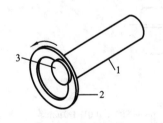

图 5-10　切割晶片
1—硅棒;2—内圆金刚石砂轮锯片;
3—被切掉的晶片

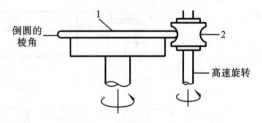

图 5-11　晶片边缘倒角
1—晶片;2—凹形金刚石砂轮

3) 晶片精细加工

切片后的晶片存在表面损伤层及形变,为了去除损伤层,并使晶片的厚度、翘曲度等得到修正,常采用研磨方法进行进一步加工,这一过程称为磨片。磨片的方法很多,如行星运动平面磨片、平面磨床磨片等。

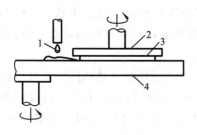

图 5-12 表面抛光
1—抛光剂浆料;2—晶片夹具;
3—晶片;4—抛光盘

磨后的晶片表面仍有 $10\sim20~\mu m$ 的损伤层,因此要进一步对表面进行精细加工,去除表面损伤层。一般先用化学腐蚀,然后再用抛光的方法去除表面缺陷,降低表面粗糙度和不平度,从而获得"理想"表面。表面抛光方法如图 5-12 所示。用化学清洗的方法清除所有的尘粒、细菌和其他杂质。清洗的方法是把装在架子上的晶片浸入沸腾的化学清洗液中,并送入清洗室用去离子水冲洗以清除离子。这些加工工序有剧毒且非常危险,故需要非常可靠的安全和环境保护措施。

3. 热氧化生成二氧化硅薄膜

对一般的 MOS 加工工艺来说,第一道工序是在晶片上生成一层二氧化硅薄膜,如图 5-13 所示。在精确的控制下,晶片表面被加热并暴露在纯氧的环境下,这种方法称为热氧化法。热氧化法是指硅与氧或水蒸气在高温下经化学反应生成 SiO_2。

通常热氧化所需的温度在 $900~^{\circ}C$ 以上。通过控制温度和时间,可以控制氧化膜的厚度。热氧化法生长的 SiO_2 中的硅来源于硅晶片表面,要生长 1 个单位厚度的 SiO_2 需要消耗 0.44 个单位的硅层。如果要在非硅表面上生长二氧化硅薄膜,热氧化法不再适用。此时,需要采用另外的工艺,如化学气相沉积。

为了获得更厚的氧化层,在后面的工序中可以用水蒸气加热晶片表面,但还是要用干燥氧气的工艺来生成栅极氧化物 SiO_2,因为用这种方法可以使 Si 与 SiO_2 具有更好的面接触性能。

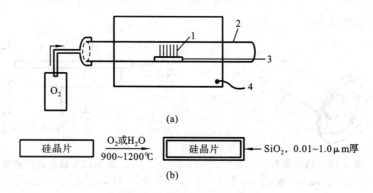

(a)

| 硅晶片 | $\xrightarrow[900\sim1200℃]{O_2或H_2O}$ | 硅晶片 | ← SiO_2,$0.01\sim1.0\mu m$厚 |

(b)

图 5-13 晶片氧化设备与过程
(a) 晶片氧化设备 (b) 晶片氧化过程
1—硅晶片;2—石英管;3—插入棒;4—电阻加热炉

4. 加工光掩膜

集成电路设计版图要转移到一组照相纸或光掩膜上才能使用。首先,把集成电路版图文件传送到曝光用图形发生器中。图形发生器用曝光的方法把集成电路版图转移到光掩膜的感光干版上,这一步类似于摄影后胶片的显影过程。感光干版上涂有感光乳胶或感光树脂,曝光后,受曝光的这些材料会脱落。当这些感光材料脱落后,在干版上与集成电路版图相一致的图形就变成透光的部分了。

5. 光刻曝光技术

把光掩膜的图像转移到晶圆上需要一种光学曝光的技术,俗称为光刻技术。光刻技术包括涂胶、曝光、显影和蚀刻四个经典步骤。每一道工序都会在晶片上特定的区域内增加新的一层区域,而每一层区域的形状则是由代表电路设计信息的几何图形决定的,这些几何图形通过光刻技术反复进行,逐次绘制在晶片上。光刻是集成电路加工的关键技术。

光学光刻是用波长为 $200\sim450$ nm 的紫外光(UV)通过掩膜版有选择地遮挡照射到晶片表面光刻胶上的光线,从而将掩膜版图形转移到晶片表面上。一个比较完整的简化光刻工艺为"加工准备→涂胶→软烤→曝光→显影→硬烤→蚀刻→去胶"。

光刻技术中的涂胶是指在晶片表面涂上一层感光树脂材料,其对特定波长的光线照射比较敏感,可导致其溶解性增加或减小。根据光刻胶的这种特性,在硅晶片上涂一层薄胶,根据掩膜版的图形,令其某些部分感光。经显影后,就可在涂了感光胶的硅晶片上留下掩膜版上的图形。利用这种图形,进一步对未覆盖的 SiO_2、Si 或 Si_3N_4 等材料进行蚀刻加工,即可把胶膜上的图形转换到硅衬底的薄膜上去,从而做成各种元器件和电路结构。一般步骤是:将液体感光树脂材料从中心注入圆形晶片上,在 $1000\sim5000$ r/min 的转速下形成一层均匀、薄的附着层(即薄膜)。这层薄膜的厚度可以通过改变液体的黏度和转速控制。用氮气或空气暖箱使感光树脂干燥。

曝光方式可分为两种:一种是光源发出的光线通过掩膜版把图形转换到光刻胶膜上,如投影式曝光;另一种是扫描式曝光,通过把光源会聚成很细的射束,直接在光刻胶膜上扫描出图形(不需要掩膜),如电子束曝光。图 5-14 至图5-15显示了通过光掩膜光学曝光的光刻原理。

接触式曝光是指曝光时,涂有光刻胶的晶片与掩膜版紧密接触,见图5-14(a)。这种方法由于光刻胶和掩膜版的紧密接触,光的衍射效应较小,因而分辨率高。但是由于接触摩擦,易损坏掩膜图形,同时由于尘埃和基片表面不平等原因,常常存在不同程度的曝光缝隙而影响成品率。

接近式曝光指曝光时晶片与掩膜版间保持了 $10\sim25$ μm 的间距,见图5-14(b)。但由于掩膜版与晶片间留有空隙,光的衍射效应较为严重,因而分辨率只能达到 $2\sim4$ μm。

投影式曝光是指紫外光通过高质量透镜,将掩膜版上的图形投影到涂有光刻胶的硅晶片上进行曝光,见图 5-14(c)。这种方式没有摩擦,所以掩膜版寿命长,同时通过光学投影,能够得到较高的分辨率,因此应用逐渐广泛。其特征在于光源波长越小,物镜数值孔径(NA)越大,光刻分辨率越高。

在早期的集成电路生产中,可用一片含有许多相同电路的掩膜一次曝光许多电路元

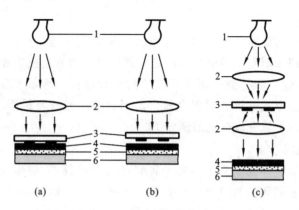

图 5-14　光学曝光

（a）接触式　（b）接近式　（c）投影式

1—紫外光源；2—透镜；3—掩膜；4—光刻胶；5—二氧化硅；6—硅

件。但是，随着集成电路元件变得越来越小，要做到把每个光掩膜都准确定位非常困难。对于晶片间的各层匹配来说，晶片和掩膜的精确定位是非常关键的。为此，必须采用高度自动化的光刻设备，一次曝光一个管芯或一个管芯中的一个区域。如图 5-15 所示，将光掩膜插入分步重复的照相机或光学晶片步进器中，使光束透过透镜系统照射到感光树脂上，通过透镜系统的图像以缩影的方式把电路图转移到晶圆上。

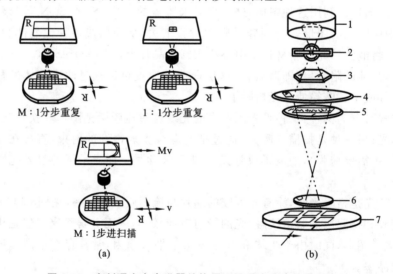

图 5-15　光刻曝光中步进器结构原理及曝光分步缩影示意图

（a）步进器结构原理　（b）分步缩影示意图

1—反射镜；2—汞弧灯；3—滤光器；4—聚光透镜系统；5—掩膜；6—还原透镜系统；7—晶片

6. 其他光刻技术

除了光学光刻外，其他的光刻技术包括电子束光刻、X 射线光刻和离子束光刻。

电子束光刻是利用聚焦后的电子束在感光膜上准确地扫描出电路的方法。电子束曝光优于紫外线光学曝光的特点是：电子波长在 0.02～0.05 nm 的数量级上，可忽略光学曝光的衍射现象,分辨率可达 $0.1~\mu m$;不用掩膜即可在硅晶片上生成特征尺寸在亚微米范围内的电路;不同电路的套准精度很高。其缺点是:电子束在光刻胶中的散射降低了分辨率;与光学曝光相比,曝光速度慢;高质量电子束装备成本高。电子束光刻技术被广泛地用来制作光学曝光中用的掩膜版。

X 射线光刻是以 X 射线作为光源,透过 X 射线掩膜,照射晶片表面的 X 射线光刻胶。由于 X 射线束不易被聚焦,所以只能采用接触式或接近式曝光方式。

离子束光刻有两类:一类是聚焦离子束直接扫描光刻,与电子束光刻类似,不需要掩膜版;另一类是掩膜离子束光刻,采用接近式曝光方法对光刻胶曝光。

7. 薄膜的化学气相沉积

化学气相沉积(CVD)是利用化学反应或气体分解,在加热的衬底材料表面生长沉积薄膜的技术,以建立屏蔽和电路层。CVD 用热反应或分解气体化合物的方法把薄膜沉积到衬底材料上,这是生成屏蔽层的常用方法。CVD 是用于沉积多晶硅、二氧化硅和氮化硅的常规方法。大容量、低压力 CVD 的加工方法是生成 SiO_2 和 Si_3N_4 及多晶硅的常规方法。为了适应低温和某些特定环境,可选用等离子 CVD(PECVD)来进行加工。图 5-16 和图 5-17 所示为两种 CVD 的工艺原理。

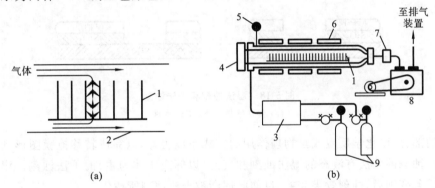

图 5-16 低压化学气相沉积工艺
(a)低压化学气相沉积示意 (b)低压化学气相沉积工艺
1—晶片;2—反应壁;3—气体控制系统;4—晶片加载端罩;5—压力传感器;
6—区域电阻加热器(炉);7—收集器;8—泵;9—气源

用硅烷和氧气反应可以制取二氧化硅薄膜。这个反应在 425 ℃下进行,沉积的二氧化硅膜的致密性及与衬底材料的结合性都不如热氧化法制取的薄膜,所以仅在衬底材料不是硅,或者用热氧化法制备薄膜时需要过高的温度等情况下才使用化学气相沉积方法。

氮化硅(Si_3N_4)是一种在半导体工艺中常见的绝缘材料。通常在硅晶片上,硅烷和氮气在 800 ℃下反应可得到氮化硅膜。

8. 蚀刻

用光刻方法制成的光刻胶的微图形结构,只能给出集成电路的形貌,并不是真正的器件结构。为了获得器件的结构,必须把光刻胶的图形转移到光刻胶下面的薄膜材料上去,以加工出晶体管沟道。蚀刻的主要内容就是把光刻前所沉积的薄膜中没有被光刻胶覆盖

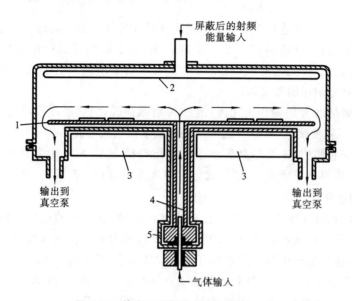

图 5-17 等离子增强化学气相沉积工艺

1—旋转基座;2—电极;3—加热器;4—旋转轴;5—磁性旋转驱动

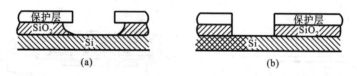

图 5-18 湿法蚀刻和干法蚀刻

(a) 湿法蚀刻 (b) 干法蚀刻

及保护的部分,以化学反应或是物理作用的方式予以去除,以完成转移掩膜图形到薄膜上的目的。蚀刻的方法有液态的湿法蚀刻和气态(以等离子体为主)的干法蚀刻。湿法蚀刻在加工线条变细后,蚀刻效果变差,目前已逐渐被干法蚀刻所替代。

用氢氟酸溶液(HF)在氮化层或氧化层上进行湿法蚀刻,加工出凹形或窗口形的沟槽。如图 5-18 所示,湿法蚀刻会引起感光树脂保护层下部溶解(侧蚀)。由于干法蚀刻不会引起侧蚀,所以使用具有化学和物理反应的反应离子同时对表面进行蚀刻,用射频电场激励的等离子束和反应离子同时对硅表面进行蚀刻。

9. 掺杂技术

掺杂是指将所需要的杂质,以一定的方式加入半导体晶片内,并使其在晶片中的数量和分布符合预定的要求,以有选择地使有源晶体管与选择区绝缘。利用掺杂技术可以制作 P-N 结、欧姆接触区、IC 中的电阻器、硅栅和硅互连线等。它是改变晶片电学性质,实现器件和电路纵向结构的重要手段。掺杂技术中广泛使用的方法有热扩散、离子注入等。

热扩散是一个物理过程,它利用杂质从高浓度区向低浓度区的扩散来进行硅的掺杂。热扩散按预扩散和推进两步进行,高温(800 ℃以上)将加快扩散过程。

离子注入是指将杂质以高能离子的形式,直接注入硅中的方式。掺杂剂通过离子注入机的离化、加速和质量分析,成为一束由所需杂质离子组成的高能离子流而注入晶片

(俗称靶)内部,并通过逐点扫描,完成对整块晶片的注入。平均注入深度由离子的质量和加速电压决定。

离子注入要用高电压加速器诱发掺杂原子辐射(轰击)晶片表面。如图5-19所示的离子注入设备,把要掺杂的原子电离,然后在电场中加速,其能量一般达到 $25 \sim 200\ keV$。当离子束轰击到暴露表面时,掺杂原子渗入表层 $1 \sim 2\ \mu m$ 的深度。

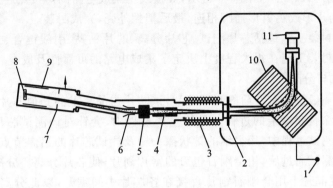

图 5-19 离子注入设备

1—高压电极;2—分解筛孔;3—加速管;4—透镜;5—y 轴扫描电极;6—x 轴扫描电极;

7—离子束掩膜;8—晶片(靶);9—法拉第筒;10—分析器磁铁;11—离子源

10. 互连与接头

通过不断重复"光刻→蚀刻→掺杂→沉积"加工出来的数百万个晶体管和其他元件必须互相连接起来。通常用金属制成的连接线粘在阱和衬底材料上,金属在有源晶体管区域形成互连,且可用垂直通道把不同的金属连接线连接起来,如图 5-20(a)所示。在真空状态下,可用溅射的方法在晶片表面溅射沉积形成薄膜,如图 5-20(b)所示,原子从源极喷射到晶片上形成薄膜。也可用气化技术在晶片上沉积表面薄膜,形成铝金属互连线。

在金属连线加工完毕后,为了防止 IC 电路受污染和损坏,在表面要生成最后的钝化层。最后,在保护层上蚀刻出一些开口,露出四方形的铝焊接区,并用线连接这些区域,实现 IC 与外部的连接。

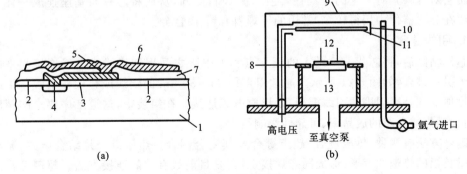

图 5-20 互连工艺

(a) 两层金属沉积 (b) 互连层溅射工艺

1—Si;2—SiO_2;3—第 1 层金属;4—接触点;5—通道;6—第 2 层金属;7—中间层绝缘体;

8—阳极;9—真空室;10—阴极罩;11—阴极(金属源);12—晶片;13—加热器

◐ 5.3.2 芯片后端加工方法

晶片进行电气性能测试后,就要切割成分立元件形式的芯片,每个芯片按照要求进行封装,用焊接的方式将连线从封装件中连到外部,经过测试后入库。这个阶段称为半导体集成电路生产的后端加工。如图5-3所示,焊接线从集成电路的焊接点连到封装外壳的引线架上,引线架与J形或鸥翼形插脚相连,最后塑封外壳,完成封装。

集成电路的封装工艺包括芯片测试、芯片分离、芯片粘贴、引线键合、封装、成品检测。其中引线键合和封装工艺在很大程度上决定了集成电路的可靠性及成本。

1. 芯片测试与分离

集成电路上一般设计有专门的测试芯片,该芯片与晶片上的其他芯片一样,经历了所有的氧化、蚀刻、涂胶和掺杂的过程。晶片生产过程中,会针对该测试芯片安排很多有针对性的测试。在测试过程中,用很细的针状探头触及测试芯片的铝焊节点,并对不合格芯片做好标记。预测试通过后,用金刚石包刃的锯片划片,使芯片分离。分离芯片有两种方法:一种方法是在晶片上用金刚石锯片直接在各芯片中间锯开,以此分离各芯片;另一种方法是在晶片上用连续的刻划方式划出切口。所有芯片被分离后,去除有标记的废芯片,剩下的芯片在显微镜下观察有无缺陷。

2. 芯片粘贴

将芯片粘贴到引线架或基座上,从而达到电耦合和改善散热条件的目的。

芯片粘贴有三种方法:聚合物粘贴、金-硅共晶焊和钎焊粘贴。

聚合物粘贴是把芯片固定在一种含有金属填充的环氧树脂上。

金-硅共晶焊是把含96%金和4%硅的共晶金属熔化,冷却到390~420 ℃来实现黏结。金-硅共晶焊利用金、硅在共晶温度下发生互熔,形成金-硅合金,当硅的含量达到一定比例时,金-硅合金熔化,当硅含量逐渐增大,混合物结构变得更富硅时,就会凝固并完成粘贴。实际工艺实施方法是在芯片背面及引线框架或基座上镀金,然后在芯片及基座之间放置金-硅合金片,经400~500 ℃热处理来进行焊接粘贴的。

钎焊粘贴将钎焊料薄片置于芯片和基座之间,经加温使焊料熔化,因基座和芯片背面的金属层对焊料具有一定的浸润性,经冷却、焊料凝固,从而将芯片与基座连成一体。这种方法在分立器件中用得较多,常用的钎焊料有铅-锡合金。

3. 引线键合

芯片粘贴后,将芯片I/O端上的压焊点和外引脚之间用细铝线或金线连接起来的工艺称为引线键合,如图5-21所示。通常用直径25~30 μm的铝线或金丝作引线。引线连接芯片顶部和外壳周围的引线框架,以形成电气连接。在组装中,这道工序要求的精度最高,而且对集成电路的成品率、可靠性影响很大。

键合方法有两种:热压键合、超声键合及其复合键合。热压键合是结合压力、振动与软金属及铝的热塑性变形,形成固态焊接点,它是目前最有效的连接方法。超声键合是利用超声波的能量进行引线冷键合的方法,一般用于铝-铝引线系统的键合。热压、超声复合焊接的基本过程是:将直径25 μm的金或铝连接线用钝形压头压焊在焊点上,同时把基板加热到150 ℃,并用超声波振动节点的方法把焊点固定。

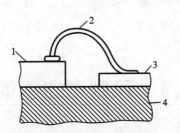

图 5-21　引线键合

1—芯片；2—金属丝；3—引线框架；4—衬底

4. 封装

对集成电路芯片进行封装,其封装方法和材料取决于该集成电路尺寸、外部引脚数量、功率和散热以及使用环境要求。最通用的封装材料是陶瓷和塑料。

1）陶瓷封装

陶瓷外壳是根据器件所要求的封装形式,将陶瓷浆料经模压成薄片并切割到合适尺寸。为了便于粘贴和密封焊接,对陶瓷外壳局部区域进行了金属化处理。最后,多层陶瓷经压制、烧结成为多层陶瓷基座。陶瓷封装主要是盖板与基座的封接,主要方法有环氧粘接、低熔点玻璃熔封等。

2）塑料封装

集成电路芯片塑料封装方法主要有模压注塑和浇注法。

模压注塑是将已键合好的芯片用有机硅胶或聚酯漆进行预保护处理后,放入包封模腔,在注塑机上注塑形成塑封后,管脚镀锡,即完成整个封装加工过程。浇注法是将塑料加热成流体,浇灌至放有芯片的外壳腔中,经若干小时的加温固化完成封装过程。

图 5-22(a)所示为双列直插式封装,这种封装外形一般为长方形的塑件,沿着周边分布间隔为 2.54 mm 左右的引脚。图 5-22(b)所示为以塑料制作的四侧引线扁平封装的标准布置,通过连接线把芯片上的焊点与塑料封装件外部的引线连接起来。如果引脚间距太小,在装配中单个引脚容易弯曲,或者在后面加工时,在印刷电路板上安装封装件时,会引起相邻引脚之间的焊接点焊料不足。

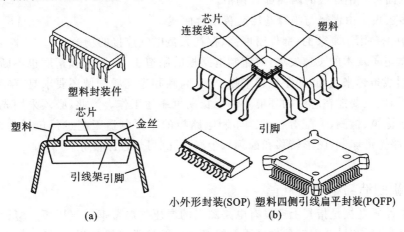

(a)　　　　(b)

小外形封装(SOP)　塑料四侧引线扁平封装(PQFP)

图 5-22　双列直插与四侧引线扁平封装方法

5.4 印制电路板的制造

以绝缘板为基材加工成一定尺寸的板,在其上有铜箔导线及所有设计好的孔(如元件孔、机械安装孔及金属化孔等),以实现元器件之间的电气互连,这种板称为印制电路板(简称PCB),印制电路板不包括元器件,在绝缘基板上只有铜箔导线图形,如图5-23所示。

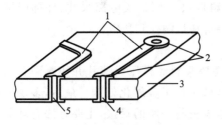

图 5-23 双面印制电路板示意图
1—导线;2—焊盘;3—绝缘基板;4—插入孔;5—通孔

印制电路板上的铜箔导线实现了元器件之间的电气连接,它用铜箔导线连接集成电路和其他设备,如同城市交通中的交通道路一样。印制电路板除了实现元器件之间的电气连接外,还要求具备一定的刚度,如为硬盘等部件提供支承。最早的印制电路板的制造方法是采用丝网印刷技术,现在光刻技术成为其制造的首选方法。印制电路板包括以下三类,如图5-24所示。

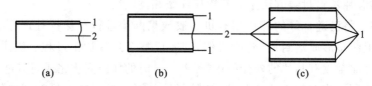

(a)　　　　(b)　　　　(c)

图 5-24 三类印制电路板
(a)单面板 (b)双面板 (c)多层板
1—铜箔;2—绝缘基板

(1) 单面板　仅在绝缘基板的一面有铜箔。
(2) 双面板　绝缘板的两面都有铜箔。
(3) 多层板　由铜箔与绝缘基层交替结合而成。

多层板主要用于复杂的、部件密度高、存在大量电气连接的场合。

随着微电子技术的飞速发展,对印制电路板的制造工艺、质量和精度也不断提出新的要求。印制线条越来越细,间距也越来越小;在高频和超高频领域还要求具有特定阻抗的印制电路板,而且要能在恶劣的环境条件下长期可靠地工作。为此,必须采用先进的加工工艺和防护涂覆、检测、装配等技术。印制电路板的主要制造工艺过程包括基板制造、机械加工、电路图形印制(图形转移和蚀刻)、金属化孔、可焊性涂覆等。

5.4.1 基板制造与电路板准备

印制电路板基板是指其上还没有电路图案的层压夹芯覆铜箔层压板。覆铜箔层压板由铜箔、增强材料和黏合剂三种主要原料组成。一般该类绝缘基板(0.25～0.3 mm)的两面带有铜箔(0.02~0.04 mm)。铜箔是制造覆铜板的关键材料,必须有较高的电导率和良好的焊接性。铜箔越薄,越容易蚀刻和钻孔,我国目前正在逐步推广使用 35 μm 厚度的铜箔。印制电路板绝缘基板采用环氧树脂、酚醛树脂或三氯氰胺树脂等黏合剂作为其黏结材料,通过在玻璃纤维中注入环氧树脂,采用热镀或辊压的方法压制成印制电路基板。

印制电路板后续加工之前,需完成两项准备工作:按印制电路板尺寸要求进行裁切;钻出直径为 3 mm 的工艺定位孔。

5.4.2 电路板钻孔、冲孔与金属化孔

印制电路板上的过孔或导通孔(via)要采用自动冲孔机或 CNC 钻孔机完成加工。由于印制电路板过孔或导通孔的孔径越来越小,对 CNC 钻孔的钻头、机床都提出了更高的要求。目前国外在通孔孔径尺寸选择上,采用的直径为0.25~0.30 mm。从孔的尺寸看,小孔加工是最大的问题,孔径一般小于 1.27 mm,高密度板甚至需要孔径在 0.15 mm 以下的孔,近年来国外已开发和使用能钻直径为 0.10 mm 孔的 CNC 钻床和专用工具。为适应微孔径,还采用了激光打孔技术。对于双面板的导通孔,为了使其实现导电连接,必须在其孔内壁层积导电层。这些导电层是采用非电解电镀形成的。非电解电镀是在含有铜离子的水溶液中进行化学镀,而不发生任何阳极或阴极反应。

5.4.3 电路图形转移——丝网印刷、电路板光刻与检测

制造印制电路板的一道基本工序是将设计的铜导线电路图形转移到覆铜箔板上,这称为图形转移。丝网漏印法和光刻法可完成图形转移。丝网漏印法是最早应用于印制电路板制造中的方法。如图 5-25 所示,将包含电路图形的镂空模板附着到已绷好的丝网上。漏印时,将覆铜箔板在底座上定位,使丝网和覆铜箔板直接接触,将印料倒入固定丝网的框内,用橡皮刮板刮压印料,即可在覆铜箔板上形成由印料组成的图形。这种工艺的优点是设备简单,操作方便,缺点是精度不高,仅能印制线宽在0.25 mm以上的印刷导线。

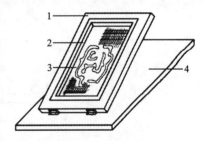

图 5-25 丝网印刷
1—外框架;2—内框架;
3—丝网模板;4—底板

电路板加工的关键工艺是采用选择性光刻和蚀刻技术。电路板光刻分为消除法和增加法两类。消除法如图5-26所示,首先在电路板基板铜箔表面上以液体形式喷涂或用干膜卷滚压方式,形成一层抗蚀膜。然后用紫外光线使不需要的抗蚀膜曝光,并将其冲洗剥离掉,露出铜箔表面。最后,用一种化学液体(过硫酸钠、氢氧化钠、氯化铜或氯化铁)把露出的铜箔腐蚀掉。剩下的铜箔就构成了电路板的电路和焊盘。增加法与消除法相反,它是在无铜箔的裸板上进行的,通过一定的工艺方法把铜镀在基板表面。

为了保证印制电路板的质量,需要采用恰当的检测方法对其各种缺陷进行在线或离线的检测,包括非接触式检测和接触式检测方法。非接触式检测方法包括基于外观检测

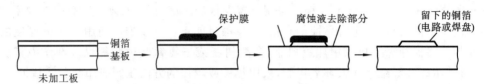

图 5-26　电路板消除法光刻过程

技术的光学测试仪(AOI)和基于透视检测技术的 X 光内层透视检测技术。目前,印制电路板 X 光内层透视检测设备的焦距已达到 μm 级,已能进行精度为 $10~\mu m$ 的测量。接触式检测方法主要采用在线测试仪,又称静态功能测试。

5.4.4　可焊性涂覆

为提高印制电路的导电、可焊、耐磨和装饰性能,可以在印制电路板图形铜箔上涂覆一层金、银、锡或铅-锡合金金属。涂覆方法可用电镀或化学镀两种。

目前较多采用浸锡或镀铅锡合金的方法。印制电路板涂覆铅锡合金的方法有滚涂、电镀铅锡合金并随后进行热熔、热浸焊并热风整平等。滚涂铅锡合金适用于单面印制电路板和没有金属化孔的双面印制电路板,在滚锡机上进行滚涂。热熔是指把镀覆铅锡合金的印制电路板,加热到铅锡合金的熔点温度以上,使铅锡和基体金属铜形成金属间化合物,同时铅锡镀层变得致密、光亮、无针孔,并提高了镀层的抗腐蚀性和可焊性。焊料涂覆整平是把浸焊和热风整平结合起来,在印制电路板金属化孔内和印刷导线上涂覆共晶焊料的工艺。

5.5　印制电路板装配

印制电路板装配包括电子元器件和机械配件(如紧固件和散热片)等在印制板上的安装,也就是电子组装中的第 2 级,如图 5-3 所示。电子元器件在印制电路板上的装配方式主要有通孔插装和表面组装技术等,如图 5-27 所示。随着集成电路封装形式的变化,其装配方法也有新的变化。

5.5.1　印制电路板装配方法

1. 通孔插装

通孔插装(PIH)是指通过把元器件引线插入印制电路板上预先钻好的安装孔中,暂时固定后在基板的另一面采用波峰焊等软钎焊技术进行焊接,形成可靠的焊点,建立长期的机械和电气连接。元器件主体和焊点分别分布在基板两侧。

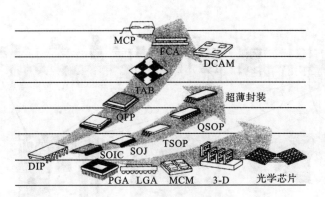

图 5-27　集成电路封装发展趋势

2. 表面贴装

和传统的通孔插装技术相比,表面贴装技术(SMT)形成的电子产品具有元器件种类繁多、元器件在印制电路板上高密度分布、引脚间距小、焊点微型化等特征,而且在印制电路板中应用的比例日益提高。SMT 极大地减少了装配元件所需的表面积(比 PIH 法减少40%～80%),使制作体积更小、更高性能的电路板成为可能。

3. 多芯片集成模块

多芯片集成模块(MCM)是由并排安装在一个大外壳封装中的许多 SMT 芯片组成。其优点是:更大的封装密度,减少了印制电路板的布线需要,从而减少多层板的层数要求;减少了能耗;由于有较小的噪声容限、较小的输出驱动器及较小的管芯,使性能更高;较低的总封装成本。

4. 球栅阵列

球栅阵列(BGA)芯片是单个 SMT 元件的发展。这种方法是在芯片底面而不是在四周进行焊接。

5. 芯片倒装

芯片倒装(FCT)使得 SMT 和 BGA 以更大密度进行联装。在这种方式下,芯片翻转并面朝下紧放在主板上。

以上电路板联装方法都有相似的步骤,但由于插装与表面贴装常常混合进行。因此,实际联装自动线的配置有所差别。一般来说,插件印制电路板装配主要包括以下步骤:元器件插装或粘接、焊接、清洗、检测、返修。SMT 印制电路板装配主要包括以下步骤:锡膏印刷、锡膏检测、贴片、焊接、光学检测、返修。随着贴装高密度化、元器件微型化及由于焊料无铅化引起的组装缺陷的增加,电路板组装工厂一般采用图 5-28 所示的 SMT 电路板组装自动线。该自动线在锡膏印刷、贴片和焊后均增加了光学检测设备,以更好地控制贴装出现的不良概率。

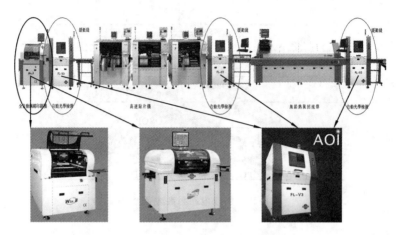

图 5-28　SMT 电路板组装自动线

5.5.2　电路板联装自动线上的关键工艺与设备

1. 锡膏印刷

在准备好电路基板后,表面贴装电路板装配的首道工序就是在电路板上进行锡膏印刷。一般在电子厂广泛采用全自动在线钢网锡膏印刷机完成锡膏印刷,其原理为:电路基板送进后,通过视觉系统测出钢网模板定位标记点与电路基板定位标记点的位置差,印刷机通过解算位置差,驱动伺服电动机完成电路基板与钢网模板对准,然后印刷机通过一系列的多轴协调运动完成锡膏印刷,其印刷精度一般能保证 0201 元件(长 0.02 in、宽0.01 in 的元件)的准确装配。图 5-29 所示为华南理工大学与东莞科隆威公司联合研制的锡膏印刷机。为了应对多品种小批生产、柔性制造和产品研发的需求,一种全新的采用喷印技术的锡膏印刷技术成为未来锡膏印刷的尖端技术,图 5-30 所示为该类喷印机的喷头结构原理图。

图 5-29　锡膏印刷机

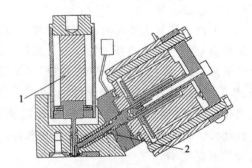

图 5-30　锡膏喷印机的喷头结构
1—压电致动器;2—丝杠

2. 元器件插装或粘接

1）元器件插装

采用通孔插装时，为使元器件在印制电路板上的装配排列整齐并便于焊接，在安装前通常采用手工或专用机械把元器件引线弯曲成一定的形状。其过程如图 5-31 所示。元器件插入后，可通过手工或机器自动剪切引线并进行弯曲，以保证焊接时元器件在电路板上的准确定位。

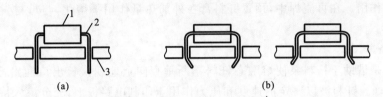

图 5-31 PIH 元件插装过程

（a）插入一个元件 （b）向内或向外引脚弯曲并修剪

1—元件；2—引脚；3—电路板

2）粘接

用于表面组装的元器件没有引线，常采用黏结剂将器件暂时固定在印制电路板上，以便随后的焊接工艺得以顺利进行，图 5-32 所示为元器件黏结后再进行焊接的工艺过程。黏结剂的涂敷可采用分配器点涂（也称注射器点涂），针式转印和丝网（或模板）印刷等方法。

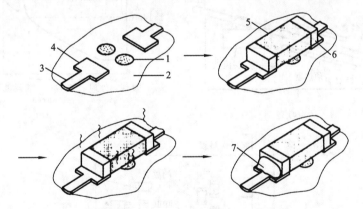

图 5-32 表面组装元器件粘接和焊接的工艺过程

1—黏结剂；2—电路板表面；3—印刷线；4—焊盘；5—元器件；6—金属；7—焊料

分配器点涂采用了计算机控制的自动点胶机，控制一个或多个带有管状针头的点胶器在印制电路板的表面快速移动、精确定位，并进行点胶作业。

针式转印技术是在单一品种的大批量生产中可采用的黏结剂涂敷技术，采用自动针式机进行，一般是同时成组地将黏结剂转印到印制电路板的贴装部位上，按照涂胶图形，组成矩阵分布的钢针组件，同时进行多点涂敷。操作时，先将钢针组件在装有黏结剂的容器里浸蘸黏结剂，然后将涂有黏结剂的钢针组件在印制电路板上方对准涂胶图形定位，使钢针向下移动直至黏结剂接触涂胶点，将黏结剂涂敷在印制电路板的粘接点位置上。

丝网印刷即通过印制电路图形的丝网模板将黏结剂印刷到印制电路板相应位置上。黏结剂涂敷后,一般采用贴装机自动进行元器件贴装。

元器件贴装后要对黏结剂固化。

3. 焊接

印制电路板元器件组装中主要采用软钎焊工艺。常用的软钎焊工艺为波峰焊和再流焊。波峰焊和再流焊的主要区别在于热源和钎料。在波峰焊中,焊料波峰起提供热量和钎料的双重作用。在再流焊中,预置钎料膏在外加热量作用下熔化,与母材发生相互作用而实现连接。

1) 波峰焊

波峰焊是借助于钎料泵使熔融态钎料不断垂直向上地朝狭长出口涌出,形成 20～40 mm 高的波峰。钎料波以一定的速度和压力作用于印制电路板上,充分渗入待钎焊的器件引线和电路板之间,使之完全润湿并进行钎焊。如图5-33(a)所示,在传送带的前端,助焊剂被敷在主板下面。在预热后,主板和元件伸出的引脚就会遇到搅动波,这种波能"润湿"和清洁表面。最后,层流波在如图 5-33(b)所示的温度下进行焊接。这个过程中通过迫使液态焊料压入引脚和孔间的空隙,形成焊接接头。如图 5-33(c)所示,为避免焊接盲区(shadowing),必须按照波峰焊接工艺的设计准则,确定正确的流量和填充方法。

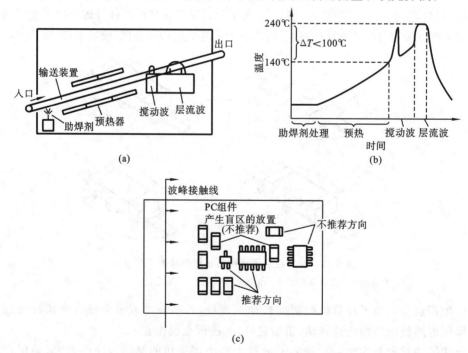

图 5-33 波峰焊原理、温度分布及设计准则
(a)波峰焊设备 (b)温度分布 (c)设计准则

2) 再流焊

再流焊是指预先在印制电路板焊接部位(焊盘)施放适量和适当形式的焊料,然后贴放表面组装元器件,经固化后,再利用外部热源使焊料再次流动,从而达到焊接目的的一种成组或逐点焊接工艺。焊膏是用合金焊料粉末和焊剂均匀混合的乳浊液。合金焊料粉是焊膏的主要成分,也是焊接后的留存物。焊膏与传统焊料相比具有一些显著的特点,例如:可以采用丝网印刷和点涂等技术对焊膏进行精确的定量分配,可满足各种电路组件焊接的可靠性要求和高密度组装要求,并便于实现自动化涂敷和再流焊工艺。涂敷在电路板焊盘上的焊膏在再流加热前具有一定黏性,能起到使元器件在焊盘位置上暂时固定的作用,使其不会因传送和焊接操作而偏移;在焊接加热时,由于熔融焊膏的表面张力作用,可以校正元器件相对于印制电路板焊盘位置的微小偏离等。焊膏涂敷及再流焊过程如图 5-34 所示。

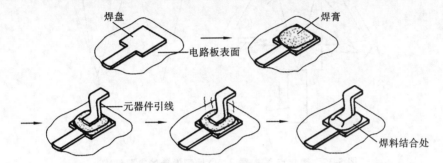

图 5-34 再流焊焊接表面组装元器件工艺过程

4. 电路板组装焊前与焊后光学检测

如图 5-28(b)所示,为了更好地控制 SMT 电路板组装,需要在电路板锡膏印刷后进行锡膏检测,辨别锡膏的印刷偏位、桥接、锡膏量过少等情况;在贴片后需要检测缺件、错件、偏位等;在经过回流炉后综合检测焊点的浸润性、短路、立碑等。光学检测的方法主要是采用恰当的结构光照明,以突出检测对象的缺陷特征,通过模式匹配或智能分类器的检测方法,在精密运动平台、高分辨摄像系统的支持下完成检测。为了更好地改善流程,光学检测系统需内建本地检测数据库系统,并在全线中央控制器的协调下,与中央数据库交换数据,中央控制器系统据此改善全线流程,这是光学检测的最终目的。如图 5-35 所示为日本 OMRON 公司的自动光学检查设备的结构光示意图。图5-36所示为华南理工大学与东莞科隆威公司联合研制的自动光学检测设备。

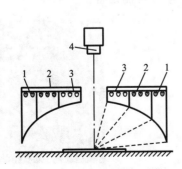

图 5-35 光学检查的一种结构光

1—蓝色 LED;2—绿色 LED;3—红色 LED;4—CCD 摄像头

图 5-36 自动光学检测设备

5. 电路板组装的 X 光检测

随着器件封装小型化和新型封装形式的出现,特别是电子产品 ROHS 无铅化指令的实施和球栅阵列封装(BGA)芯片的大量应用,促进了面向 SMT 的 X 射线检测技术的实际应用。原因在于目前已有的检测技术不能覆盖或只能部分覆盖高密度电子组装的缺陷检

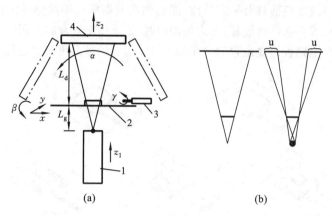

图 5-37 微焦点 X 射线 2.5D 检测设备的主要结构

(a) 主要结构图 (b) 原理图

1—X 射线管;2—载物台;3—电动机;4—X 射线探测器

测,如人工目检在检测 0603、0402 和细间距芯片组装缺陷时已非常困难;而飞针测试主要针对插装 PCB 和 0805 以上器件的组装检测;ICT 针床及自动光学检测不能实现 BGA 等隐藏焊点的结构性检测;功能测试侧重于评价整个系统是否实现设计目标。因此,X 射线检测技术是当高密度电路板检测与新型封装器件大量采用时,确保电子组装质量的必备技术。

面向 SMT 的微焦点 X 射线 2.5D 检测设备的主要结构原理如图 5-37 所示。通过载物台的直线与旋转运动实现被检测物的全面检测;通过调整 X 射线探测器与 X 射线管与载物台的距离,调整 X 射线成像的放大倍数、初始对比度和被检测物被 X 射线穿透的程度;通过探测器的倾斜旋转运动实现 2.5D 检测;通过图像分析系统完成被检测样品的缺陷检测与分析;也可以分层聚焦的方式实现 3D 检测。如图 5-38 所示,根据 BGA 焊点的 X 射线透视图可以发现该 BGA 焊点存在焊点桥接短路缺陷。图 5-39 所示为华南理工大学与东莞科隆威公司联合研制的面向 SMT 的 X 射线检测设备。

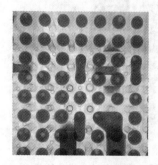

图 5-38 BGA 焊点的 X 射线透视图

图 5-39 X 射线检测设备

⚙ 5.6 知识拓展

▱ 5.6.1 攻坚克难研发 SMT 精密电子制造成套装备

表面贴装技术(surface mounting technology,SMT)起源于冷战时期的美苏争霸。为了打赢未来战争,卫星通信是最为重要的一环。而传统的卫星组建由基本电子元器件和电路板组成,往往零件的体积和重量都很大。SMT 在此阶段就应运产生。

从事 SMT 行业的人都知道美国有款贴片机叫"环球",20 世纪 70 年代日本松下引进并消化吸收了贴片技术,从此日本相继产生了众多品牌的贴片机。一定意义上讲,SMT 起源于美国,成长壮大于日本。

我国的 SMT 起步于 20 世纪 80 年代初期,2003 年以后进入快速发展阶段,每年引进贴片机 5000 台以上,2007 年引进了 10189 台,约占全球当年贴片机产量的 1/2。虽然设备的使用情况已与国际接轨,但 SMT 装备仍然被美日欧企业垄断(2019 年前),其中印刷机、焊接、检测、贴片机等关键设备存在国产化的强烈需求。

珠江三角洲是中国 SMT 产业最强的地区,对 SMT 装备国产化的意愿更强烈。2005 年,华南理工大学张宪民团队(本书主要作者)与企业组建了产学研团队,研发 SMT 锡膏印刷机。高校教师、研究生以及企业工程师密切配合,从结构设计、控制软件架构等方面比对德国 EKRA 锡膏印刷机的技术指标,在较短的时间完成了原型机的研发。研发的锡膏印刷机不只要实验室合格,还要经受市场以及实际生产过程的严苛检验。研发团队通过生产线迭代调试以及与市场同类设备竞争,研发的锡膏印刷机得到了市场认可。由于 0201 甚至 01005 贴片元件对锡膏印刷提出了更苛刻的要求,研发团队在姿态调整机构、压力控制、视觉对准算法等方面克服关键瓶颈,图 5-29 所示为后续不断完善的 Win-6 锡膏印刷机。之后,研发团队陆续研发了自动光学检测设备(AOI)(见图 5-36)和微焦点 X 射线检测设备(见图 5-37)。图 5-28 是研发团队研发的 SMT 成套装备(贴片机除外)。研发成果先后获得广东省 2008、2013 年度广东省科技进步奖一等奖。

"十三五"期间,我国光伏发电产业呈现出较好的发展态势,仅用两年时间便完成了"十三五"规划的装机目标,多晶硅、组件、电池片产能多年高居全球榜首,光伏新增装机容量更是连续八年位居全球第一。由于晶体硅太阳能电池片后端电极制造工艺与 SMT 工艺极其相似,研发团队又面向光伏电池制造装备国产化的需求,研发晶体硅电池电极制造成套设备(见图 5-40)。该项成果也获得 2018 年度广东省科技奖技术发明一等奖。

▱ 5.6.2 先进光刻技术的发展趋势

光刻是半导体加工中耗资最多的一部分。除去封装测试和设计成本外,光刻在半导

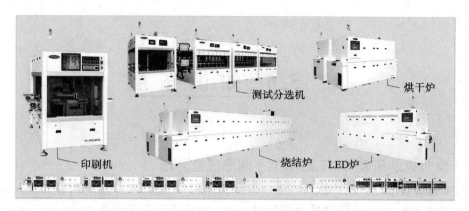

图 5-40 晶体硅太阳能电池片电极制造成套装备

体集成电路制造中所占的加工成本是整个工艺成本的 35%。因此,掌握先进光刻技术的发展趋势尤为重要。

1. 紫外线和短紫外线光刻技术

20 世纪 90 年代后期使用波长为 365 nm 的紫外线生产 0.35 μm 线宽的集成电路。今天,已开始使用波长为 248 nm 的短紫外线(deep-UV)来生产 0.25 μm 线宽的集成电路。虽然最近的商业报告指出,可能可以用交替光圈移相掩膜来生产 0.08 μm 线宽的集成电路,但一般来说,商用高纯度玻璃镜头使用短紫外线的极限波长是 193 nm,在这种波长下可以生产线宽为 0.13 μm 的集成电路。

2. 极紫外线光刻技术

由英特尔公司、摩托罗拉公司、AMD 公司、三个美国国家实验室及一些半导体设备制造商组成了未来微型化技术联盟。这个合作项目的目标是利用更短波长的极紫外线(EUV)光刻技术来取代一般的紫外线光刻技术,用它来生产线宽为 0.03~0.1 μm 的元件。目前用于 7 nm 以下的尖端制程,于 2020 年得到广泛应用。

在 EUV 技术中,激光激发等离子体产生波长为 13 nm 的波束,该波束不是用光学镜头,而是采用高度反射的钼/硅镜聚焦,通过掩膜到晶片。EUV 光罩与传统的光罩截然不同,当采用 13.5 nm 波长的极紫外光微影技术时,所有的光罩材料都是不透光的。

3. X 射线光刻技术

X 射线光刻技术使用 0.01~1 nm 波长的光源,已成功地生产了线宽为 0.02~0.1 μm 的元件。加工过程需要用同步加速器来加速高能量电子束。此制造方法由 IBM 和 Sanders 公司开发。虽然此技术的可行性已在专门领域得到证明,但其他公司则还是常用商业化 DUV 光刻技术,一般不用这种需要安装和维护加速器的新技术。

4. 角度限制散射投影电子束光刻技术

在这个方法中,电子束以高能量形式,高度聚焦后直接射在衬底材料上。此电子束可以直接由 CAD 文件中的数据引导,因此不使用光掩膜。朗讯的贝尔实验室已经开发了一种采用这种加工方法的技术,称为角度限制散射投影电子束光刻技术。

表 5-1 所示为以上各种光刻技术的波长和线宽。

表 5-1　各种光刻技术的波长和线宽

光刻技术	波长/nm	加工元件线宽/nm
紫外线光刻技术	365	350(0.35 μm)
短紫外线光刻技术	248	250(0.25 μm)
高纯度短紫外线光刻技术	193	130~180(0.13~0.18 μm)
极紫外线光刻技术	10~20	30~100(0.03~0.1 μm)
X 射线光刻技术	0.01~1	20~100(0.02~0.1 μm)
角度限制散射投影 电子束光刻技术	—	80(0.08 μm)

5.6.3　Starved solder joint of BGA assembly

Due to the robust package body design, the defect rate of BGA/CSP processing is much lower than that of QFP. However, if the process is not properly handled, problems still can occur to a significant extent, as will be discussed below.

A starved solder joint is a solder joint where the solder volume is insufficient to form a reliable joint. The most common cause is insufficient solder paste printed, as shown by Fig. 5-41 which illustrates the solder joints of a CBGA. The picture on the left shows a starved, concaved bottom fillet shape. This is in contrast to the picture on the right where the high-Pb ball is well wrapped by the eutectic Sn-Pb fillet hence displaying a straight contour line.

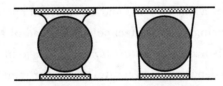

Fig. 5-41　Starved solder joint (left) versus normal solder joint (right) for CBGA

Starved joints may also be caused by solder wicking. Fig. 5-42(a) shows PBGA normal solder joints, while Fig. 5-42(b) shows some starved solder joints plus some plugged via holes. The solder of BGA bumps wicked into the via holes, presumably caused by misregistration or a poor solder paste print coverage. It should be noted that improper rework procedures or improper handling of BGA components during rework may also promote wicking and consequently starved joints. Fig. 5-43 shows starved solder joints caused by wicking along the trace line into the via holes. Here the solder mask on top of the trace line was damaged during an earlier rework process.

Starved joints may also be caused by poor design. Apparently, a significant part of

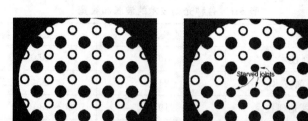

(a)　　　　　　　　　　　　(b)

Fig. 5-42　X-ray of PBGA solder joints

(a) normal BGA solder joints　(b) a starved solder joint caused by wicking into the via

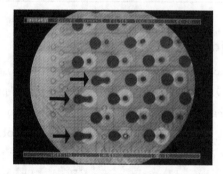

Fig. 5-43　X-ray picture of starved solder joints, as marked by arrows, of a PBGA. The solder wicked along the trace into the via through damaged solder mask coverage

the solder from the solder ball drained into the via and resulted in a short standoff. One way to compensate for this is to deposit extra amounts of solder paste at the via in the pad area through the use of a thick stencil and an enlarged aperture. Another solution to reduce solder drainage is using microvia technology instead of a via in pad design.

Another factor that also contributes to starved solder joint is poor coplanarity. Even if the solder paste volume deposited is accurate, the solder joint may appear starved if the clearance between the BGA and the PCB is too large. This is especially true in the case of CBGA.

In summary, the starved solder joint can be eliminated by the following solutions.

(1) Deposit a sufficient amount of solder paste.

(2) Tent the via with a solder mask.

(3) Avoid damaging the solder mask during rework.

(4) Register properly during paste printing.

(5) Register properly during BGA placement.

(6) Handle component properly during rework.

(7) Maintain high coplanarity of PCB, such as by employing proper preheat during rework.

(8) Use a microvia instead of a via in pad design to reduce solder drainage.

5.6.4 Inverse lithograph technology (ILT)

1. ILT description

Inverse lithography technology (ILT) is a method of using non-Manhattan shapes on the photomask to produce a wafer more resilient to manufacturing variation. It relies on multi-bream mask writing, which writes masks at the same speed regardless of the complexity of shape. Another challenge is the compute power required to calculate the shapes. The mask then proceeds to the fab, where a wafer-level print will be subjected to similar steps: CD-SEM dimensional evaluation, wafer inspection and defect analysis. The need for mask correction algorithms is highlighted in Fig. 5-44.

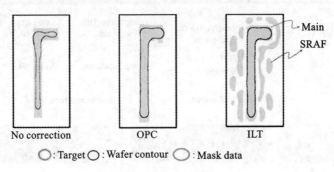

Fig. 5-44   wafer pattern contour due to mask correction

Curvilinear ILT masks are one of several types of photomasks, which are critical components in the IC manufacturing supply chain. The photomask is a master template for a given IC design. After a mask is developed, it is shipped to the fab. The mask is placed in a lithography scanner. The scanner projects light through the mask, which patterns the images on a wafer.

Typical masks, including those based on optical and extreme ultraviolet (EUV) lithography, consist of tiny features that resemble rectangles, or so-called Manhattan shapes. In some cases, photomasks have simple curve or rectilinear shapes. At advanced nodes, though, chipmakers want more advanced masks.

That's where curvilinear ILT masks fit in. ILT uses a mathematical formula to calculate the desired shapes on a photomask, which are free-form curvilinear types. ILT not only increases the process windows in chip manufacturing, but it also enables the best performance for a shape on the wafer. That's important for small and complex features that are difficult to print.

ILT differs from another resolution enhancement technique, optical proximity correction (OPC). In OPC, you start with a simple pattern, and grate through pitch and feature sizes – a calibration structure of sorts, according to one expert. Then, you assess the printability on the wafer and create a model to generate artifacts that are placed in specific locations on the design pattern. This gives you the intended results on the wafer.

2. ILT future

Danping offered three forecasts for ILT technology.

1) adoption of deep learning techniques

As mentioned above, the ILT algorithm shares a great deal in common with the computation and optimization techniques of deep neural network methods. Fig. 5-45 illustrates how deep learning could be adopted.

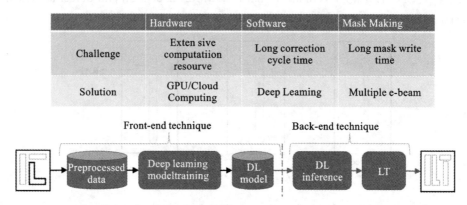

	Hardware	Software	Mask Making
Challenge	Exten sive computatiion resourve	Long correction cycle time	Long mask write time
Solution	GPU/Cloud Computing	Deep Leaming	Multiple e-beam

Fig. 5-45   ILT based on deep learning

2) increased use of curvilinear design data

In addition to silicon photonics structures, the opportunity to use curvilinear data directly in circuit layouts at advanced process nodes may soon be adopted. (Consider the case where metal "jumpers"are used on layer $M_n + 1$ to change routing tracks for a long signal on layer M_n.) The industry support for curvilinear data representation would enable this possibility, although it would also have a major impact on the entire EDA tool flow.

3) a full "inverse etch technology"(IET) flow to guide ILT

An earlier figure showed a "full loop"flow for mask data generation, incorporating post-etch results. Rather than basing the ILT error function on computational models of the resist expose/develop profile, the generation of the cost function would be derived from the final etched material image model, as illustrated in Fig. 5-46.

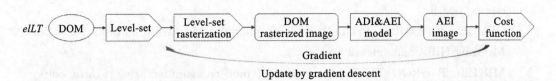

Fig. 5-46　IET flow loop chart（DOM：dimension of mask；ADI：after photoresist develop inspection；
　　　AEI：after etch inspection）

本章重难点

重点

- 电子制造的产业链构成关系。
- 集成电路芯片制造的工艺步骤。
- 电子组装技术的体系结构。
- 集成电路芯片的封装关键技术的特点。
- 电路板制造的主要工艺及其特点。
- 电路板组装自动线的构成与关键设备。

难点

- 集成电路芯片光刻工艺及其发展趋势。
- 集成电路芯片光刻技术的种类及其技术特点。
- 印制电路板高密度组装技术的发展趋势。

思考与练习

1. 简述电子制造的内涵及其内在关系。
2. 集成电路芯片制造的主要工艺步骤是什么？试列举两个关键工艺并说明其特点。
3. 集成电路芯片光刻的运动模式有哪几种？
4. 获得电路板电路图形有哪几种方法？各有什么特点？
5. 插孔件电路板组装自动线与表面贴装自动线的设备构成分别是什么？
6. BGA 等隐藏焊点可用什么方法进行无损检测？

本章参考文献

[1]　PAUL KENETH WRIGHT. 21 世纪制造[M]. 冯常学,钟骏杰,范世东,等译. 北京:清华大学出版社,2004.
[2]　半导体制造[EB/OL].维基百科,http://en. wikipedia. org/wiki/Semiconductor_device_fabrication.

[3] 印制电路板及其联装[EB/OL]. 维基百科,http://en. wikipedia. org/wiki/Printed_circuit_board.

[4] CLYDE F COOMBS. Printed circuits handbook [M]. sixth edition. New York:McGraw-Hill Companies,2008.

[5] MIKELL P GROOVE. Fundamentals of modern manufacturing (third edition)[M]. New York:Johns Wiley & Sons Inc,2007:758-854.

[6] LEE NING-CHENG . Reflow soldering processes and troubleshooting:SMT,BGA,CSP and flip chip technologies[M]. Boston:Newnes,2002.

[7] 冯之敬. 制造工程技术与原理[M]. 北京:清华大学出版社,2004.

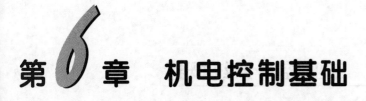

第6章 机电控制基础

教学视频

⚙ 6.1 相关本科课程体系与关联关系

　　智能制造装备是智能制造的载体,是实现智能制造的关键环节。机电控制广泛应用于各种行业,是智能制造装备的核心技术之一。为了更好地使读者,特别是高等院校机械类本科学生了解与机电控制基础相关的本科课程及其与关联课程的关系,本节将简要勾勒机电控制基础的机械类大学本科课程的关联关系。

　　图 6-1 表明了数控技术与智能制造、机电系统设计、工业机器人应用技术与创新实践、计算机控制技术等专业领域课程与本章内容紧密相关,因此,本章内容包含了与机电控制相关的学科基础课程与专业领域课程的内容。它是后续开展专业领域控制类相关课程学习的基础。

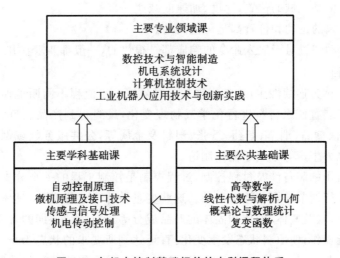

图 6-1　与机电控制基础相关的本科课程体系

6.2 工业控制系统概述

控制是指有目的的操纵或操作。自动控制是指在没有人的直接干预下,利用物理装置对生产设备和工艺过程进行合理的控制,使被控制的物理量保持恒定,或者按照一定的规律变化。自动控制系统则是为实现某一控制目标所需要的所有物理部件的有机组合体。

6.2.1 运动控制和过程控制

根据控制对象的不同,工业控制系统可以划分为两大类:运动控制和过程控制。

1. 运动控制

按照产品制造工艺过程的特点,产品制造总体上可概括为离散制造(discrete manufacturing)和流程制造(process manufacturing)。离散制造行业的产品往往由多个零件经过一系列不连续工序的加工,并最终装配而成。典型的离散制造行业包括机械制造、电子电器、航天航空制造、汽车制造等行业。离散制造所用的装备,如工业机器人、数控机床、用于增材制造的 3D 打印机、用于贴装电子元件的贴片机等,均涉及运动控制。

运动控制系统是一种控制对象的物理运动或位置的自动控制系统。运动控制系统常被称为伺服系统或伺服机构。运动控制系统都具有以下三个共同的性质。

(1) 被控对象是机械的位置、速度、加速或减速。

(2) 被控对象的运动和位置都是可检测的。

(3) 典型运动装置对于输入命令的响应都是很快的,一般都要求在几十毫秒之内。

2. 过程控制

流程制造又称为连续性生产,是指被加工对象按一定流程不间断地通过各个工序,经过一系列的加工装置使原材料进行化学或物理变化,最终得到产品。流程制造行业包括石油、化工、饮料、食品、烟草、制药、纸张、塑料及金属等,公共服务领域例如饮用水净化、污水处理以及电力生产等也属于流程制造。

流程制造所用的装备涉及过程控制,过程控制是控制工程的一个分支,它通过在生产过程中对变量进行调节来影响输出产品。这些变量被称为过程变量,具体来说包括压力、温度、流量、物位,以及气体、液体和固体的产品成分等。"过程"一词的含义是指通过生产设备对变量进行操作,使原料状态发生变化,直至达到所要求的状态为止。工业过程生产的产品包括化工制品、精炼石油、加工食品、纸张、塑料及金属等。过程控制还涉及公共服务领域,例如饮用水净化、污水处理及电力生产等。

过程控制的关键在于使被控变量保持恒定,比如温度和压力等,其给定点(设定点)很少改变,可能在数天内都保持不变。过程控制系统的目标是在被控变量受到扰动而波动时进行调节和矫正,被控变量的变化及系统为校正这一变化而作出的反应通常都是比较慢的。

6.2.2 自动控制的基本形式

自动控制有开环控制和闭环控制两种基本的控制方式,对应的系统分别称为开环控制系统和闭环控制系统。

1. 开环控制系统

开环控制系统的输出端和输入端之间不存在反馈关系,也就是系统的输出量对控制作用不发生影响。这种系统既不需要对输出量进行测量,也不需要将输出量与输入量进行比较,控制装置与被控对象之间只有顺向作用,没有反向联系。以图 6-2 所示的蓄水池液位控制为例,水从进水管流入水池,然后从出水管流出,需要维持的过程变量是蓄水池中的水位。这是一个开环控制系统,如果进水的水压波动大,需要人工干预才能维持相对稳定的水位。

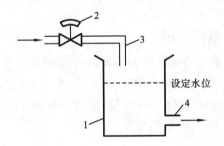

图 6-2 开环控制的蓄水池系统
1—蓄水池;2—手动阀门;3—进水管;4—出水管

开环控制系统的优点是结构简单,稳定性好,调试方便,成本低;缺点是抗干扰能力差,当输出量因受到干扰的影响而发生变化时,系统没有自动调节能力,因此控制精度较低。其一般用于对控制性能要求不高、干扰较小的场合。

2. 闭环控制系统

闭环控制系统在开环控制系统基础上,增加反馈回路,通过反馈来实时评估输出的情况,并进行自动校正操作。在图 6-2 所示蓄水池系统基础上进行改动,得到图 6-3 所示的闭环控制的蓄水池系统,图中的阀门、浮子及连接机构组成了反馈回路。如果池中水位上升,则浮子随之向上浮动;如果池中水位下降,则浮子随之向下移动。浮子通过一个机械连接与进水阀相连,所以当水位上升时,浮子向上浮动,推动杠杆,进而将阀门关小,减少了水池的进水量;当水位下降时,浮子向下移动,推动杠杆,进而将阀门开大,让更多的水进入蓄水池中。在整个过程中,浮子随水位上下移动,同时调整进水阀的开度,以保证池中的水位控制在设定水位。

闭环控制系统的优点是控制精度高,抗干扰能力强,适用范围广。当干扰或负载波动等因素使被控量的实际值偏离给定值时,闭环控制系统就会通过反馈产生控制作用来使

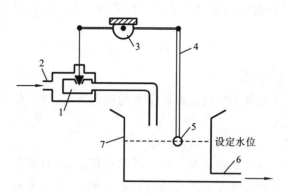

图 6-3　基于闭环控制的蓄水池系统

1—控制阀;2—进水管;3—支点;4—浮杆;5—浮子;6—出水管;7—蓄水池

偏差减小。这样就可使系统的输出响应对外部干扰和内部参数变化不敏感,因而有可能采用不太精密且成本较低的元件来构成比较精确的控制系统。

6.2.3　闭环控制系统的基本组成

如图 6-4 所示,典型的自动控制系统由不同功能的部件组成,图中方框代表不同功能部件,方框之间的连线表示部件的输入输出信号,箭头代表信号的流动方向。给定信号 $x(t)$ 是系统输入,系统输出 $y(t)$ 也称为被控量,反馈信号是 $z(t)$,偏差信号 $e(t)=x(t)-z(t)$;控制器的输入信号是 $e(t)$,输出信号是 $u(t)$。

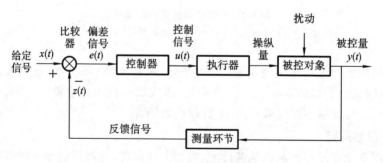

图 6-4　闭环控制系统框图

（1）被控对象　控制系统所要控制的设备或过程,它的输出就是被控量,而被控量总是与闭环控制系统的任务和目标紧密联系。在液位控制系统中,蓄水池的液位是被控量,蓄水池就是被控对象。

（2）给定信号　给定信号是控制回路中预先设定的输入值,它决定被控量的期望状态。给定信号值可以由操作人员手动设置,也可以由电子装置自动设置。如果给定信号是定值,则对应的控制系统就是恒值控制系统,控制的目标是使被控量稳定在一个固定值上;如果给定信号是一变值,则对应的控制系统是随动系统,控制的目标是令被控量跟随给定信号变化。

（3）测量环节　即随时将被控量检测出来的装置。如浮子是液位控制系统的测量环节。

（4）反馈信号　反馈信号是测量环节的输出。反馈信号又称为被测值、测量信号，在位置回路中被称为位置反馈，在速度回路中被称为速度反馈。反馈又称回馈，是指将系统的输出返回到输入端并以某种方式改变输入，进而影响系统功能的过程，即将输出量通过恰当的检测装置返回到输入端并与输入量进行比较的过程。反馈可分为负反馈和正反馈。前者使输出起到与输入相反的作用，使系统输出与系统目标的误差减小，系统趋于稳定；后者使输出起到与输入相似的作用，使系统偏差不断增大，使系统振荡，可以放大控制作用。

（5）比较器　比较器将反馈信号与给定信号进行比较，并产生与两者之差成比例的输出信号。在闭环控制的蓄水池系统中，比较器就是整个连接机构。

（6）偏差信号　偏差信号就是比较器的输出。如果给定信号和反馈信号不相等，则产生一个与它们之间的差成比例的偏差信号。如果给定信号与反馈信号恰好相等，则偏差信号值为零。

（7）控制器　控制器是整个系统的"大脑"。它的功能是根据偏差信号和预先设置的控制策略作出决策，决定下一时刻该如何去操作被控对象，使被控量达到所希望的目标。通常输入信号和反馈信号的比较，也由控制器完成，图6-3中支点和两侧的杠杆结构可称为该系统的控制器。

（8）执行器　执行器是系统的"肌肉"。它驱动被控变量向所期望的给定值靠近，在蓄水池系统中，执行器就是连在进水管上的流量控制阀。

（9）操纵量　被执行器进行物理改变的燃料或能量称为操纵量。被执行器改变的操纵量大小影响着被控变量的状态。在蓄水池系统中，水流量是操纵量，控制阀（执行器）改变了水的流量，进而影响了被控变量（水位）的状态。

（10）扰动　妨碍控制器对被控量进行正常控制的所有因素称为扰动，又称为干扰。扰动按其来源可分为内部扰动和外部扰动。扰动信号是系统所不希望而又不可避免的外部作用信号，它可以作用于系统的任何部位，而且可能不止一个，它会影响输入信号对系统被控量的有效控制，严重时必须加以抑制或补偿。在蓄水池系统中，降雨和蒸发都会引起水位变化，两者都属于扰动。

闭环控制系统运行的目标就是要让被控量与给定信号保持相等。测量环节实时地对被控量进行监视，并通过反馈回路把反映了被控量状况的测量信号发送到控制器。比较器将反馈信号与给定信号进行比较，产生一个与两者之差成比例的偏差信号。偏差信号反馈给控制器，经过分析处理之后，控制器决定采取什么样的措施进行校正，以使被控量等于给定信号。控制器的输出使得执行器对操纵量作出相应的物理调节。操纵量的改变促使被控量向期望值靠近。

6.3　经典控制方法

在实际工程应用中,最简单的控制方式是开关(ON-OFF)控制,常用的控制方法是比例(proportional)控制、积分(integral)控制、微分(differential)控制,简称 PID 控制。

6.3.1　开关控制

开关控制的输出只有两个状态,即全开(ON)或者全关(OFF)。一个状态用于被控量高于期望值(给定信号、设定点)时的情况,另一个状态用于被控量低于期望值时的情况,开关控制又称为二值控制。

采用开关控制的室温调节系统如图 6-5 所示,当室内温度(被控变量)降到设定点以下时,控制加热炉燃料阀门的温控开关闭合,燃料控制阀通电全打开,燃料进入加热炉并燃烧,为房间提供热量。当室内温度回升到设定点之上时,温控开关打开,燃料控制阀断电关闭,加热炉停止燃烧,室内温度又开始下降。直到温度下降到足够低的时候,加热炉会被再次点燃。室内温度的波动曲线如图 6-6 所示,它一会儿高于设定点,一会儿低于设定点,这种情况会一直交替下去。

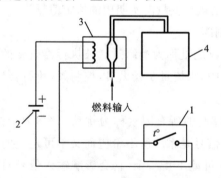

图 6-5　基于开关控制的室温调节系统

1—温控开关;2—电源;3—燃料控制阀;4—加热炉

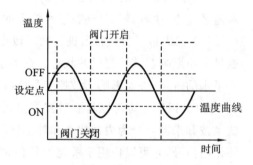

图 6-6　室温波动曲线

开关控制模式简单、廉价且可靠,开关式控制器被广泛应用于那些容许周期振荡与设定点偏离的系统中,如自动调温炉、家用空调器(非变频机型)、电冰箱等。开关控制器工作在全打开或是全关闭状态,因此开关控制的误差一般比较大,要获得较好的控制精度,需要引入新的控制方法。

6.3.2　比例积分微分控制

PID 控制是比例-积分-微分(proportional-integral-differential)控制三种控制的组合,

PID 控制器具有结构简单、稳定性好、工作可靠和调整方便的优点,是工业领域的主要控制技术之一,广泛应用于运动控制和过程控制,比如机械制造、化工、热工、冶金和炼油等领域。

图 6-7 中 PID 控制器指的是虚线框内的模块,对应图 6-4 闭环控制系统中的控制器,如图可见 PID 控制器包含比例、积分和微分三种控制环节,三种控制环节分别对输入信号 $e(t)$ 进行运算,将三个环节输出累加得到 PID 控制器输出 $u(t)$,PID 控制器输入输出关系式如下:

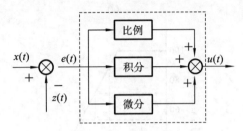

图 6-7 PID 控制器框图

$$u(t) = K_p\left[e(t) + \frac{1}{T_i}\int e(t)\,\mathrm{d}t + T_d\frac{\mathrm{d}e(t)}{\mathrm{d}t}\right] \tag{6-1}$$

其中 K_p、T_i 和 T_d 分别称为比例系数、积分时间常数和微分时间常数,式中 $\frac{1}{T_i}\int e(t)\,\mathrm{d}t$ 和 $T_d\frac{\mathrm{d}e(t)}{\mathrm{d}t}$ 分别称为积分项和微分项。

根据对系统性能要求的不同,PID 控制常用的控制及组合包括:比例(P)控制、比例-积分(PI)控制、比例-微分(PD)控制和比例-积分-微分(PID)控制。

1. 比例控制

如式(6-2)所示,比例控制的输出与输入信号 $e(t)$ 呈比例关系,系统一旦出现了偏差,比例控制立即产生调节作用以减小偏差,调整作用的强弱与输出的偏差大小成比例,误差越大,输出响应越大,而误差变小时,输出响应也变小,这样被控变量将逐步被调整到设定点附近,不会像开关控制那样输出波动较大。

$$u(t) = K_p e(t) \tag{6-2}$$

基于比例控制的室温调节系统如图 6-8(a)所示,与图 6-5 所示的开关控制室温调节系统相比,改动了两个地方:一是用热电偶(温度传感器)代替温控开关测量室温,热电偶的输出信号与室温成正比;二是将燃料阀换成比例阀门,比例阀的开启度正比于来自输入电压信号,输入电压越大,阀门开度越大,允许通过的燃料就越多,进而产生更多热量使室内温度升高。图 6-8(b)所示的是比例阀的开启百分度与温差之间的关系曲线图,实际温度与给定温度相差越大,阀门开启度越大,升温越快。本例中的加热系统没有制冷功能,当实际室温超过给定温度时,燃料阀门关闭,停止加热,降温通过室内热量自然散失实现。

因为比例控制系统利用设定信号与反馈信号之差产生控制信号,因此系统输出和期望值之间总是存在误差(又称为残差),加大比例系数,可以加快调节,减小误差,但是过大

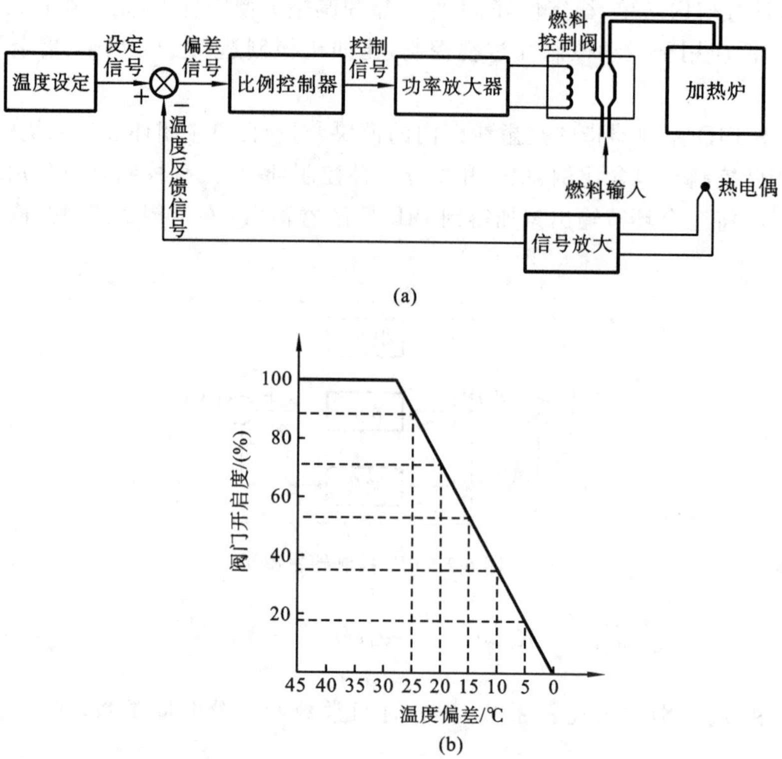

(a)

(b)

图6-8　基于比例控制的室温调节系统

（a）比例控制的室温调节系统框图　（b）阀门开启度与温差的关系

的比例系数,可能会导致系统稳定性下降,甚至造成系统不稳定。如果希望消除残余误差,可以加入积分控制。

2. 积分控制

一个自动控制系统如果进入稳态后仍存在误差,则认为这个系统有稳态误差,或称其为有差系统。在控制器中引入"积分项"可以消除稳态误差。由式(6-1)的积分项可见,积分控制器的输出正比于输入信号 $e(t)$ 对时间 t 的积分。积分控制的作用在于:只要控制系统还存在着静态误差,就会有一个虽然很小却逐渐增强的校正作用,直到将这个偏差减到零。积分控制不能单独使用,需要与其他控制器相结合,比如与比例控制一起构成比例-积分(PI)控制,PI控制器的输入输出关系如式(6-3)所示。

$$u(t) = K_p \left[e(t) + \frac{1}{T_i} \int e(t) \, dt \right] \tag{6-3}$$

3. 微分控制

比例控制利用指令信号与反馈信号之差产生控制信号。加大比例系数,理论上可以加快调节过程,减小误差,但是如果比例放大器的增益过高,则会导致系统不稳定,会有超调甚至振荡发生。引入微分控制模式,可以在减小超调量的同时让被控变量快速地返回设定点。

微分控制器以控制系统的误差信号作为输入,由式(6-1)的微分项可见,微分控制器的输出正比于输入信号 $e(t)$ 对时间 t 的导数,也就是说微分控制器的输出与控制系统的误差信号的变化率成正比。误差信号的变化越快,微分输出越大;误差信号稳定不变,则微分输出为零。可见微分调节作用具有预见性,能预见偏差变化的趋势,因此能产生超前的控制作用,使得偏差在还没有形成之前,已被微分调节作用消除,因此可以改善系统的动态性能。在微分时间选择合适的情况下,微分作用可以减小超调,从而减少调节时间。

对有较大惯性或滞后的被控对象,微分控制器能改善系统在调节过程中的动态特性,但微分作用对噪声干扰有放大作用,过强的微分调节,对系统的抗干扰不利。此外,微分作用是对误差的变化率作出反应,而当输入没有变化时,微分作用输出为零。微分控制也不能单独使用,通常与其他两种控制器相结合,组成比例-微分(PD)或比例-积分-微分(PID)控制器,PD 控制器的输入输出关系如式(6-4)所示。

$$u(t) = K_{\mathrm{p}}\left[e(t) + T_{\mathrm{d}} \frac{\mathrm{d}e(t)}{\mathrm{d}t}\right] \tag{6-4}$$

4. 比例-积分-微分控制

图 6-9 所示的是一个同时含有比例、积分和微分控制器的机械手位置随动控制系统。机械手的实际位置由位置传感器实时检测,给定信号和位置反馈信号经过比较器后产生位置误差信号,误差信号被同时送到比例控制器、积分控制器和微分控制器的输入端,三个控制器的输出在加法器中相加后被送到功率放大器输入端,经功率放大后驱动电动机转动,经过机械传动后驱动机械手朝着期望的位置移动。

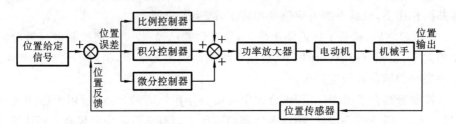

图 6-9　使用 PID 控制器的机械手位置随动控制系统

图 6-10 所示为该系统跟随输入信号的响应曲线,叙述如下。

(1) 在 A 时刻之前,给定信号不变,机械手完全跟随位置给定指令,也就是给定信号和输出信号完全一致,位置偏差为零。

(2) 从 A 时刻到 B 时刻,位置给定信号以稳定的速率爬升。由于惯性作用,开始时机械手移动速度比较慢,位置误差信号的幅度逐步增大,误差信号被输入三个控制器:比例控制器的输出与误差信号大小成正比;由于位置偏差信号在增大,所以微分控制器有信号输出;积分控制器的作用是对误差信号进行积分,由于这时的误差较大,所以积分控制器的输出很快就饱和(幅度很小)。三个控制器的输出在加法器中相加后输入功率放大器,通过功率放大器驱动使得机械手的移动逐步加快,但误差信号的幅度仍逐步增大。

(3) 从 B 时刻到 C 时刻,位置误差逐步趋向稳定,也就是误差变化越来越小,因此微分作用逐步减弱,比例控制器和积分控制器继续作用。

(4) 从 C 时刻开始,机械手移动的速度跟上了位置给定信号的变化速度,机械手以一

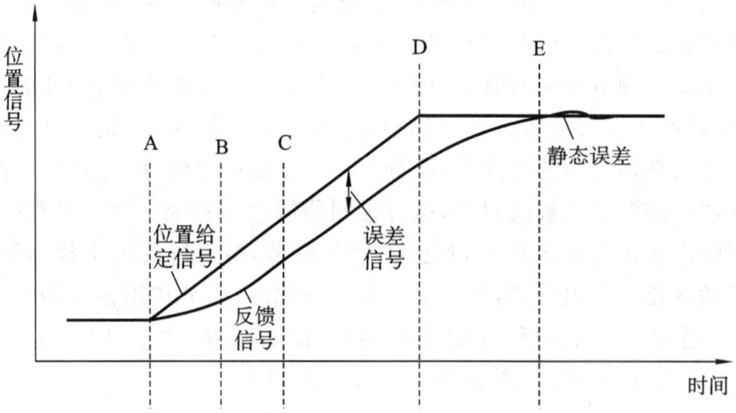

图 6-10　使用 PID 控制器的机械手控制系统响应曲线

定的位置误差跟踪给定信号，也就是说误差信号基本没有变化，所以微分控制器的输出为零，比例控制器和积分控制器继续作用。

（5）在 D 时刻，位置给定信号停止变化，此时机械手尚没有到达目标位置，且位置误差信号不为零，比例控制器和积分控制器继续输出信号，驱动机械手继续移动。

（6）从 D 时刻到 E 时刻，在比例控制器和积分控制器的共同作用下，位置误差信号的幅度开始减小，因此微分控制器也开始作用，微分控制有助于改善系统的动态特性，在 PID 控制器共同作用下，机械手的响应速度加快了，减小了超调。

（7）E 时刻之后，机械手接近期望位置，位置误差已经很小，比例控制器与微分控制器的输出趋向零，在积分控制器作用下，机械手将剩余的距离走完，消除了残余位置误差，最终机械手完全跟随位置给定指令。

PID 控制器结合了比例作用、积分作用与微分作用三者的优点，适用于那些负载变化频繁、扰动大，而系统在稳定性、响应迅速和精度等方面要求高的应用场合。PID 控制器具有结构简单、稳定性好、工作可靠和调整方便等优点，是工业控制应用的主要技术之一。

6.3.3　多闭环控制

在闭环反馈控制系统中，不管是外部扰动还是系统负载变化导致被控量偏离规定值，都会产生相应的控制作用去消除偏差。对于一般的应用，单一闭环回路的反馈控制已经可以及时响应被控变量的变化。但有些应用，例如化工设备的温度控制，由于被控对象的时间常数较大，单闭环控制系统对扰动不能及时响应，这时采用多闭环控制可以提供更迅速的响应。以图 6-11 所示的反应过程温度控制为例，A、B 两种液体经过搅拌混合器混合，然后缓慢通过热交换器，控制目标是保持恒定温度，保证液体混合反应的效果。

采用单一回路反馈控制系统时，控制系统通过温度传感器检测管道出口处混合液体的温度，根据温度值调整蒸汽阀门的开度，从而通过控制流入热交换器的蒸汽流量来调整混合液体的温度。当由于某种原因导致蒸汽管内压力下降时，如果阀门开度不变，则流入热交换器内的蒸汽量减少，交换器内的温度下降。由于交换器内部到管道出口有一定距

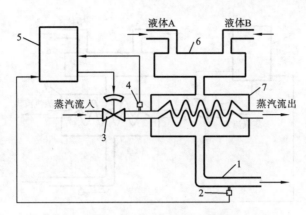

图 6-11 基于双闭环控制的反应过程温控系统
1—排出管道；2—温度传感器；3—蒸汽阀门；4—压力传感器；
5—控制器；6—搅拌混合器；7—热交换器

离,管道出口处的温度检测不能及时反映交换器内部温度的变化,控制系统无法及时通过调整阀门开度消除蒸汽压力波动带来的影响,因此采用单一回路反馈控制系统难以保证混合液体温度的稳定。

在本例中,蒸汽压力波动是主要的扰动因素,多闭环控制系统通过引入一个副回路,对操纵量(蒸汽压力)进行反馈控制。图 6-12 所示为采用双闭环控制的反应过程温控系统的结构框图,主控回路对被控变量(液体温度)进行反馈控制;蒸汽压力传感器和调节器 2 组成副反馈回路,压力传感器监测蒸汽压力的变化,蒸汽压力一旦发生变化,调节器 2 调整蒸汽阀门的开度,对蒸汽压力的变化作出反应,及时克服蒸汽压力波动的影响,因此该系统的整体响应速度更快、控制精度更高。

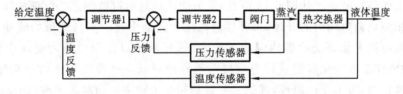

图 6-12 基于双闭环控制的反应过程温控系统结构框图

双闭环控制系统由于引入了一个副回路,不仅能及时克服进入副回路的扰动,而且还能改善过程特性。副控制器具有"粗调"的作用,主控制器具有"精调"的作用,从而使其控制品质得到进一步提高。

6.3.4 前馈控制

除了多闭环控制外,前馈控制也可以起到及时抵消干扰的作用。采用前馈控制的系统如图 6-13 所示,与图 6-11 所示系统不同的地方是压力传感器从蒸汽阀门的右侧移到左侧(进气口),图 6-14 为该系统的原理框图。本例通过蒸汽压力前馈控制来加快对压力波动的响应,闭环反馈回路仍是温度反馈。

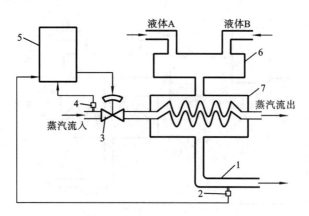

图 6-13　基于压力前馈控制的反应过程温度控制系统
1—排出管道;2—温度传感器;3—蒸汽阀门;4—压力传感器;
5—控制器;6—搅拌混合器;7—热交换器

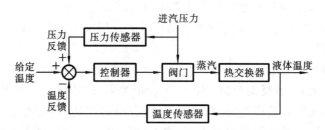

图 6-14　基于压力前馈控制的反应过程温控系统结构框图

　　假设蒸汽阀门开度保持不变,进气蒸汽压力波动时必然影响进气的流量,从而引起蒸汽所带进来的热量波动。从图 6-13 可见,压力前馈就是通过监测进气管道的压力,根据波动量大小相应地调整阀门的开度,来补偿蒸汽压力波动引起的蒸汽流量的波动,也就是通过调整蒸汽流量来保证交换器内温度的稳定,这样就可以在蒸汽压力变化引起(排出管道)流出的液体温度变化前把这种影响提前消除或降低。这种按外扰信号实施控制的方式称为前馈控制,按不变性原理,理论上可做到完全消除主扰动对系统输出的影响。

　　前馈控制能迅速有效地补偿外扰对整个系统的影响,并利于提高控制精度。前馈控制属于开环控制,前馈控制只针对特定的干扰,但因为难以掌握特定干扰的完整规律,再加上系统还存在其他干扰,因此实际应用中通常将前馈控制和反馈控制构成复合控制,利用前馈控制对主要扰动做部分补偿,通过反馈控制消除其余干扰的影响。

　　前馈控制主要用于下列场合:

　　• 干扰幅值大而频繁,对被控变量影响剧烈,单纯反馈控制达不到要求时;

　　• 主要干扰是可测不可控的变量;

　　• 对象的控制通道滞后大、反馈控制不及时、控制质量差时,可采用前馈和反馈复合控制系统,以提高控制质量。

6.4 先进控制方法

对于大多数应用,经典的 PID 控制已经能够满足要求。但一些复杂的制造过程或对象,如炼油过程控制、多关节机器人控制或航天航空控制系统,往往需要更先进的方法来实现精确的控制。先进控制方法的目标就是解决那些采用常规控制效果不佳,甚至难以解决的复杂工业控制问题。先进控制方法的实现通常需要足够的计算能力作为支撑,目前主流的先进控制技术包括:模糊控制、最优化控制、自适应控制、专家控制、神经网络控制、学习控制和鲁棒控制等。

6.4.1 模糊控制

PID 控制利用数学方程或逻辑表达式来实现控制过程。但在某些类型的应用中,其数学模型非常复杂,常常无法写出它们的数学函数,或者能够写出来,但计算量巨大。

模糊逻辑是人工智能(AI)的一种形式,能够使计算机模仿人的思维。人在做决断的时候,常常通过自己的生理感知器官来接收当前的状况信息。人的反应基于由各自的知识和经验形成的规则。不过,最后用到的并非一成不变的规则,每一个规则都根据其重要性被赋予不同的权重。人的思维将信息按重要程度区分开来,并据此做出相应的行为。模糊逻辑就是按照相似的方式进行决策运作的。模糊理论主要包括模糊集合理论、模糊逻辑、模糊推理和模糊控制等方面的内容。它允许领域中存在"非完全属于"和"非完全不属于"等集合的情况,即相对属于的概念;并将"属于"观念数量化,承认领域中不同的元素对于同一集合有不同的隶属度,借以描述元素和集合的关系,并进行量度。

使用模糊控制时,技术人员只需将人类专家对特定的被控对象或过程的控制策略总结成一系列以"IF(条件)-THEN(作用)"形式表示的控制规则,而不必去建立复杂的数学公式,然后由模糊推理将控制规则根据其隶属度转换为精确的数学形式,从而可以实现计算机控制。模糊逻辑技术将估计方法应用于程序结构中,因此它的控制程序所使用的规则数量只是常规控制系统的 1/10。这就缩短了程序的编写时间,而程序执行速度也变得更快。模糊控制系统原理如图 6-15 所示,图中虚线框内的模块属于模糊控制器。模糊控制一般通过微处理器或计算机软件实现,因此控制器的输入信号先经过 A/D 转换,把模拟信号转换为数字信号。同样,控制器的输出信号通过 D/A 转换,把数字信号转换为模拟信号,再输送给执行器。进行控制决策前先对输入信号做模糊化处理,模糊决策模块根据输入信号查询知识库(含数据库和规则库),并作出控制决策,因为控制系统只接收精确的控制指令,因此控制器的决策输出,要先进行去模糊化处理,得到精确的控制指令信息,再输出给 D/A 转换模块。

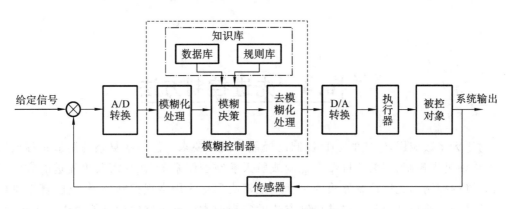

图 6-15　模糊控制系统原理框图

目前,模糊控制在工业控制领域、家用电器自动化领域和其他很多行业中已经被普遍接受并产生了积极的效益,比如洗衣机、吸尘器、化工过程中温度控制和物料配比控制。在现代汽车中,防包系统(ABS)、变速控制、车身弹性缓冲系统及巡航控制系统等部件中,已经广泛地使用模糊技术。

6.4.2　最优化控制

控制系统的最优化控制问题一般提法为:对于某个由动态方程描述的系统,在某初始和终端状态条件下,从系统所允许的某控制系统集合中寻找一个控制,使得给定的系统的性能目标函数达到最优。

经典控制理论在已知被控对象传递函数的基础上分析系统的稳定性、快速性(过渡过程的快慢)及稳态误差等;现代控制理论在状态方程和输出方程的基础上分析系统的稳定性、能控性、能观性等。综合(或设计)的任务是设计系统控制器,使闭环反馈系统达到要求的各种性能指标。经典控制里采用的是常规综合,设计指标是满足系统的某些笼统的要求(基于传递函数的频域指标),如稳定性、快速性及稳态误差;而现代控制采用的是最优综合(控制),设计指标是确保系统某项指标最优,如最短时间、最低能耗等。经典控制理论主要采用输出反馈,而现代控制基于内部状态反馈,状态反馈可以为系统控制提供更多的信息反馈,从而实现更优的控制。

最优化控制理论是现代控制理论的重要内容,近几十年的研究与应用使最优化控制理论成为现代控制论中的一大分支。计算机的发展已使过去难以实现的复杂计算成为可能,最优化控制的思想和方法在工程技术实践中得到越来越广泛的应用。应用最优化控制理论和方法可以在严密的数学基础上找出满足一定性能优化要求的系统最优控制律,这种控制律可以是时间的显式函数,也可以是系统状态反馈或系统输出反馈的反馈律。常用的最优化求解方法有牛顿法、动态规划、模拟退火算法和遗传算法等。最优化控制理论的应用领域十分广泛,如时间最短、能耗最小、线性二次型指标最优、跟踪问题、调节问题和伺服机构问题等。

6.4.3 自适应控制

在日常生活中,自适应是指生物能改变自己的习性以适应新的环境的一种特征。因此,直观地讲,自适应控制器应当是这样一种控制器:它能修正自己的特性以适应对象和扰动的动态特性的变化。

自适应控制的研究对象是具有一定程度不确定性的系统,这里的"不确定性"是指描述被控对象及其环境的数学模型不是完全确定的,其中包含一些未知因素和随机因素。任何一个实际系统都具有不同程度的不确定性,这些不确定性有时表现在系统内部,有时表现在系统外部。从系统内部来讲,描述被控对象的数学模型的结构和参数,设计者事先并不一定能准确知道。而外部环境对系统的影响,可以等效地用许多扰动来表示。这些扰动通常是不可预测的。此外,还有一些测量时产生的不确定因素进入系统。面对这些客观存在的各种各样的不确定性,如何设计适当的控制作用,使得某一指定的性能指标达到并保持最优或者近似最优,这就是自适应控制所要研究和解决的问题。

自适应控制也是一种基于数学模型的控制方法,经典控制方法需要精确的模型,而模型和扰动的先验知识比较少时可以使用自适应控制,自适应控制在系统的运行过程中通过不断提取有关模型的信息,使模型逐步完善。具体地说,可以依据对象的输入输出数据,不断地辨识模型参数,这个过程称为系统的在线辨识。随着生产过程的不断进行,通过在线辨识,模型会变得越来越准确,越来越接近于实际。既然模型在不断改进,显然,基于这种模型综合出来的控制作用也将随之不断改进。在这个意义下,控制系统具有一定的适应能力。比如说,在设计阶段,由于对象特性的初始信息比较缺乏,系统在刚开始投入运行时可能性能不理想,但是只要经过一段时间的运行,通过在线辨识和控制以后,控制系统逐渐适应,最终将自身调整到一个良好的工作状态。再比如某些控制对象,其特性可能在运行过程中要发生较大的变化,但通过在线辨识和改变控制器参数,系统也能逐渐适应。

图 6-16 所示是一种间接自适应控制系统,该系统利用神经网络估计器辨识被控对象的数学模型。本例中假设被控对象的数学模型是单变量非线性函数 $y(t)=f(y(t))+g(y(t))u(t)$,对应的常规控制器通常是 $f(y(t))$ 和 $g(y(t))$ 的非线性映射函数。系统运行过程中,神经网络估计器根据被控对象的输入 $u(t)$ 和输出 $y(t)$,对被控对象模型函数 $f(y(t))$ 和 $g(y(t))$ 不断进行在线辨识逼近,这里记模型估计函数为 $\hat{f}(y(t))$ 和 $\dot{g}(y(t))$。

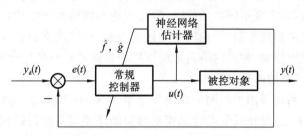

图 6-16 一种间接自适应控制系统

神经网络估计器根据估算结果调整常规控制器,令其输出 $u(t) = \left[y_d(t) - \hat{f}(y(t)) \right] / \hat{g}(y(t))$;根据被控对象的数学模型,如果辨识估计结果接近真实函数即 $f(y(t)) \approx \hat{f}(y(t))$ 和 $g(y(t)) \approx \hat{g}(y(t))$,则输出 $y(t) \approx y_d(t)$。可见,自适应控制通过不断辨识估计,得到被控对象越来越接近真实的数学模型,从而可以实现精密控制。

常规的反馈控制系统对于系统内部特性的变化和外部扰动的影响都具有一定的抑制能力,但是由于控制器参数是固定的,所以当系统内部特性变化或者外部扰动的变化幅度很大时,系统的性能常常会大幅度下降,甚至出现不稳定。所以对那些对象特性或扰动特性变化范围很大,同时又要求经常保持高性能指标的一类系统,采取自适应控制是合适的。但是同时也应当指出,自适应控制比常规反馈控制要复杂得多,运算成本也高得多,因此只在用常规反馈控制达不到所期望的性能时,才会考虑采用。

自适应控制是控制科学与工程界最活跃的前沿领域之一,也是现代控制理论的重要组成部分和研究热点,其理论和技术日趋成熟,应用不断扩大。典型的自适应控制方法包括模型参考自适应控制、自校正控制、变结构控制、混合自适应控制、模糊自适应控制、鲁棒自适应控制等。自适应控制理论已经在航空航天、机器人、冶金、造纸、啤酒酿造、航海、水电站、机车控制、化工、窑炉控制、水下勘探等众多的工程技术领域得到了成功的应用,取得了显著的社会效益与经济效益。

6.4.4 神经网络控制

人工神经网络(artificial neural network,ANN)简称神经网络(NN),是一种模仿生物神经网络行为特征进行分布式并行信息处理的算法模型,神经网络通过调整内部节点之间相互连接的关系,达到处理信息的目的。神经元是神经网络的基本处理单元,是一种多输入、单输出的非线性元件。利用大量的神经元可以构成各种不同拓扑结构的神经网络,就神经网络的主要连接形式而言,目前有数十种不同的神经网络模型,其中前馈型网络和反馈型网络是两种典型的结构模型。

神经网络具有强大的非线性映射能力、并行处理能力、容错能力以及自学习自适应能力,可以处理难以用模型或规则描述的过程或系统,因此神经网络非常适合用于不确定复杂系统的建模与控制。神经网络在控制系统中可以充当对象的模型、控制器、优化计算环节等,其按功能可以分为两类:一是神经网络直接作为控制器构造智能控制系统;二是与其他控制器结合,利用神经网络的学习和优化能力来改善其他控制器的控制性能。在控制系统中应用神经网络实现不同的功能时,需要构造不同的系统结构,常见的神经网络控制系统包括:神经网络监督控制、神经网络直接逆控制、神经网络自适应控制、神经网络内模控制、神经网络预测控制、神经网络自适应评判控制和神经网络混合控制。图 6-17 所示是神经网络直接逆控制的两种结构方案。

图 6-17(a)所示系统采用神经网络作为控制器,NN1 和 NN2 的网络结构完全相同,并采用相同的学习算法,通过在线学习建立控制对象的逆模型。运行过程中,系统根据偏差 $e(t)$ 不断调整两个网络的权值,从图 6-17(a)可知 NN2 的输入输出与被控对象的输入输出正好相反,当偏差 $e(t) = 0$ 时 $u(t) = u_n(t)$,这表明 NN2 正确辨识了被控对象的逆模型,因

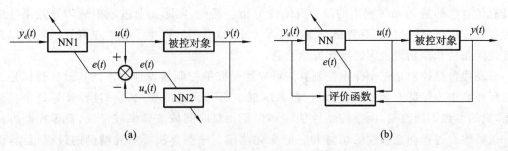

图 6-17　神经网络直接逆控制的两种结构方案

为 NN1 与 NN2 网络结构相同,记被控对象的模型为 $y(t) = F(u(t))$,则 NN2、NN1 的模型分别为 $u_n(t) = F^{-1}(y(t))$, $u(t) = F^{-1}(y_d(t))$ 。由 $u(t) = u_n(t)$ 可得到 $y(t) = y_d(t)$,也就是系统实现了对输入信号的准确跟踪。图 6-17(b)所示系统也采用神经网络 NN 作为控制器,运行过程中,系统通过评价函数不断对 $y_d(t)$ 、$y(t)$ 和 $u(t)$ 进行评价,并根据偏差 $e(t)$ 调整网络的权值,当 $e(t) = 0$ 时,表明 NN 正确辨识了被控对象的逆模型,记被控对象的模型为 $y(t) = F(u(t))$,则 NN 的模型为 $u(t) = F^{-1}(y_d(t))$,则有 $y(t) = F(F^{-1}(y_d(t))) = y_d(t)$,从而实现了对被控对象的逆控制。

当前用于控制系统的常用神经网络包括 BP 神经网络、径向基函数(RBF)神经网络、卷积神经网络(CNN)等。学习是神经网络体现智能特性的关键,神经网络控制系统的学习就是根据控制系统的实时输入、输出和中间状态信息,对神经网络的连接权进行调节或网络结构进行微调,目标是优化控制器的模型,使得控制系统的实际输出能精确跟随系统的输入指令。目前神经网络的学习方法有多种,按有无监督来分类,可分为有监督学习、无监督学习和强化学习等几大类。

神经网络广泛应用于模式识别、信号处理、知识工程、优化组合、机器人控制等领域,将神经网络与专家系统、模糊逻辑、遗传算法等相结合,可设计新型智能控制系统。CPU、GPU 和 FPGA 等微电子、计算和网络等技术的迅速发展,极大地提升了大数据的运算、存储和传输等处理能力。神经网络研究于 2006 年掀起了第三次浪潮,"深度学习"这一术语逐步替代了以往的"神经网络"的提法,在系统控制领域,深度学习和强化学习相结合形成的深度强化学习理论,广泛应用于机器人控制、无人驾驶和任务规划等诸多领域。

6.4.5　鲁棒控制

鲁棒性(robustness)是指系统的健壮性。它是在异常和危险情况下系统生存的关键。比如说计算机软件在输入错误、磁盘故障、网络过载或有意攻击情况下,能否不死机、不崩溃,就是该软件的鲁棒性。控制系统的"鲁棒性",是指控制系统在一定(结构或大小等)的参数摄动下,维持某些性能的特性。根据性能的不同定义,鲁棒性可分为稳定鲁棒性和性能鲁棒性。以闭环系统的鲁棒性作为目标设计得到的固定控制器称为鲁棒控制器。

由于工作状况变动、外部干扰以及建模误差的缘故,实际工业过程的精确模型很难得到,而系统的各种故障也将导致模型的不确定性,因此可以说模型的不确定性在控制系统中广泛存在。关于鲁棒控制的早期研究,主要针对单变量系统在微小摄动下的不确定性,

具有代表性的是 Zames 提出的微分灵敏度分析。然而,实际工业过程中故障导致系统中参数的变化,这种变化是有界摄动而不是无穷小摄动,因此产生了参数在有界摄动下以系统性能保持和控制为内容的现代鲁棒控制。

现代鲁棒控制是一个侧重控制算法可靠性研究的控制器设计方法。其设计目标是在实际环境中为保证安全要求,确定控制系统最少必须满足的要求。一旦设计好这个控制器,它的参数不能改变,而且控制性能能够保证。对时间域或频率域来说,鲁棒控制方法一般要假设过程动态特性的信息和它的变化范围。一些算法不需要精确的过程模型,但需要一些离线辨识。一般鲁棒控制系统的设计是以一些最差的情况为基础,因此一般系统并不工作在最优状态。

鲁棒控制方法适用于将稳定性和可靠性作为首要目标的应用,同时过程的动态特性已知且不确定因素的变化范围可以预估。飞机和空间飞行器的控制是这类系统的例子。过程控制应用中,某些控制系统也可以用鲁棒控制方法设计,特别是对那些比较关键且不确定因素变化范围大和稳定裕度小的对象。

鲁棒控制系统的设计一般要由高级专家完成。一旦设计成功,就不需要太多的人工干预。另外,如果要升级或做重大调整,系统就要重新设计。

6.5　伺服与数控技术基础

数控技术是利用数字化信息对机械运动及加工过程进行控制的一种技术,它综合了自动控制理论、电子技术、计算机技术、精密测量技术和机械制造技术等多学科领域的最新成果。数控技术是现代先进制造技术的基础和核心,是实现智能制造、柔性制造、工厂自动化的重要基础技术之一。数控技术不仅用于数控机床,还广泛应用于机械、电子、半导体、食品、造纸和纺织等众多行业的自动化制造、装配和测量等装备,如工业机器人、电子元件贴装机、半导体光刻机、增材制造的 3D 打印机和坐标测量机等。

6.5.1　数控机床的主要组成

数控机床是一种采用数控技术进行控制的机床,能够按照规定的数字化代码,把各种机械位移量、工艺参数、辅助功能(如刀具交换、冷却液开关等)表示出来,经过数控装置的逻辑处理与运算,发出各种控制指令,通过伺服装置驱动各主轴和运动轴等实现要求的机械动作,自动完成零件加工任务。在被加工零件或加工工序变换时,数控机床只需改变控制的指令程序就可以实现新的加工。

如图 6-18 所示,数控机床技术由机床本体、数控系统和外围技术组成。

1. 机床本体
机床本体主要由床身、立柱、工作台、导轨等基础件和刀库、刀架等配套件组成。

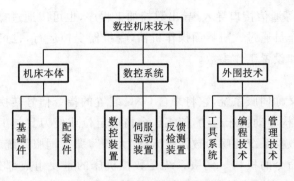

图 6-18 数控机床技术的组成

2. 数控系统

数控系统是一种程序控制系统,它按一定的逻辑和顺序编译和执行数控加工程序,控制数控机床的主轴和进给轴等相应的部件运动并加工出零件。典型数控系统的组成如图 6-19 所示,它由输入输出装置、计算机数控(computer numerical control,CNC)装置、可编程逻辑控制器(programmable logic controller,PLC)、主轴伺服驱动装置、进给轴伺服驱动装置以及检测反馈装置等组成。

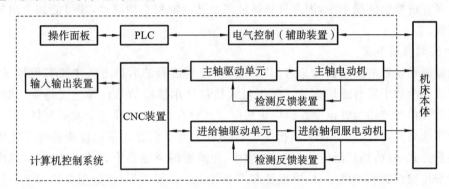

图 6-19 数控系统的组成

1)计算机数控装置

CNC 装置是实现加工过程控制的计算机系统,是数控系统的核心,CNC 装置通过编译和执行数控加工程序实现各种数控加工需要的功能。进行数控加工时,CNC 装置对数控加工程序逐段译码处理,将程序段的内容分成位置数据和控制指令,再根据数据和指令的性质进行各种流程处理,完成数控加工的各项功能。CNC 装置一般具有以下基本功能:坐标控制功能、主轴转速功能、准备功能、辅助功能、刀具功能、进给功能以及插补功能、自诊断功能等。有些功能可以根据机床的特点和用途进行选择,如固定循环功能、刀具半径补偿功能、通信功能、特殊的准备功能、人机对话编程功能、图形显示功能等。

通常将操作面板和输入输出装置一起称为人机界面(HMI),HMI 是操作人员与数控系统之间进行交互的工具。操作面板由键盘、指令按钮、指拨开关、指示灯和显示器等组成;输入输出设备是 CNC 装置与外部设备进行信息交互的装置,包括 USB 接口、网络接口、CF 卡/SD 卡或 RS-232C 接口等通信接口或介质。操作员可以通过 U 盘、CF 卡/SD

卡或 RS-232C 接口等通信接口导入/导出数控加工程序,也可以通过操作面板输入和编辑数控加工程序。操作员通过人机界面操作机器,令机器受控运行,也可以通过人机界面查看机器的运行状态和设置工作参数。

2)伺服驱动装置

伺服驱动装置又称伺服系统,它将来自 CNC 装置的指令信号转换放大后驱动执行电动机,再通过传动机构驱动机床运动,使工作台精确定位或使刀具与工件按规定的轨迹做相对运动。如果将数控系统比喻为数控机床的"大脑",那么伺服系统就是数控机床的"四肢",是执行"大脑"命令的机构。伺服系统是数控机床的重要组成部分,其性能直接影响数控机床的精度、速度和可靠性等技术指标;从某种意义上讲,数控机床的功能主要取决于数控系统,性能主要取决于伺服系统。

数控机床的伺服系统包括进给轴驱动单元、主轴驱动单元和它们相应的执行电动机。进给轴伺服驱动器接收数控装置发出的位置和速度指令,将其转换成进给伺服电动机的转角和转速信号,驱动伺服电动机转动,伺服电动机通过传动机构驱动机床的工作台或刀具运动。主轴伺服驱动系统的作用是驱动主轴电动机按指令信号规定的速度旋转,实现主轴速度控制,为数控机床的主轴提供宽的调速范围和足够大的切削功率。数控机床一般配有多套进给轴伺服系统,因为只有通过多个进给轴和主轴联动,才可能加工出复杂轮廓的零件。

3)实时通信系统

伺服驱动装置的控制信号来自 CNC 装置,控制信号的通信方式主要有模拟量方式、脉冲方式和全数字实时通信方式。模拟量式接口使用模拟信号传输速度指令,脉冲式接口使用脉冲信号传输位置指令。模拟量通信方式存在精度差、易受干扰等问题,而脉冲方式抗干扰能力强,传输的位置增量指令同时附带了速度信息。模拟量或脉冲方式属于一对一通信方式,目前仍广泛应用,适合轴数少、距离近的类似集中式的运动控制,脉冲方式一般用来传输位置和速度指令,模拟量方式一般用来设置力矩/转矩指令。对于多轴或大型控制设备,模拟量或脉冲方式接线复杂,传输距离受限制,可传输的脉冲在频率上也有限制,难以实现复杂、高精度的多轴同步运动控制。随着通信技术的发展,数控装置和伺服驱动器之间的信息传输,目前逐步转向采用现场总线或实时以太网等接口的全数字实时通信方式。全数字实时通信方式采用数字形式传输指令和状态信息反馈,不但解决了高速、高精度控制所需要的实时大数据量的指令传输和信息反馈的问题,而且接线简单,系统扩展方便。

4)检测反馈装置

检测反馈装置主要用于闭环和半闭环控制系统。图 6-19 所示的数控系统,检测装置检测出主轴或进给轴实际的位移量/速度值,反馈给 CNC 装置的比较器,与 CNC 装置发出的指令信号比较,如果差值不为零,就发出伺服控制信号,控制数控机床移动部件向消除该差值的方向移动。伺服驱动器通过不断比较指令信号与反馈信号来进行控制,直到差值为零,运动停止。数控机床常用的检测装置包括编码器、光栅、磁栅、旋转变压器和感应同步器等。

5）可编程逻辑控制器

数控系统除了要对进给轴和主轴进行轮廓轨迹控制和点位控制外,还需要根据预先设置的逻辑顺序程序对周边辅助装置进行控制,如主轴的启停、换向,刀具的更换,工件的夹紧与松开,润滑、冷却、液压系统的启动和停止等,这些辅助装置的控制相对简单,主要由 PLC 来完成。PLC 可以是 PLC 厂家生产的独立 PLC 控制器,也可以是数控装置内部集成的 PLC 模块,比如基于工业控制计算机(industrial personal computer,IPC)的数控装置一般都集成了 PLC 模块。

3. 外围技术

数控机床的外围技术主要包括工具系统(主要指刀具系统)、编程技术和管理技术。

6.5.2　数控机床的运动控制轨迹分类

根据数控机床运动控制轨迹的不同,数控机床可分成点位控制、直线控制和轮廓控制三种类型,如图 6-20 所示。

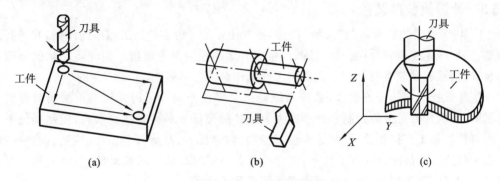

图 6-20　数控机床的运动轨迹控制方式

(a)点位控制　(b)直线控制　(c)轮廓控制

1）点位控制数控机床

点位控制数控机床只能控制刀具或工作台进给运动的起点和终点位置,由起点到终点的运动轨迹由系统设定,一般用于移动过程中不需要进行任何加工的场合,如图 6-20(a)所示,数控机床在指定位置钻孔,这类数控机床包括数控钻床、数控坐标镗床、数控压力机和数控测量机等。3C 行业的贴片机、插件机等的运动控制也主要是点位运动控制。相应的数控装置要求具有快速、稳定的定位性能,因此在运动的加速段和减速段,一般需要采用不同的加减速控制策略,比如梯形或 S 形加减速曲线。

2）直线控制数控机床

直线控制数控机床控制刀具或工作台以给定的进给速度,按直线运动规律做进给运动,从指定的起点运动到终点。如图 6-20(b)所示,直线控制数控机床主要用于切削加工,这类数控机床包括简易数控机床、数控铣床等。

3）轮廓控制数控机床

如图 6-20(c)所示,轮廓控制数控机床能够对两个或两个以上运动轴的位移和速度同时进行连续相关的控制,使刀具与工件间的相对运动符合工件加工轮廓要求,这类机床在加工过程中,每时每刻都对各运动轴的位移和速度进行严格的不间断的控制;对小线段进行加工时,有多段程序预处理功能。数控车床、数控铣床、加工中心等都具有轮廓加工控制能力。

根据同时控制坐标轴的数目,轮廓控制数控机床可分为两轴联动、两轴半联动、三轴联动、四轴和五轴联动等类型。多个轴之间的运动协调控制,一般通过电子齿轮箱和电子凸轮功能实现,可以是多个轴在运动全程中进行同步,也可以是在运动过程中局部有速度同步。两轴联动可以实现二维直线、圆弧、曲线的轨迹控制。两轴半联动除了控制两个坐标轴联动外,还控制第三坐标轴做周期性进给运动,可以实现简单曲面的轨迹控制。三轴联动同时控制 X、Y、Z 三个直线坐标轴联动,实现曲面的轨迹控制。四轴或五轴联动除了控制 X、Y、Z 三个直线坐标轴外,还能控制一个或两个回转坐标轴,如工作台的旋转、刀具的摆动等,从而实现复杂曲面的轨迹控制。

6.5.3 计算机数控装置

CNC 装置是数控机床的"大脑",它的基本任务是负责零件加工程序的译码,并进行曲线插补、加减速控制和补偿控制,进而产生实时运动控制指令输出给相应运动轴的伺服驱动装置,伺服驱动装置根据指令驱动机床的工作台或刀具运动,实现零件的加工。

实际数控系统的任务很多,数控系统是一个多任务调度运行系统。根据实时性要求的不同,系统任务可分为控制和管理两大类。控制类任务对实时性要求高,控制类任务的工作与数控加工直接相关,可细分为位置控制、轨迹插补、指令译码、I/O 控制、误差控制、状态实时监控与故障诊断等子任务;管理类任务对实时性的要求相对低,包括人机交互管理、显示管理、数据管理、通信管理和网络管理等子任务。

早期的数控系统硬件和软件基本都由数控系统生产厂家自行开发,存在开发周期长、功能更新换代慢、系统扩展困难和不同厂家的数控系统不兼容等问题。随着微电子、计算机软件和通信技术的快速发展,当前个人计算机(PC)拥有强大的算力和丰富的软件、硬件资源,而且 PC 系统平台具有良好的开放性和可扩展性,以 PC 操作系统为平台开发数控系统,不但可以借鉴、使用 PC 的全部资源和最新的成果,还能充分利用 PC 软件、硬件高速发展的优势,当前基于 IPC 的数控系统已成为中高端数控系统的主流发展方向。

基于 IPC 的数控系统可以分为基于运动控制卡(或运动控制模块、运动控制器)结构的数控系统和基于专用计算机的嵌入式结构的数控系统。基于运动控制器结构的数控系统,把运动控制卡插入 IPC 内部,或通过现场总线/工业以太网等数字通信方式将运动控制模块与 IPC 连接。运动控制、逻辑控制等实时性要求高的任务由运动控制器完成,运动控制器通常选用高速 DSP、FPGA 或 ASIC 作为运算处理器,具有很强的实时运动控制和PLC 控制能力;而管理类任务以 PC 为平台实现。基于专用计算机的嵌入式结构的数控系统,管理类的应用程序也是以 PC 操作系统为平台开发,而实现实时控制任务的硬件则由数控系统厂商自主开发。比如华中 8 型数控系统采用上下位机结构:上位机 IPC 采用具有强大性能处理器的通用计算机,运行通用 PC 的操作系统;下位机独占一个性能较低的处理器和专门的处理硬件,负责加工控制、现场总线通信等对实时性要求较高的任务。

基于 IPC 的数控系统以 PC 为平台完成管理类任务,一方面提供了友好的人机交互界面,另一方面支持用户定制,确保了系统的开放性。这样将 PC 的信息处理能力和开放式的特点与运动控制器(或嵌入式控制器)的实时运动轨迹控制能力有机地结合在一起,具有信息处理能力强、开放程度高、运动轨迹控制准确、通用性好的优势。

目前主流数控系统的国内知名企业包括华中数控、广州数控、沈阳机床、北京凯恩帝、北京精雕、台湾宝元和新代等;国外厂商包括西门子(Siemens)、德玛吉(DMG)、马扎克(MAZAK)、发那科(FANUC)、三菱(Mitsubishi)、海德汉(Heidenhan)、施耐德(Schneider)、法格(FAGOR)、博世力士乐(Bosch Rexroth)、大隈(OKUMA)、哈斯(Hass)和赫克(Hurco)。

6.5.4　检测反馈装置

检测反馈装置将运动部件的实际位置、速度、方向、基准位置和极限位置等参数加以检测,转换为电信号反馈给数控装置或伺服驱动器模块。闭环控制系统依靠反馈装置的输出来了解系统的实际输出状态,以便与指令信号进行比较。检测反馈装置在闭环控制系统中非常重要,高精度的检测传感是高精度伺服控制的关键。具体选用何种装置作为检测反馈模块,取决于工作环境、精确度和成本等因素。按所实现功能的不同,检测反馈装置可分为存在指示器和位置检测传感器。

1. 存在指示器

存在指示器的功能是将被控对象是否处于某个特定位置反馈给数控装置或伺服驱动器。例如在位置控制中,各运动轴行程的极限位置安装行程开关或光电开关来检测该运动轴是否超出安全行程;又比如出于安全的考虑,数控机床或工业机器人通常采用安全光幕或安全开关检测是否有人或物体进入有部件高速运动的空间。如图 6-21 所示,常用的存在指示器包括原点开关(又称零位开关)、行程(限位)开关、光电开关、安全光幕和接近检测器等。

2. 位置检测传感器

存在指示器只能检测被控对象是否处于某个特定位置,准确的位置控制需要使用能在整个行程内提供位置信息的检测传感器。如图 6-22 所示,数控机床伺服控制常用的位置检测传感器包括:编码器、光栅、磁栅、旋转变压器和感应同步器等。

1)编码器

编码器又称码盘,是一种旋转式测量元件,通常安装在被测运动轴上,随被测轴一起转动,可将被测轴的角位移转换成增量脉冲形式或唯一编码形式。编码器根据内部结构和检测方式可分为接触式、光电式和电磁式三种。

光电编码器由光栅盘和光电检测装置组成。光栅盘是在一定直径的圆板上等分地开通若干个长方形孔。由于光栅盘与电动机同轴,电动机旋转时,光栅盘与电动机同速旋转,由发光二极管等电子元件组成的检测装置检测输出若干脉冲信号,通过计算每秒光电编码器输出脉冲的个数就能反映当前电动机的转速。此外,为判断旋转方向,码盘还可提

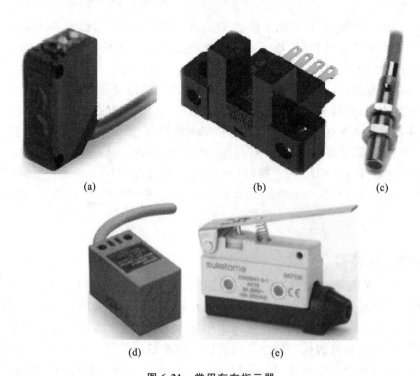

图 6-21　常用存在指示器

(a) 反射式光电开关　(b) U 形光电开关　(c),(d) 电感式接近开关　(e) 行程开关

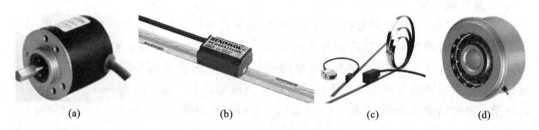

图 6-22　常用位置检测传感器

(a) 增量式光电编码器　(b) 光栅尺　(c) 磁栅尺　(d) 旋转变压器

供相位相差 $90°$ 的两路脉冲信号。光电编码器具有体积小、精度高、工作可靠、接口数字化等优点,广泛应用于数控机床、回转台、伺服传动、机器人、雷达、军事目标测定等需要检测角度的装置和设备中。数控机床进给轴伺服系统常用的永磁式同步交流伺服电动机已经包含光电编码器,用伺服电动机构造的半闭环伺服系统简单方便;数控机床的主轴伺服控制一般也采用光电编码器,检测反馈主轴的旋转角度和转速。

　　光电编码器包括增量型光电编码器和绝对型光电编码器。增量型编码器测量输出相对位移量,比如测量单位为 0.001 mm 时,每移动一个测量单位就发出一个测量信号,因此输出脉冲数并不表示轴的绝对旋转位置,需要对输出脉冲数做累加,才能获取轴的绝对旋转角度;绝对编码器的旋转角度位置由输出的编码读数来确定,一转内每个角度位置的编码读数是唯一的,因此绝对编码器在断电后重新上电也能正确输出当前的角度位置。绝对型光电编码器的结构比增量型光电编码器复杂,成本也更高。

2)光栅尺

光栅尺位移传感器(简称光栅尺),是利用光栅的光学原理工作的测量反馈装置。光栅尺一般作为高精度数控机床的位置检测装置,是闭环控制系统中用得较多的测量装置,可以用作位移和转角的测量。其测量输出的信号为数字脉冲,具有检测范围大、检测精度高、响应速度快的特点。常见光栅尺是根据物理上莫尔条纹的形成原理进行工作的,按照制造方法和光学原理的不同,可分为透射光栅位移传感器和反射光栅位移传感器。光栅尺位移传感器由标尺光栅和光栅读数头两部分组成。标尺光栅一般固定在机床活动部件上,光栅读数头装在机床固定部件上,指示光栅装在光栅读数头中。

光栅尺从形状上可分圆光栅和长光栅。长光栅用于直线位移的检测,圆光栅用于角位移的检测,光栅的检测精度较高,可达 $1\ \mu m$ 以上。圆光栅直接安装在转台上并接近转台的工作面,确保转台的设计小巧紧凑。旋转直驱电动机的位置检测反馈装置通常用圆光栅,直线直驱电动机的位置检测反馈通常采用长光栅。

3)磁栅

磁栅位移传感器是一种用电磁方法计算磁波数目的位置检测元件,按结构的不同可分为直线磁栅和圆形磁栅(也常称为磁栅尺和磁编码器),分别用于测量直线位移和角位移。磁栅位移传感器由磁尺、磁头和检测电路组成。直线磁尺是在磁性材料的表层或非导磁材料的磁性镀层上,准确地等距离磁化为 N 极和 S 极交替变化的直尺。磁头一般包含可饱和铁芯、励磁绕组和感应输出绕组,在励磁绕组输入交变电流,当磁头在磁尺表面附近有相对移动时,磁头的输出绕组中会产生正弦波形的感应电动势,通过检测电路对感应电动势信号进行滤波、放大和计数等处理,可获得磁头与磁尺的相对位移和速度。

磁栅位移传感器的优点是精度高、复制简单及安装方便等,且具有较好的稳定性,其可用于油污、粉尘较多的场合,因此在数控机床、精密机床和各种测量机上得到了广泛使用,例如机床的定位反馈系统、丝杠测量仪、电子千分尺、电子高度卡尺等。

4)旋转变压器

旋转变压器又称为同步分解器,是一种将角位移变换成电信号的旋转角度检测装置。旋转变压器由定子、转子组成,结构与两相绕线异步电动机类似。旋转变压器工作原理与普通变压器类似,定子绕组输入励磁电压信号,转子绕组作为变压器的二次侧;转子相对定子旋转时,由于电磁耦合转子绕组产生感应电动势,电动势的大小与转子位置有关。常用旋转变压器属于二极旋转变压器,其定子和转子绕组均由两个匝数相等、轴线互相垂直的绕组构成。用于位置检测时,旋转变压器有鉴相式和鉴幅式两种典型工作方式。旋转变压器具有结构简单、动作灵敏、对环境无特殊要求、输出信号幅度大和抗干扰性强等优点。旋转变压器常用于恶劣环境下大型设备伺服系统的旋转角度检测。

5)感应同步器

感应同步器与旋转变压器类似,是利用电磁耦合原理将直线位移转化成电信号的位置检测装置。感应同步器由定子和滑尺两部分组成,感应同步器可看作一个展开的多极旋转变压器。与旋转变压器一样,感应同步器也有鉴相式和鉴幅式两种工作方式;感应同步器的优缺点与旋转变压器也一样。感应同步器常用于恶劣环境下大型设备伺服系统的直线位移检测。

随着微电子和微处理器等技术的快速发展,目前光电编码器、光栅尺位移传感器和磁栅位移传感器性能大幅提升而成本快速下降。旋转变压器和感应同步器与旋转编码器、光栅和磁栅等相比,它们的信号处理电路复杂,而且精度低、成本高,因此数控机床、工业机器人等自动化设备的位置检测传感器一般优先选用旋转编码器、光栅或磁栅。

6.5.5　伺服驱动装置

伺服驱动装置是以机床移动部件的位置和速度为控制量的自动控制系统,又称伺服系统、位置随动系统或伺服机构。伺服系统是数控机床的"四肢",是执行"大脑(数控装置)"命令的机构。它接收来自 CNC 装置的指令信号,对指令信号进行解码和处理,再驱动相应的进给轴或主轴运动,并保证运动的快速和准确。

1. 数控机床伺服系统的控制对象

数控机床伺服控制包括主轴运动和进给(轴)伺服运动控制。进给伺服系统用来控制机床各坐标轴的进给运动,以直线运动为主。主轴伺服系统用来控制主轴的运动,以旋转运动为主。普通数控机床对主轴驱动控制要求相对简单,一般只要满足主轴调速及正、反转即可;而高性能数控机床为适应不同零件及不同加工工艺方法,要求主轴伺服系统能在很宽的范围内实现调速。

2. 数控机床对伺服系统的要求

数控机床对进给伺服系统的基本要求是:精度高、稳定性好、快速响应和电动机调速范围宽等。

(1)伺服系统的精度是指机床工作的实际位置复现数控装置指令信号的精确程度。数控加工对机床的定位精度和轮廓加工精度要求都比较高,一般定位精度要达到 $1\sim10$ μm,有的要求达到 $0.1\ \mu m$;而轮廓加工与速度控制和联动坐标的协调控制有关,对速度调节系统的抗负载干扰能力和动静态性能指标都有较高的要求。

(2)伺服系统的稳定性是指系统在突变的指令信号或外界扰动的作用下,能够以最大的速度达到新的或恢复到原有的平衡位置的能力。稳定性是直接影响数控加工精度和表面粗糙度的重要指标,较强的抗干扰能力是获得均匀进给速度的重要保证。

(3)快速响应是伺服系统动态品质的一项重要指标,它反映了系统对插补指令的跟踪精度。在加工过程中,为了保证轮廓的加工精度,降低表面粗糙度,要求系统跟踪指令信号的速度要快,过渡时间尽可能短,而且无超调,一般应在 200 ms 以内,甚至小于几十毫秒。

(4)调速范围是指数控机床要求电动机能提供的最高转速和最低转速之比。在数控加工过程中,切削速度因加工刀具、被加工材料以及零件加工要求的不同而不同。为保证在任何条件下都能获得最佳的切削速度,进给系统必须提供较大的调速范围,目前高端数控机床的主轴转速已经可以达到 20000 r/min。

(5)机床加工的特点是低速时进行重切削,这就要求伺服系统在低速时提供较大的输出转矩。

（6）对环境（如温度、湿度、粉尘、油污、振动和电磁干扰等）的适应性强，性能稳定，使用寿命长，平均无故障时间间隔长。

为了实现高速、高精度加工，高性能数控机床对主轴伺服系统的要求，与对进给伺服系统的要求类似；此外，进给轴和主轴伺服还要求具备热补偿和振动抑制功能。

3. 常用伺服执行器

执行器是可以提供直线或旋转运动的驱动装置，伺服执行器可分为液动式执行机构、气动式执行机构和电动式执行机构。

液动式执行机构主要包括往复运动油缸、回转油缸，液压马达等。液动式执行机构的优点是输出力矩大，可以直接驱动机械运动机构，转矩惯量比大，过载能力强，可承受频繁动作冲击，适合于重载的高加减速驱动，在轧制、成形、建筑等重型机械和汽车、飞机上应用较广泛，其主要缺点是结构复杂和占用空间较大等。

气动式执行机构采用压缩空气作为工作介质，执行装置包括气缸、气动马达等。利用气缸可以实现高速直线运动，且结构简单、价格便宜，适用于工件的夹紧、输送等生产线自动化场景；气动系统能够快速地完成撞停等简单动作，但较难实现高精度的位置控制和速度控制。

常用电动式执行机构包括电动机、电动缸等，电动式执行机构具有体积小、速度快、灵敏度和精度高、安装接线简单等优点，广泛应用在机电一体化产品中。用于伺服驱动的电动机种类很多，数控机床、工业机器人等自动化设备中常用的电动式执行机构包括：直流有刷电动机、直流无刷电动机、交流伺服电动机、步进电动机和直接驱动电动机等，如图6-23所示。

图 6-23　常用电动式执行器

（a）步进电动机和驱动器　（b）交流伺服电动机和驱动器　（c）旋转直驱电动机　（d）直线直驱电动机

1）直流有刷电动机

直流有刷电动机包含定子和转子,转子由换向器、铁芯和线圈组成。使用直流有刷电动机的伺服系统常称为直流伺服系统,具有控制简单、响应快、转矩大、调速范围宽、过载能力强等优点,20 世纪 70 年代到 80 年代中期,机床上广泛应用直流有刷电动机。直流有刷电机的缺点是可靠性差、维护工作量大,这是因为有刷电动机转子线圈的换相是通过石墨电刷与环形换向器相接触实现的,电动机旋转时电刷和换向器由于存在接触式相对运动而磨损,还可能引起烧蚀以及电磁干扰等问题。

2）直流无刷电动机

无刷电动机又称为永磁无刷电动机,转子由永磁体构成,定子由多相绕组组成;无刷电动机通过电子换向器控制定子绕组的电流方向,当三相交流电流通过定子绕组时,在定子上产生旋转磁场,定子旋转磁场和转子永磁体磁场之间的相互作用使得转子旋转,转子的旋转速度与定子绕组所产生旋转磁场的速度一致,因此又称为同步电动机。

根据定子绕组控制电流波形的不同,永磁无刷电动机又分为直流无刷伺服电动机和交流无刷伺服电动机;前者定子绕组输入的是三相方波(也称为梯形波)电流,气隙磁场呈梯形波分布,性能更接近于直流电动机;后者定子绕组输入的是三相正弦波电流,气隙磁场按正弦规律分布,因此后者也常称为永磁同步交流伺服电动机(SM),一般归类为交流伺服电动机,有些资料也把前者归为交流伺服电动机。

3）交流伺服电动机

与直流有刷电动机相比,交流伺服电动机的驱动电路相对复杂,20 世纪 80 年代后期交流伺服电动机的材料、结构、控制理论和方法均有突破性的进展,电力电子器件的发展又为控制方法的实现创造了条件,使得交流伺服电动机的驱动装置发展很快,目前在大部分应用中交流伺服系统已经取代直流伺服系统。

常用的交流伺服电动机可分为异步交流伺服电动机和同步交流伺服电动机两大类。

异步交流伺服电动机(IM)指的是交流感应电动机,常用的三相交流感应电动机主要由定子和转子两部分组成,定子上有固定的三相绕组,转子按结构又有笼型和绕线式之分,其中笼型应用得较多,笼型转子铁芯上开有轴向上均布的槽,每个槽内装有一根导体(铜条或铝条),导体两端用端环连接;定子的三相绕组流过三相交流电时,在电动机气隙中产生旋转磁场,转子绕组因切割磁力线而产生感应电动势和感应电流,转子感应电流与旋转磁场作用产生电磁转矩推动转子转动,转子转动方向与磁场旋转方向相同。因为转子电流是由电磁感应产生的,且转子转速总是低于旋转磁场的转速,故又称为异步交流感应电动机。

同步交流伺服电动机的定子与交流感应电动机类似,在定子上装有对称三相绕组,转子按结构可分电磁式及非电磁式两大类,非电磁式又分为磁滞式、永磁式和反应式等类型。其中,磁滞式和反应式同步电动机存在效率低、功率因数较差、制造容量不大等缺点;电磁式同步电动机需要集电环和电刷,因此存在可靠性差的缺点;永磁式同步电动机就是永磁同步交流伺服电动机,永磁同步交流伺服电动机具备优良的低速性能,并可实现弱磁高速控制,拓宽了系统的调速范围,适合高性能伺服驱动的要求。

永磁同步伺服电动机在工业自动化领域的应用非常广泛,机床进给轴伺服驱动、工业机器人关节传动伺服及其他需要运动和位置控制的场合,大多采用同步交流伺服电动机;而异步交流感应电动机,广泛应用于机床主轴转速控制和其他调速系统。交流伺服电动机坚固耐用、经济可靠,适合于在恶劣环境下工作,此外还具有动态响应好、转速高和容量大等优点。

4)步进电动机

步进电动机又称为脉冲电动机,是将电脉冲信号转变为角位移或直线位移的机电执行元件。每当输入一个脉冲时,电动机就旋转一个固定角度,因此步进电动机转过的角度与输入的脉冲数成正比,转速与输入脉冲的频率成正比,电动机的转动方向由驱动控制电路通过控制步进电动机绕组的通电相序实现。步进电动机具有结构简单、控制方便、体积小、成本低等优点,而且只有周期性的误差而无累积误差,缺点是效率较低、发热量大,容易"失步"。

基于步进电动机的开环伺服系统结构简单,价格低廉,使用维修方便,位置精度由步进电动机本身保证,适用于经济型数控车床。开环控制的缺点是容易发生因失步或过冲导致的定位不准,特别是启动或停止的时候,如果实际需要的转矩大于步进电动机所能提供的转矩,或转速过高,就会发生失步或过冲现象。为了克服步进失步和过冲现象,需要在启动与停止时加入适当的加减速控制,也可以通过加入反馈装置(如编码器)构成闭环系统,来改善步进电动机定位的准确性。

5)直接驱动电动机

直接驱动电动机就是可以直接连接到机器负载上,直接对负载进行驱动的电动机。传统数控机床的传动系统主要采用"旋转伺服电动机+滚珠丝杠",这种传动方式中,电动机输出的旋转运动要经过联轴器、滚珠丝杠、滚珠螺母等一系列中间传递和变换环节,才变为被控对象如刀具或工作台的直线运动。由于存在众多的中间环节,传统的滚珠丝杠传动方式难以满足当前性能指标要求越来越高的高精度数控机床的伺服控制要求。

根据运动形式不同,直驱电动机通常分为旋转直驱电动机(DDR)和直线直驱电动机(DDL)两大类。旋转直驱电动机又称为直驱力矩电动机,由同步伺服电动机演化而来,通常具有较多的磁极对数和较高的功率密度,因此在低转速下具备超大的输出力矩。直驱力矩电动机大体上可以分为有框直驱电动机、无框直驱电动机和模块化直驱电动机(有框无轴承),其中又以有框直驱电动机最为常见,它主要由框架、绕组、磁铁、轴承和伺服反馈等元件组成。无框直驱电动机顾名思义没有框架,分离的转子和定子分别直接固定到机械负载上,依靠机械设备的轴承做相对运动,不需要任何额外的机械传动部件。模块化直驱电动机则结合了以上两者的特点,采用了无轴承的设计,电动机的转子直接安装在机械的旋转轴上,具有与普通电动机相似的安装便利性。旋转直驱电动机通常用圆光栅或圆磁栅作为伺服反馈装置。

直线直驱电动机常简称为直线电动机,DDL 相当于从中心剥开后平铺摆放的同步伺服电动机,其定子为周期性重复的永磁体,动子为绕组线圈。直线直驱电动机主要有两种机械结构：有铁芯直线电动机和无铁芯(无槽)直线电动机。有铁芯的直线电动机单位体积推力输出较大，适用于加减速较大和移动较重的负载，但也因此可能受到齿槽效应的影响；而无铁芯直线电动机则适用于较轻的负载，线圈组件和磁路之间没有任何的引力，可以实现超平滑的运动。直线直驱电动机通常用光栅或磁栅作为伺服反馈装置。

由于省去了传统的中间传动机构，直接驱动电动机结构简单紧凑，不仅响应快、精度高、刚性强，而且噪声小、无须维护，还能够有效降低能耗，在数控机床中得到越来越广泛的应用，在其他众多应用场合也有着广泛的应用潜力。例如，航空航天、电子转台、协作机器人手臂、硅电池制造设备、激光切割设备、塑料挤出设备等，这些领域对于驱动力矩密度要求大、精度要求高，直接驱动电动机凭借出众的性能和精巧的安装尺寸具有独特的竞争优势。

4. 伺服控制系统的类型

按被控变量分类，伺服控制系统可分为位置、速度、加速/减速和转矩伺服控制系统。

1) 位置伺服控制系统

位置控制是将目标物移至某一指定位置。数控机床的进给轴伺服控制主要是位置控制，数控装置通过控制机床各坐标轴的进给运动，从而驱动机床的工作台或刀架按相应轨迹运动，或移动到指定位置。位置控制系统除了要保证定位精度外，对定位速度、加减速也有一定的要求。比如数控机床切削加工过程中的每个时刻，都要对主轴和多个进给轴的位置、速度和加速度协调控制，只有保证各个轴在指定时刻到达指定位置，才能实现复杂曲面/曲线的高精度加工。

2) 速度伺服控制系统

不同生产过程对速度的要求不同，某些生产过程对速度调节的要求非常高，速度调节可以使系统在不同负载下保持速度不变。如切削加工时，为了保证加工精度，要根据刀具和工件直径，精密调节和控制机床主轴的转速和刀具的进给位移。数控机床的主轴伺服控制主要是转速控制，为适应不同零件及不同加工工艺方法对主轴参数的要求，高性能数控机床的主轴伺服系统要求能在很宽的速度范围内实现调速。

3) 加速/减速伺服控制系统

加速/减速控制是指在一定时间段内控制速度的变化量，该变化量受惯性、摩擦力、重力等因素影响。比如，对于高速主轴等需要宽范围调速的伺服系统而言，控制电动机以最大的扭矩，快速稳定地达到指定的速度是伺服系统的主要任务。

4) 转矩伺服控制系统

转矩控制用于控制电动机的输出转矩，保证提供指定的力矩以驱动负载按规定的规律运动，常用于对材质的受力有严格要求的缠绕和放卷的装置中。例如绕线装置或拉光纤设备，为了使线材(或光纤)不过分伸长甚至损坏，需要进行张力控制，电动机的输出转矩要根据缠绕半径的变化而调整，以确保线材的受力不会随着缠绕半径的变化而波动。对于数控机床的进给轴和主轴的位置或速度伺服控制，为了驱动刀具或主轴在指定时间内以合适的加速度/速度移动或旋转，对相应伺服电动机的转矩也要进行闭环控制。

5．数控机床的位置伺服控制

数控机床的位置伺服控制包括主轴运动和进给（轴）伺服运动控制。进给伺服系统用来控制机床各坐标轴的进给运动，以直线运动为主。主轴伺服系统用来控制主轴的运动，以旋转运动为主。

根据数控机床位置伺服控制方式的不同，数控机床可分成开环控制、半闭环控制和闭环控制三种类型。

1）开环控制数控机床

如图 6-24 所示，开环控制数控机床没有位置、速度等反馈检测装置，常用步进电动机驱动实现，数控装置发出的控制指令直接通过步进驱动器控制步进电动机的运转，然后通过机械传动系统转化成刀架或工作台的位移。开环控制数控机床结构简单，制造成本较低，广泛应用于对精度要求不高的数控加工。但是由于没有检测反馈，其指令信号执行流程是单向的，无法进行误差检测和校正，因此这种系统的定位精度一般不高。

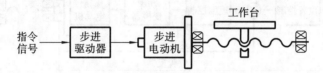

图 6-24　开环控制数控机床

2）闭环控制数控机床

闭环控制伺服系统包括半闭环伺服系统和全闭环伺服系统。典型进给驱动伺服闭环控制系统基本构成如图 6-25 所示，位置伺服控制系统通常包括位置控制环、速度控制环和电流控制环。为了驱动被控对象在指定时间内以合适的加速度/速度移动，执行器要输出必要的力矩/转矩，而电动机的输出力矩/转矩一般与驱动电流成正比，因此需要对执行电动机的驱动电流进行闭环控制。电流控制环包括电流指令比较器、电流控制器、功率变换器和电流传感器，电流控制环的指令信号来自速度环；速度控制环包括速度指令比较器、速度控制器、电流控制环、伺服电动机执行单元和速度传感器等，速度控制环的指令来自位置控制环；位置控制环包括位置指令比较器、位置控制器、速度控制环和位置传感器，位置控制环的指令来自数控装置。

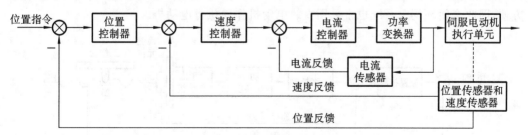

图 6-25　进给驱动伺服闭环控制系统基本构成图

如图 6-26 所示，半闭环控制数控机床带有位置、速度检测反馈装置，检测装置安装在伺服电动机上或丝杠的端部，通过检测伺服电动机或丝杠的角位移间接计算出机床工作台等执行部件的实际位置值和速度值并反馈给伺服驱动单元,伺服驱动单元将位置、速度反馈信息与位置、速度指令进行比较,实施差值控制。这种机床可以获得稳定的控制特性,而且调试比较方便,价格也较全闭环系统便宜,但由于丝杠螺母副及机床工作台导轨副等大惯量环节没有包含在控制环内,丝杠导轨传动机构的精度直接影响系统的精度,因此半闭环控制系统的精度一般比全闭环控制机床的略低。为了提高半闭环伺服的定位精度,除了要做合适的机械机构设计之外,必要时还需要在数控装置中使用螺距误差补偿和反向间隙补偿等算法,从软件上降低甚至消除螺距误差和反向间隙对定位精度的影响。半闭环控制伺服系统常采用光电编码器作为位置、速度检测装置,因为伺服电动机自身已经包含光电编码器,所以系统安装调试都比较简单方便,半闭环伺服系统应用较为普遍。

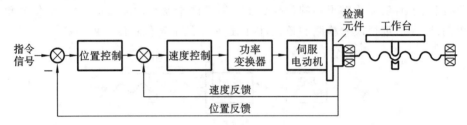

图 6-26　半闭环控制数控机床

如图 6-27 所示,全闭环控制数控机床带有位置、速度检测反馈装置,检测装置安装在机床刀架或工作台等执行部件上,直接检测这些执行部件的实际位置和速度。伺服驱动单元比较指令位置值与反馈的实际位置值,得到位置偏差值,根据差值控制电动机的转动和转速,进行误差修正,直到位置误差消除为止。这种闭环控制方式可以消除由于机械传动部件误差给加工精度带来的影响,因此可得到较高的加工精度,但由于它将丝杠螺母副及工作台导轨副这些大惯量环节放在闭环之内,传动机构的惯性、反向间隙、摩擦和刚性不足等因素都会影响伺服驱动系统的性能,因此闭环控制系统对控制算法和系统安装、调试的要求更高一些。全闭环控制伺服系统常采用光栅、磁栅等作为位置、速度检测装置,因为直线直驱电动机具有精度高、响应快、免维护和噪声低等优点,消除了丝杠传动的反向间隙、摩擦和刚性不足等影响因素,而且自身已经包含光栅或磁栅,系统安装调试简单方便,因此全闭环伺服系统也常采用直线电动机作为执行电动机。

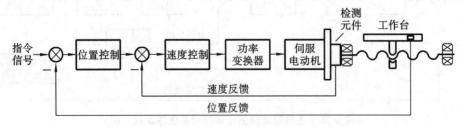

图 6-27　全闭环控制数控机床

早期的伺服控制系统,受限于微处理器或计算机的计算能力、数据存储能力、通信速度和成本等各种因素,伺服驱动模块只负责对数控装置输出的指令信号进行功率放大并驱动电动机,反馈信号也接入数控装置,位置和速度控制均由数控装置完成,这类系统性能有限也不方便系统扩展,目前一般只用于简单的、小型的伺服控制系统;随着微电子、计算机和伺服驱动技术的发展,当前伺服驱动器均配有功能强大的微处理器和多种通信接口,位置、速度和电流的闭环控制一般均由伺服驱动器通过软件实现。

伺服驱动装置的控制信号来自数控装置,控制信号的通信方式主要有模拟量方式、脉冲方式和全数字实时通信方式。对于多轴或大型控制设备,模拟量和脉冲方式接线复杂,而且传输距离受限制,可传输的脉冲指令在频率上也有限制,而实时以太网或现场总线等数字通信方式,以数字形式传输指令和反馈状态信息,可实现实时大数据量的指令传输和信息反馈,为高速高精度智能控制提供了基础。CNC装置与伺服驱动器之间通过通信联系的伺服控制系统,常称为全数字控制伺服系统,即系统中的控制信息全用数字量处理。全数字控制伺服系统利用计算机和软件技术,可采用前馈控制、预测控制、自适应控制等先进控制算法改善系统的性能,具有更高的动、静态控制精度。全数字控制伺服系统采用总线通信方式,极大地减少了连接电缆,便于机床的安装、维护和系统扩展,提高了系统可靠性;同时,全数字式伺服系统具有丰富的自诊断、自测量和显示功能。目前,全数字控制伺服系统在数控机床的伺服系统中得到了越来越多的应用。

6.5.6　数控技术的发展趋势

现代制造尤其是离散制造逐步转向小批量多品种模式,这对现代制造的精度、效率、成本和柔性化等提出更高的要求。在制造自动化和现代制造新需求的推动下,数控技术的应用领域也不断扩大。随着微电子技术和计算机技术的发展,数控系统的性能日新月异,高速化、高精度化、高可靠性、功能复合化、网络化、智能化、开放化和绿色化等已成为数控技术的发展趋势和方向。

1. 高速化、高精度化

速度、精度和效率是机械制造的关键指标。数控技术高速化主要体现在主轴转速、进给速度、数控系统运算速度、换刀速度等方面,这有利于缩短加工时间、提高加工效率。机床的高速高精度控制、主轴和进给轴热变形误差和补偿、振动抑制、曲面加工优化等高性能技术越来越受到重视。与传统机床相比,数控机床的功能更完善,但机械机构、控制系统也更复杂,可靠性是实现高速高精度加工的保证,因此提升可靠性是数控机床的发展方向之一。

2. 功能复合化

功能复合化是指工件在机床上仅需一次装夹,便可通过自动换刀、旋转主轴头或转台等各种措施,完成多工序、多表面等多种要素复合加工。复合加工能够提高工序的集成度,缩短加工过程链,减少了工件装卸、更换和调整刀具的辅助时间,减小中间过程中产生的误差,缩短了产品制造周期,提高了零件加工精度和生产效率。

3. 智能化

随着人工智能技术的发展,为了满足制造业生产柔性化、制造自动化的发展需求,数控机床的智能化程度在不断提高。当前人工智能技术发展非常快,人工智能正在进入人类生活的方方面面。同样,人工智能也越来越多地渗透到现代制造、数控加工的各个环节,将给智能制造带来重大进步。智能化的数控机床是具有感知、决策和执行能力的制造装备,数控装备的智能化,不仅有助于提高加工质量和加工效率,而且有利于降低对人工的依赖、减轻操作者的劳动强度和降低能耗。智能化是数控技术发展的重要方向之一,以下是数控技术智能化的几个热点方向。

• 智能化编程　当前常用的数控系统按照人工预先编好的程序工作,加工质量和效率很大程度上依赖编程者的经验。智能化编程在数控系统软件和编程软件中嵌入智能模块、专家系统,利用智能算法、知识库和工艺数据库等,实现自动选择刀具、合理计算切削用量、确定最佳走刀路线等,实现加工参数和过程的最优化程序设计。借助于人工智能技术和计算机强大的算力,智能化编制的加工程序可以获得最佳加工参数、提高编程效率和降低对编程人员技术水平的要求。

• 自适应加工工艺控制　当前常用的数控机床,对自身和环境的感知以及自我决策的能力普遍较弱,加工轨迹和相关动作一般都是按照事先编制的程序执行。考虑到加工过程中的不确定因素,如毛坯尺寸和硬度的变化、刀具磨损状态的变化等,一般采用相对保守的工艺参数以保障加工质量和设备安全,其代价是牺牲一定的加工效率和能耗等。而具备智能化自适应控制功能的数控系统,通过对机床自身和环境进行感知,自行分析各种与机床、加工状态和环境有关的信息,并自行采取应对措施来保证加工过程的最优化。比如具备加工过程自适应控制和加工参数的优化与选择等智能技术的数控系统,通过对主轴转矩、功率、切削力、切削温度、刀具磨损等参数的实时检测,实时调整加工参数和加工指令,使设备处于最佳运行状态,从而确保加工质量、效率和能耗等均处于较佳的状态。

• 智能化故障预测和健康管理　为了保障设备运行的可靠性,需要对加工过程的一些关键环节和因素,如刀具磨损状态、主轴运行状态等进行实时监控,智能数控系统通过大数据、边缘计算和云计算等智能技术,进行设备运行状态评估、故障预测和健康管理,并对故障进行自动诊断、自动排除或指导维修人员快速排除,目标是提高制造系统的可靠性和稳定性、减少非计划停机时间和提升生产设备可用度。

• 智能寻位加工　智能数控系统采用模仿人类智能的技术,如结合大数据模型、3D视觉、深度学习和强化学习的人工智能技术,主动感知工件信息,自动分析求解工件的实际状态,并根据工件的实际状态进行位姿自适应加工,从而消除对操作员工的经验以及精密夹具的依赖,有效缩短生产周期。

4. 网络化

具有双向、高速的联网通信功能的数控机床可以保证信息流动畅通,结合智能传感技术,增强了数控系统及设备的感知能力和互联互通能力。数控系统网络化把以往孤岛式的加工单元集成到同一个系统中,可实现各种加工设备、子系统、应用软件的集成,使之可以进行互联和互操作,实现资源的集中利用,从而达到组织结构及运行方式的最优化。

网络化是数控技术发展的重要方向,数控技术的网络化主要体现在以下几方面:一是基于现场总线或工业以太网等实时通信技术,实现数控机床内部功能模块如进给轴伺服系统、主轴单元、PLC、机床传感器等之间的实时数据通信和智能控制;二是数控机床、机器人和 AGV 小车等现场设备通过以太网、5G 网络等与企业信息化网络或云平台连接,以及数据统计、数据可视化和大数据智能分析,以及生产过程的智能监控、维护、管理和远程服务;三是通过以太网或无线网络等实现数控机床与周边设备、操作人员的连接,实现设备间、设备与人类之间的智能协作。例如用智能机器人和 AGV 实现机床自动上下料、工件装夹,智能机器人与人类协作进行产品装配、组装等。

5. 开放化

传统的数控系统是专用的封闭式系统,产品功能由生产厂商开发和维护,用户无法根据需要在数控系统添加定制的功能,而且不同厂商的数控系统不兼容,无法直接相互通信。开放式数控技术具有高度的灵活性和可扩展性,IEEE 对开放式数控系统的定义是"开放式数控系统应提供这样的能力:来自不同厂商的,在不同操作平台上运行的应用程序都能够在系统实现,并且该系统能够和其他系统协调工作。"一般来说,开放式数控系统具有以下基本特征:

- 开放性 提供标准化环境的基础平台,兼容功能不同和开发商不同的软件、硬件模块。
- 可移植性 可移植性是指不同的应用程序模块可以运行于不同供应商提供的系统平台之上;同样,系统软件和各功能模块可运行于不同类型、不同性能的硬件平台之上。
- 可伸缩性 可伸缩性是指增添或减少系统的功能仅表现为特定功能模块的装载或卸载。可伸缩性使得 CNC 系统的功能和规模变得极其灵活,既可以增加配件或软件以构成功能更加强大的系统,也可以删减其功能来适应简单加工场合。
- 互换性 互换性是指不同性能、不同可靠性和不同能力的功能模块可以相互替代,而不影响系统的协调运行。有了相互替代性,构成开放体系结构的数控系统可以从多个来源获得系统的组成部件,而不再受限于特定的供应商。
- 互操作性 互操作性是指不同应用程序模块通过标准化的应用程序接口运行于系统平台上,相互之间保持平等的操作能力,协调工作。这一特性要求提供标准化的接口、通信和交互模型。

6. 新型功能部件

高精度和高可靠性的新型功能部件能够提高数控机床各方面的性能,具有代表性的新型功能部件包括高频电主轴、直线电动机、电滚珠丝杠、智能传感器等。新型功能部件的使用可以简化机床结构,提高机床的性能。

7. 加工过程绿色化

随着资源与环境问题的日益突出,绿色制造越来越受到重视。近年来,不用或少用冷却液实现干切削、半干切削的节能环保机床不断出现,并处在进一步发展当中,是未来机床发展的主流。

6.6 知识拓展*

基于新一代人工智能的智能机床

21 世纪以来，移动互联网、大数据、云计算、物联网等新一代信息技术日新月异、飞速发展，形成了群体性跨越。这些技术进步，集中汇聚在新一代人工智能技术的战略性突破上，其本质特征是具备了知识的生成、积累和运用的能力。新一代人工智能与先进制造技术深度融合所形成的新一代智能制造技术，成为新一轮工业革命的核心驱动力，也为机床发展到智能机床、实现真正的智能化提供了重大机遇。

智能机床是在新一代信息技术的基础上，将新一代人工智能技术和先进制造技术深度融合的机床，它利用自主感知与连接获取与机床、加工、工况、环境有关的信息，通过自主学习与建模生成知识，并能应用这些知识进行自主优化与决策，完成自主控制与执行，实现加工制造过程的优质、高效、安全、可靠和低耗的多目标优化运行。

利用新一代人工智能技术赋予机床知识学习、积累和运用能力，人和机床的关系发生了根本性变化，实现了从"授之以鱼"到"授之以渔"的根本转变。

1. 智能机床的控制原理

依据上述智能机床的定义，现提出智能机床自主感知与连接、自主学习与建模、自主优化与决策、自主控制与执行的原理和实现方案，如图 6-28 所示。

1）自主感知与连接

数控系统由数控装置、伺服驱动、伺服电动机等部件组成，是机床自动完成切削加工等工作任务的核心控制单元。在数控机床的运行过程中，数控系统内部会产生大量由指令控制信号和反馈信号构成的原始电控数据，这些内部电控数据是对机床的工作任务（或称为工况）和运行状态的实时、定量、精确的描述。因此，数控系统既是物理空间中的执行器，又是信息空间中的感知器。

数控系统内部电控数据是数控机床实现感知的主要数据基础，它包括机床内部电控实时数据，如零件加工 G 代码插补实时数据（插补位置、位置跟随误差、进给速度等）、伺服和电动机反馈的内部电控数据（主轴功率、主轴电流、进给轴电流等），如图 6-28 所示。自动汇聚数控系统内部电控数据与来自外部传感器采集的数据（如温度、振动和视觉等），以及从 G 代码中提取的加工工艺数据（如切宽、切深、材料去除率等），实现数控机床的自主感知。

智能机床的自主感知可通过"指令域示波器"和"指令域分析方法"来建立工况与状态

---

* ：内容节选自 2019 年陈吉红的《走向智能机床》。

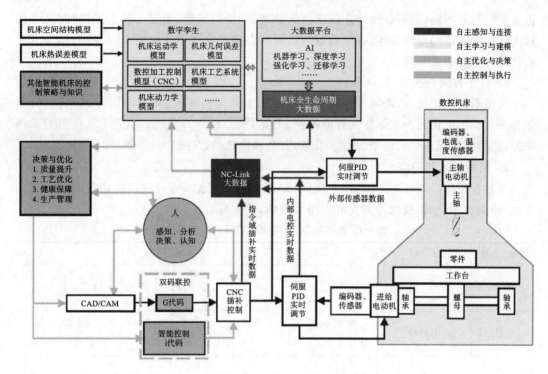

图 6-28　智能机床控制原理

数据之间的关联关系。利用"指令域"大数据汇聚方法采集加工过程数据,通过 NC-Link 实现机床的互联互通和大数据的汇聚,形成机床全生命周期大数据。

2) 自主学习与建模

自主学习与建模的主要目的是通过学习生成知识。数控加工的知识就是机床在加工实践中输入与响应的规律。模型及模型内的参数是知识的载体,知识的生成就是建立模式并确定模型中参数的过程。基于自主感知与连接得到的数据,运用集成于大数据平台中的新一代人工智能算法库,通过学习生成知识。

在自主学习与建模中,知识的生成方法有三种:基于物理模型的机床输入/响应因果关系的理论建模;面向机床工作任务和运行状态关联关系的大数据建模;基于机床大数据建模与理论建模相结合的混合建模。

自主学习与建模可建立包含机床空间结构模型、机床运动学模型、机床几何误差模型、热误差模型、数控加工控制模型、机床工艺系统模型、机床动力学模型等,这些模型也可以与其他同型号机床共享。模型构成了机床数字孪生,如图 6-28 所示。

3) 自主优化与决策

决策的前提是精准预测。当机床接收到新的加工任务后,利用上述机床模型,预测机床的响应。依据预测结果,进行质量提升、工艺优化、健康保障和生产管理等多目标迭代优化,形成最优加工决策,生成蕴含优化与决策信息的智能控制 i 代码,用于加工。自主优化与决策就是利用模型进行预测,然后优化决策,生成 i 代码的过程。i 代码是实现数控机床自主优化与决策的重要手段。不同于传统的 G 代码,i 代码是与指令域对应的多目标优化加工的智能控制代码,是对特定机床的运动规划、动态精度、加工工艺、刀具管理等多目标优化控制策略的精确描述,并随着制造资源状态的变化而不断演变。i 代码的详细原理和介绍可参考有关专利。

4)自主控制与执行

利用双码联控技术,即同步执行传统数控加工几何轨迹控制的 G 代码(第一代码)和包含多目标加工优化决策信息的智能控制 i 代码(第二代码),实现 G 代码和 i 代码的双码联控,使得智能机床达到优质、高效、可靠、安全和低耗的数控加工,如图 6-28 所示。

2. 智能机床的特点

与数控机床(NCMT)、互联网+机床(SMT)相比,智能机床(IMT)在硬件、软件、交互方式、控制指令、知识获取等方面都有很大区别,具体见表 6-1。

表 6-1 数控机床、互联网+机床与智能机床

技术、方法	NCMT	SMT	IMT
硬件	CPU	CPU	CPU+GPU 或 NPU(AI 芯片)
软件	应用软件	应用软件+云+APP 开发环境	应用软件+云+APP 开发环境+新一代人工智能
开发平台	数控系统二次开发平台	数控系统二次开发平台+数据汇聚平台	数控系统二次开发平台+数据汇聚平台+新一代人工智能算法平台
信息共享	机床信息孤岛	机床+网络+云+移动端	机床+网络+云+移动端
数据接口	内部总线	内部总线+外部互联协议+移动互联网	内部总线+外部互联协议+移动互联网+模型级的数字孪生
数据	数据	数据	大数据
机床功能	固化的功能	固化的功能+部分 APP	固化功能+可灵活扩展的智能 APP
交互方式	机床 Local 端	Local、Cyber、Mobile 端	Local、Cyber、Mobile 端
分析方法		时域信号分析+数据模板	指令域大数据分析+新一代人工智能算法
控制指令	G 代码:加工轨迹几何描述	G 代码:加工轨迹几何描述	G 代码+智能控制 i 代码
知识	人工调节	人赋知识	自主生成知识,人-机、机-机知识融合共享

3. 智能机床主要的智能化功能特征

不同智能机床的功能千差万别,但其追求的目标是一致的:高精、高效、安全与可靠、低耗。机床的智能化功能也围绕上述四个目标,可分为质量提升、工艺优化、健康保障、生产管理四大类。

• 质量提升　提高加工精度和表面质量。提高加工精度是驱动机床发展的首要动力。为此,智能机床应具有加工质量保障和提升功能,可包括:机床空间几何误差补偿、热误差补偿、运动轨迹动态误差预测与补偿、双码联控曲面高精加工、精度/表面光顺优先的数控系统参数优化等功能。

• 工艺优化　提高加工效率。工艺优化主要是根据机床自身物理属性和切削动态特性进行加工参数自适应调整(如进给率优化、主轴转速优化等),以实现特定的目的,如质量优先、效率优先和机床保护。其具体功能可包括:自学习/自生长加工工艺数据库、工艺系统响应建模、智能工艺响应预测、基于切削负载的加工工艺参数评估与优化、加工振动自动检测与自适应控制等。

• 健康保障　保证设备完好、安全。机床健康保障主要解决机床寿命预测和健康管理问题,目的是实现机床的高效可靠运行。智能机床具有机床整体和部件级健康状态指示,以及健康保障功能开发工具箱。其具体功能可包括:主轴/进给轴智能维护、机床健康状态检测与预测性维护、机床可靠性统计评估与预测、维修知识共享与自学习等。

• 生产管理　提高管理和使用操作效率。生产管理类智能化功能主要实现机床加工过程的优化及整个制造过程的低耗(时间和资源)。智能机床的生产管理类智能化功能主要分为机床状态监控、智能生产管理和机床操控这几类。其具体功能可包括:加工状态(断刀、切屑缠绕)智能判断、刀具磨损/破损智能检测、刀具寿命智能管理、刀具/夹具及工件身份 ID 与状态智能管理、辅助装置低碳智能控制等。

 **本章重难点**

重点

• PID 控制、多闭环控制和前馈控制的原理和应用领域。

• 模糊控制、自适应控制和神经网络控制的原理和应用领域。

• 数控系统的组成,重点了解计算机数控装置、反馈检测装置和伺服驱动装置。

• 数控技术的发展趋势。

难点

• 计算机数控装置的功能和软硬件结构。

• 数控机床的位置伺服控制系统的构成和工作原理。

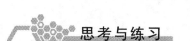 **思考与练习**

1. 什么是运动控制？什么是过程控制？其各自的应用领域是什么？

2. 什么是 PID 控制？其优点是什么？适用于哪些场合？

3. 简述双闭环控制和前馈控制的工作原理及各自的特点。

4. 简述两种先进控制方法的原理及其工业应用。

5. 简述计算机数控装置的功能和基于 IPC 的数控系统的软硬件结构。

6. 简述开环、半闭环及全闭环数控机床的控制原理及特点。

本章参考文献

[1] 戴先中，赵广宙. 自动化学科概论[M]. 北京：高等教育出版社，2006.

[2] 刘杰，宋伟刚，李允公. 机电一体化技术导论[M]. 北京：科学出版社，2006.

[3] NITAIGOUR PREMCHAND MAHALIK. 机电一体化——原理·概念·应用[M]. 北京：科学出版社，2008.

[4] 鲁棒控制——以静制动[EB/OL]. http://www.kepu.net.cn/gb/technology/cybernetics/abc/abc204.html.

[5] 吴敏，桂卫华，何勇. 现代鲁棒控制[M]. 2版. 长沙：中南大学出版社，2006.

[6] 刘金琨. 智能控制[M]. 5版. 北京：电子工业出版社，2021.

[7] 张秋菊，王金娥，訾斌. 机电一体化系统设计[M]. 北京：科学出版社，2016.

[8] 哈肯·基洛卡(Hakan Gurocak). 工业运动控制[M]. 尹泉，等译. 北京：机械工业出版社，2018.

[9] 徐明刚，等. 智能机电装备系统设计与实例[M]. 北京：化学工业出版社，2021.

[10] 张建民. 机电一体化系统设计[M]. 北京：高等教育出版社，2020.

[11] 姚屏，等. 工业机器人技术基础[M]. 北京：机械工业出版社，2020.

[12] 李培根，高亮. 智能制造概论[M]. 北京：清华大学出版社，2021.

[13] 周济，李培根. 智能制造导论[M]. 北京：高等教育出版社，2021.

[14] 吴玉厚，李关龙，等. 智能制造装备基础[M]. 北京：清华大学出版社，2022.

[15] 明兴祖，熊显文. 数控技术[M]. 北京：清华大学出版社，2008.

[16] 田宏宇. 数控技术[M]. 北京：科学出版社，2008.

[17] 裴旭明. 现代机床数控技术[M]. 北京：机械工业出版社，2020.

[18] 陈吉红，杨建中，周会成. 新一代智能化数控系统[M]. 北京：清华大学出版社，2021.

[19] 胡占齐，杨莉. 机床数控技术[M]. 4版. 北京：机械工业出版社，2022.

[20] Chen Jihong, Hu Pengcheng, Zhou Huicheng, et al. Toward intelligent machine tool[J]. Engineering, 2019(5):679-690.

第7章　检测技术与传感器

教学视频

7.1　相关本科课程体系与关联关系

　　传感器技术、通信技术和计算机技术是信息技术的三大支柱,传感器技术是信息采集的主要手段和途径,传感器是智能制造装备的主要"感官"。为了更好地使读者,特别是大学机械类专业本科学生了解与检测技术与传感器相关的本科课程及其与关联课程的关系,本节将简要勾勒检测技术与传感器的机械类专业大学本科课程的关联关系。

　　本章内容与模拟电子技术、数字电子技术、传感与信号处理、互换性与技术测量和微机原理及接口技术等学科基础课程有密切关系;图7-1表明数控技术与智能制造、机电系统设计、工业机器人应用技术与创新实践、虚拟仪器(LabVIEW程序设计)等专业领域课程也与本章内容有一定关系,本章内容是后续开展专业领域控制类课程学习的基础。

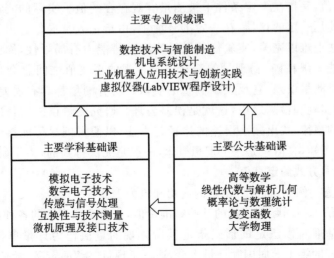

图7-1　与检测技术与传感器相关的本科课程体系

7.2 检测技术基础

闭环控制系统依靠反馈检测装置的输出来了解系统的输出状态,反馈信号是通过传感器测量获得的,因此可以说传感器与检测技术是自动控制系统的关键。传感器及信号转换电路,将各种参量如位移、位置、速度、加速度、力、温度和其他形式的信号转换为标准电信号输入系统,控制系统根据测量结果产生相应的控制信号以确定执行机构的运动形式和动作幅度。以图 7-2 所示的闭环工作的电炉温度控制系统为例,为使电炉内的温度按预先设定的规律变化,要通过电炉内的温度传感器采集实际的温度信息,控制器根据实际温度和预先设定的温度-时间曲线变化要求进行运算,由此产生控制信号,以控制加热器产生最佳热量,从而完成控制操作。温度传感器检测结果的精度、灵敏度和可靠性直接影响控制系统的性能。由此可见,机电系统的自动化程度越高,对传感器的依赖就越大。

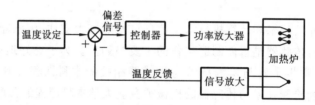

图 7-2 炉温自动控制系统

7.2.1 测量误差的基本概念

真值即真实值,是指在一定条件下被测量客观存在的值。实际的测量都要依据一定的理论或方法,使用一定的仪器,在一定的环境中,由指定人员操作。由于实验理论上存在着近似性,方法上难以完美,实验仪器灵敏度和分辨能力有局限性,周围环境有不稳定因素,测量不可能无限精确,物理量的测量值与客观的真实值之间总会存在着一定的差异,这种差异就是测量误差,它反映了测量的质量。所有测量都具有误差,误差自始至终存在于所有科学实验和检测之中,这就是误差公理。研究测量误差的目的是分析误差的来源,总结误差的规律,找出减小误差的途径与方法,以便得到尽可能接近真值的测量结果。由误差公理可知,真值只是一个理想概念,一般是无法得到的,为了研究和计算方便,一般通过以下几种方式约定真值。

(1)理论真值 例如,平面三角形的内角和恒为 $180°$。

(2)约定真值 指国际上公认的某些基准量值,或由国家设立的各种尽可能维持不变的实物标准(或基准),以法定的形式指定其所体现的量值作为计量单位的指定值。如1983 年 10 月召开的第十七届国际计量大会,通过了现行"米"的定义:米是"光在真空中 1/ 299792458 s 的时间间隔内所行进路程的长度"。这个米基准就当作计量长度的规定真值。

（3）相对真值　计量器具按精度不同分为若干等级，上一级标准所体现的值即为下一等级的真值，此真值称为相对真值。例如，在力值的传递标准中，用二等标准测力机校准三等标准测力计，此时二等标准测力计的指示值即为三等标准测力计的相对真值。

7.2.2　测量误差的表示

1. 按表示方法分析

按表示方法分析，误差可分为绝对误差、相对误差、引用误差和容许误差等。

（1）绝对误差　绝对误差定义为测量值与被测量真值之差，即

$$\Delta x = X - X_0 \tag{7-1}$$

式中：Δx 表示绝对误差，X 表示测量值，X_0 表示真值。

绝对误差反映测量值对真值偏离的绝对大小，它的单位与测量值的单位相同。

（2）相对误差　如式（7-2）所示，相对误差表示为被测量的绝对误差与真值之比，它是一个百分数。相对误差更能反映测量的可信程度，例如用不同的工具分别测量长度为 1 cm 和 10 cm 的物体，假设测量值的绝对误差相同，都是 0.1 cm，但是用相对误差衡量时，前者是后者的 10 倍，表明后者测量精度更高。

$$\delta = \frac{\Delta x}{X_0} \times 100\% = \frac{X - X_0}{X_0} \times 100\% \tag{7-2}$$

（3）引用误差　如式（7-3）所示，引用误差指的是仪表某一刻度点读数的绝对误差与仪表的满量程之比，并用百分数表示，其中 L 是满量程值。

$$\gamma = \frac{|\Delta x|}{L} \times 100\% \tag{7-3}$$

最大引用误差：在仪表满量程内，所有刻度点读数的绝对误差（取绝对值）的最大者与满量程值的比值之百分数，称为仪表的最大引用误差，如式（7-4）所示。最大引用误差能更可靠地反映仪表的测量精确度，是仪表最主要的质量指标，通常用来确定仪表的精度等级。

$$\gamma_{max} = \max\left(\frac{|\Delta x|}{L}\right) \times 100\% \tag{7-4}$$

（4）容许误差　容许误差是指根据技术条件的要求，规定测量仪器误差不应超过的最大范围，有时也称为仪器误差。

2. 按误差出现的规律分析

按误差出现的规律来分，误差可分为系统误差、随机误差和粗大误差。

（1）系统误差　在一定的测量条件下，对同一被测量进行重复多次测量时，若误差固定不变或按照一定规律变化，这种误差称为系统误差。系统误差表明了一个测量结果偏离真值的程度，系统误差越小，测量就越准确。

（2）随机误差　在一定的测量条件下，对同一被测量进行重复多次测量时，若误差的大小随机变化，则这种误差称为随机误差。随机误差表现了测量结果的分散性，随机误差常用精密度来表达，随机误差越小，精密度越高。

如果某一测量结果的随机误差和系统误差均很小,则表明该测量结果既精密又正确,简称精确。

(3)粗大误差 在一定的测量条件下,对同一被测量进行重复多次测量时,测量结果明显地偏离真值时所对应的误差,称为粗大误差或疏忽误差。产生粗大误差的原因有操作不当、计数或记录错误、测量方法错误、测量仪器缺陷、冲击振动或环境的突然变化等。

7.2.3 测量误差的处理

1. 系统误差的处理

(1)系统误差的类型。

系统误差的特点是测量结果向一个方向偏离,其数值固定不变或按一定规律变化,具有重复性、单向性,常见的有下面几种类型。

① 固定不变的系统误差 在重复测量中,绝对值固定不变的误差。

② 线性变化的系统误差 随着测量次数或时间的增加而增加(或减小)的误差。例如,电池的电压或电流随使用时间的增加而逐步降低而引起的误差。

③ 变化规律复杂的系统误差 其变化规律无法用简单的数学解析式表示。

(2)系统误差的减小和消除方法。

① 从产生系统误差的来源考虑 分析整个测量过程分析,找出可能产生系统误差的各种因素,然后有针对性地予以消除,这是减小系统误差的最基本的方法。系统误差的主要来源包括以下三个方面。

• 仪器误差 这是由于仪器本身的缺陷或没有按规定条件使用仪器而造成的,如仪器的零点不准,仪器未调整好,外界环境(光线、温度、湿度、电磁场等)对测量仪器的影响等所产生的误差。

• 理论误差 指由于测量所依据的理论公式本身的近似性,或实验条件不能达到理论公式所规定的要求,或者是实验方法本身不完善所带来的误差,例如热学实验中没有考虑散热所导致的热量损失,伏安法测电阻时没有考虑电表内阻对实验结果的影响等。

• 个人误差 这是由于观测者个人感官和运动器官的反应或习惯不同而产生的误差。个人误差因人而异,并与观测者当时的精神状态有关。

确定误差的主要来源后,要有针对性地加以消除系统误差。具体地说,消除系统误差方法包括选择准确度等级高的仪器设备以消除仪器的基本误差;使仪器设备工作在规定条件下;正确调零、预热以消除仪器设备的附加误差;选择合理的测量方法,设计正确的测量步骤以消除方法误差和理论误差;提高测量人员的测量素质,改善测量条件(选用智能化、数字化仪器仪表等)以消除个人误差。

② 利用修正的方法消除 系统误差总是使测量结果偏向一边,要么偏大,要么偏小,因此通过多次测量对结果求平均值并不能消除系统误差。修正的方法就是通过与精度高一级仪器比较,或根据理论分析导出修正值,而在测量的数据处理过程中将测量读数或结果与修正值相加,从而消除或减弱该类系统误差。

③ 利用特殊的测量方法消除 系统误差的特点是大小、方向相对不变,具有可预见

性,所以可选用特殊的测量方法予以消除,如替代法、差值法、正/负误差补偿法、对称观测法等。

2. 随机误差的分析

随机误差就单次测量而言是无规律的,其大小、方向不可预知,但当测量次数足够多时,随机误差总体服从统计学规律,它具有下列特性。

(1) 有界性　即随机误差的绝对值不超过一定的界限。

(2) 单峰性　即绝对值小的随机误差比绝对值大的随机误差出现的概率大。

(3) 对称性　绝对值相等、正负相反的随机误差出现的概率接近相等。

(4) 抵偿性　当测量次数无穷时,随机误差的代数和趋于零。

根据随机误差的特性,随机误差不能用修正或采取某种技术措施的办法来消除,但经过多次测量后,对其总和可以用统计规律来描述,对测量数据进行统计处理,能在理论上估计其对测量结果的影响。

3. 粗大误差的判别与剔除

粗大误差使测量数据受到了影响,因此在测量及数据处理中,如果发现某次测量结果所对应的误差特别大或特别小时,应认真判断误差是否属于粗大误差,如果属于粗大误差,该值应剔除不用。粗大误差可采取测量前预防和测量后剔除方法处理。测量前预防是通过对测量条件、测量设备、测量步骤进行分析,找出可能引起粗大误差的因素,有针对地采取措施,减少粗大误差的出现;对于测量结果的处理,一般用统计的方法判别可疑数据是不是粗大误差。判别粗大误差存在的准则很多,效果也不相同,其基本方式是作出某一统计量,按正常的分布,这一统计量应在某一范围内,否则即认为相应的数据不服从正常的分布,其中存在着粗大误差。

⚙ **7.3　常用传感器及其信号变换与调理**

⬭ 7.3.1　传感器的概念和组成

传感器是一种能感受规定的被测量,并按一定规律转换成某种可用信号输出的器件或装置。这里的可用信号是指便于处理、传输的信号,比如电压、电流、脉冲等。如图 7-3 所示,传感器通常由敏感元件、转换元件和信号调理电路组成,信号调理电路包括信号放大模块和信号滤波模块。被测对象通常是某种物理量、化学量或生物量;敏感元件的作用是将被测对象变换为电阻、电容、电感、磁阻等易于变换成电量的非电量;信号转换元件将这些

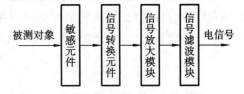

图 7-3　传感器的结构组成

非电量转换为电信号,变换后的信号通常比较微弱,因此需要信号放大模块将信号放大;信号转换和放大的过程都存在电噪声,因此一般还需要信号滤波模块滤除干扰信号。经过放大和滤波后的输出信号一般是标准电压、电流或脉冲信号,可作为信号采样、控制、显示、传输等操作的输入。

新一代智能传感器还集成了微处理器等模块,微处理器通过内置的信号采样模块将输入的模拟信号转换为数字信号(对于脉冲信号,采用计数器获取信号频率),再通过软件对测量数据进行计算、分析和存储。智能传感器一般还包含通信模块,可以通过通信接口向其他设备或数据中心传输测量数据。

7.3.2 传感器的基本特性

传感器的基本特性一般是指传感器的输出与输入之间的关系。传感器的输入信号可分为静态信号和动态信号两类,静态信号是指恒定不变的信号或变化极其缓慢的信号(准静态),动态信号通常是指随时间变化的信号,如周期信号、瞬变信号、随机信号。无论是动态信号还是静态信号,传感器的输出都应当不失真地复现输入信号的变化,这主要取决于传感器的静态特性和动态特性。

传感器的静态特性是指传感器的输入为静态信号时,传感器输入与输出之间呈现的关系。衡量静态特性的重要指标是灵敏度、线性度和滞后度等。传感器的动态特性是指传感器对于动态信号的响应特性,动态特性反映传感器的输出,真实再现随时间变化的输入量的能力。这里仅介绍评价传感器静态特性的性能指标。

1. 灵敏度和分辨率

灵敏度是传感器静态特性的一个基本参数,它表示传感器对输入信号变化的一种反应能力,其定义是输出量增量 Δy 与相应输入量增量 Δx 之比,用 S 表示,即在稳态时输入/输出系统特性曲线上各点的斜率,可表示为

$$S = \frac{\Delta y}{\Delta x} \tag{7-5}$$

灵敏度的量纲取决于输入、输出的量纲。当传感器的输入和输出的量纲相同时,灵敏度无量纲,表示的是该传感器的放大倍数;当传感器的输入和输出有不同的量纲时,灵敏度的量纲用输出的量纲与输入的量纲之比表示。

2. 线性度

线性度是指传感器的输出量与输入量之间的实际关系曲线偏离拟合直线的程度。线性度是度量系统输出、输入线性关系的重要参数,其数值越小,说明测试系统特性越好。采用直线拟合线性化时,在全量程范围内将实际特性曲线与拟合直线之间的最大偏差值与满量程输出值之比,定义为线性度或非线性误差,表示为

$$E_f = \frac{\Delta L_{\max}}{Y_{\mathrm{FS}}} \times 100\% \tag{7-6}$$

由于线性度(非线性误差)是以所参考的拟合直线为基准算得的,所以基准线不同,所得线性度就不同。拟合直线的选取方法很多,采用理论直线作为拟合直线确定的检测系

统线性度,称作理论线性度。理论线性度曲线如图 7-4 所示,理论直线通常取连接理论曲线坐标零点和满量程输出点的直线。

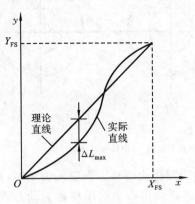 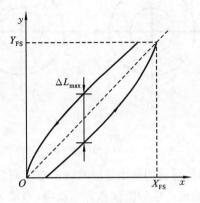

图 7-4　理论线性度曲线　　　　　　　　图 7-5　滞后度

3. 滞后度

如图 7-5 所示,一些传感器在输入量由小到大(正行程)与由大到小(反行程)变化时,其输入-输出特性曲线不重合,这种现象称为滞后(或迟滞)。对于同一大小的输入信号,传感器的正、反行程输出信号大小不相等,这个差值称为滞后差值。在全量程范围内当输入量由小增大和由大减小时,对于同一个输入量所得到的两个数值不同的输出量之差的最大值 ΔL_{max} 与全量程 Y_{FS} 的比值称为滞后度,其表达式为

$$\gamma^H = \frac{\Delta L_{max}}{Y_{FS}} \times 100\% \tag{7-7}$$

4. 精确度

计量的精确度是精密度和正确度的综合概念,从测量误差的角度来说,精确度是测量值的随机误差和系统误差的综合反映。

(1)精密度　是指在相同条件下,对被测量进行多次反复测量,测量值之间的一致(符合)程度。从测量误差的角度来说,精密度所反映的是测量值的随机误差。

(2)正确度　是指被测量的测量值与其"真值"的接近程度。从测量误差的角度来说,正确度所反映的是测量值的系统误差。

(3)精确度　是精密度与正确度两者的综合,精度高表示精密度和正确度都高,即精度高说明测量值的随机误差和系统误差都小。精度常以满度相对误差来表示。

图 7-6 所示是测量精确度的示意图,坐标系的原点代表真实值,小圆点在坐标系的位置代表其测量值。图 7-6(a)中,测量数据比较分散,表明该轮测量的随机误差大(不精密),但测量数据大致均匀分布在原点附近,也就是说测量结果的平均值接近原点(真实值),因此该轮测量结果准确;图 7-6(b)中,测量数据比较密集,表明该轮测量的随机误差小(精密),但测量数据的平均值偏离原点(真实值),因此该轮测量结果不准确;同理可知图 7-6(c)的测量结果不精密也不准确,而图 7-6(d)的测量结果精密且准确。

5. 稳定性和漂移

稳定性表示传感器在规定条件下保持其输入输出特性固定不变的能力。输入量不

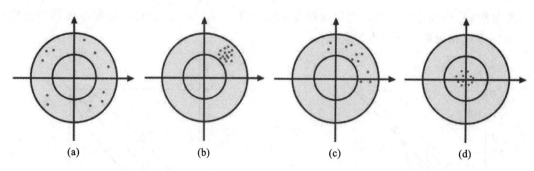

图 7-6 精确度示意图

(a)不精密但准确 (b)精密但不准确 (c)不精密且不准确 (d)精密且准确

变,传感器的输出量随时间的变化而发生缓慢变化的情况称为漂移。当输入为零时,传感器输出产生的漂移称为零点漂;当输入为定值时,传感器输出产生的漂移称为动态漂移。产生漂移的主要原因有两方面:一方面是传感器自身结构参数的变化;另一方面是周围环境对输出的影响,例如由温度变化引起的漂移称为温度漂移。

7.3.3 常用传感器

传感器的种类繁多,分类方法也很多。按传感器的用途分类,传感器可分为位移传感器、压力传感器、温度传感器等。按传感器的工作原理分类,传感器可分为电阻应变式传感器、电感式传感器、电容式传感器和压电式传感器等。习惯上常把两者结合起来命名传感器,比如电阻应变式力传感器、电感式位移传感器和压电式加速度传感器等。

对于工业机器人、数控机床等包含运动控制的自动化装备,通常还按内部传感器和外部传感器对所用的传感器进行分类。内部传感器是自动化装备用于感知自身状态的功能元件,是完成自身伺服控制所必需的传感器,如位置感知传感器、速度感知传感器、加速度感知传感器和倾角感知传感器等;外部传感器是自动化装备用于检测周边环境和识别、感知目标对象状态的传感器,常用外部传感器包括视觉传感器、接近觉传感器、触觉传感器、距离传感器、力觉传感器和听觉传感器等。

1. 电阻应变式传感器

电阻应变式传感器是一种利用电阻应变片(见图 7-7)将应变力转换为电阻值的传感

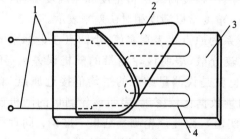

图 7-7 电阻应变片

1—引线;2—覆盖层;3—基片;4—敏感栅

器。电阻应变式传感器由弹性元件、电阻应变片、补偿电阻和外壳组成。如图 7-8(a)所示,电阻应变片 R_1、R_2 粘贴在悬臂弹性梁表面,弹性梁受到力 P 的作用而产生变形,附着其上的电阻应变片因跟随变形而引起电阻变化,通过测量电阻值的变化量,可以算得力 P 的大小。图 7-8(b)是 S 形拉力传感器的原理图,图 7-8(c)是实物图,R_1,R_2,R_3 和 R_4 四个应变片粘贴在 S 形弹性梁上，传感器受到拉力 **P** 的作用时，弹性梁变形并引起应变片电阻的变化，将四个应变片电阻连接成电桥电路，可以从电桥的输出中直接得到应变量的大小，从而得到作用在传感器上的拉力值。常用弹性元件的结构形式有：受拉压的直杆、受弯曲的梁、受扭转的圆轴、受均布压力的薄圆板、受内压的圆筒、受径向载荷的圆环以及受轴向载荷的剪切轮辐式结构等。

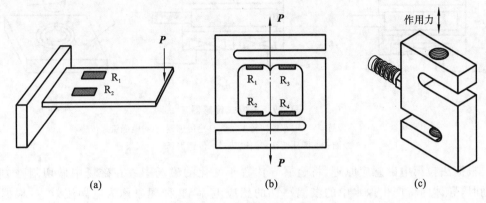

图 7-8 电阻应变式传感器

(a)悬臂梁式压力传感 (b)S 形拉力传感器原理 (c)拉力传感器实物图

电阻应变片可分为金属应变片与半导体应变片两类。金属应变片的灵敏度较低，但温度稳定性较好，用于测量精度要求较高的场合。半导体应变片的最大优点是灵敏度高，比金属应变片要高得多，另外，还有横向效应和机械滞后小、体积小等特点。它的缺点是温度稳定性差，在较大应变下，灵敏度的非线性误差大，在使用时一般需要采取温度补偿和非线性补偿措施。

除了将应变片粘贴在弹性元件上，作为测量拉力、压力、位移等物理量的传感器外，还可以将应变片直接粘贴在试件上，用来测量工程结构受力后的应力分布或所产生的应变，为结构设计、应力校核或结构在使用中产生破坏的原因分析等提供试验数据。电阻应变式传感器可以用来测量应变、力、扭矩、位移、加速度等多种参数。电阻应变式传感器具有灵敏度高、测量精确、响应快、技术成熟等特点，在各行业获得了广泛应用，比如电子秤、地磅、桥梁变形监测、工业机器人的关节力觉传感、加速度传感等。

2. 电感式传感器

电感式传感器利用电磁感应把被测的物理量（如位移、压力、流量、振动等）转换成线圈的自感系数和互感系数的变化量，再由电路转换为电压或电流的变化量输出，实现非电量到电量的转换。电感式传感器的种类较多，主要有自感式、差动变压器式和电涡流式。图 7-9(a)所示是螺线管式自感传感器，它由螺线管（线圈）、磁芯和圆柱衔铁组成，线圈通过交流电时，周边产生磁场，当圆柱衔铁（沿水平方向）产生位移时将引起磁路中磁阻变化，从而导致线圈的电感量变化；测量电感量的变化，就能获知衔铁位移量的大小和方向，实现测量位移的目的。自感式传感器容易受环境温度、湿度、电源波动等因素影响，因此实用的自感式传感器一般采用差动式结构。图 7-9(b)是双螺线管差动式自感传感器，除了可以改善非线性、提高灵敏度外,它对电源电压及温度变化等外界影响也有补偿作用,提高了传感器的稳定性。差动式传感器精度较高,量程范围较大,可用于位移、液位、流量等的测量。

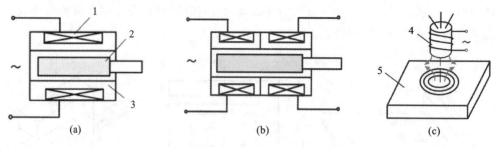

图 7-9　电感式传感器

(a)螺线管式自感传感器　(b)双螺线管差动式自感传感器　(c)电涡流式传感器

1—线圈;2—圆柱衔铁;3—磁芯;4—传感头;5—金属板

根据法拉第电磁感应原理,将金属导体置于变化的磁场中或在磁场中做切割磁力线运动时,导体内将产生像水中的漩涡一样的感应电流,这种现象称为电涡流效应,根据电涡流效应制成的传感器称为电涡流式传感器。如图 7-9(c)所示,电涡流式传感器的线圈通过交流电时周边产生磁场,传感头靠近金属板时,因为切割磁力线,金属板内产生电涡流效应,感应电流产生的磁场引起传感头线圈的电感量变化,测量电感量的变化,就能获知传感头与金属板的相对位置,实现测量位移的目的。电涡流式传感器具有结构简单、使用方便、灵敏度高、不受油污介质影响等优点,而且还可用于动态非接触测量。它测量位移的范围为 $0 \sim 30$ mm,在量程为 $0 \sim 1$ mm 时分辨率可达 $1 \mu m$,线性误差小于 3%。这种传感器在测量位移、振幅、材料厚度等参数方面应用较多。高速旋转机械中,在测量旋转轴的轴向位移和径向振动,以及连续监控等方面,电涡流式传感器有独特的优势。

3. 电容式传感器

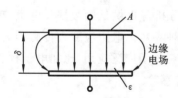

图 7-10　平行极板电容器

电容式传感器利用平板电容器(见图 7-10)的工作原理,将被测物理量转换为电容量变化。如果不考虑边缘效应,两平行极板组成的电容器的电容量为

$$C = \frac{\varepsilon A}{\delta} \qquad (7-8)$$

式中:ε 为极板间介质的介电常数;

A 为两极板相互覆盖的面积;

δ 为两极板之间的距离。

由式(7-8)可见,ε、A、δ 三个参数都直接影响电容量 C 的大小。实际的电容式传感器一般保持其中两个参数不变,而使另一个参数变化,这样只要这个变化的参数与被测量存在一定的函数转换关系,则被测量的变化就可以通过电容量的变化反映出来。根据变化的参数的不同,电容式传感器可以分为三种类型:变极距型、变面积型和变介电常数型。

电容式传感器具有结构简单、灵敏度高、动态响应快等优点,可实现非接触测量,具有平均效应,可工作在高温、低温、强辐射等恶劣的环境中。影响其测量精度的主要因素是电路寄生电容、电缆电容和温度、湿度等外界干扰。要保证它的正常工作,必须采取极良好的绝缘和屏蔽措施。随着集成电路技术的发展和工艺的进步,上述因素对测量精度的影响已大为减少,为电容式传感器的应用开辟了广阔的前景。电容式传感器可用来测量直线位移、角位移、振动振幅,尤其适合测量高频振动振幅、精密轴系回转精度、加速度等机械量,在压力、厚度、液位、湿度等测量中也广泛应用。

4. 压电式传感器

压电式传感器是以压电效应为基础,实现非电量到电量的转换。如图 7-11 所示,当某些材料沿着一定方向受到作用力时,该材料不但产生机械变形,而且内部极化,表面有电荷出现;当外力去掉后,又重新恢复到不带电状态,这种现象称为压电效应。

压电式传感器输出的电荷量很小,而且压电元件本身的内阻很大,因此通常把传感器信号先输入具有高输入阻抗的前置放大器,经过阻抗变换以后,再进行其他处理,目前常采用电荷放大器作为前置放大器,压电式传感器主要用于测量动态的应力。

压电式传感器动态特性好、体积小、质量轻,常用来测量动态力、压力,如测量振动加速度的惯性拾振器大多采用压电式传感器;又如压电式加速度传感器是一种常用的加速度计,它具有结构简单、体积小、质量轻、使用寿命长等优异的特点。压电式加速度传感器在数控机床、工业机器人、飞机、汽车、船舶、桥梁和建筑的振动和冲击测量中已经得到了广泛的应用,特别是航天航空和宇航领域中具有特殊地位。

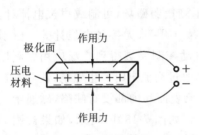

图 7-11 压电效应

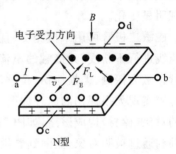

图 7-12 霍尔效应原理图

5. 磁敏传感器

磁敏传感器的磁敏元件对磁场敏感,利用磁场作为媒介,可以将很多物理量转换成电信号。常用的磁敏元件有霍尔元件、磁敏电阻、磁敏管等。

1)霍尔元件

霍尔传感器是根据霍尔效应制作的一种磁场传感器。如图 7-12 所示,将导电体薄片置于磁场 B 中,如果在 a、b 端通以电流 I,则在 c、d 端就会出现电势差,这一现象称为霍尔效应。电势差也称为霍尔电势。

霍尔元件可以用来测量磁场强度、位移、力、角度等。霍尔元件输出的电压信号较小,并且有一定的温度误差。随着半导体工艺技术的发展,目前霍尔传感器都是将霍尔元件、放大器、温度补偿电路及稳压电源做在一个芯片上。霍尔传感器可分成线性霍尔传感器及开关型霍尔传感器。线性霍尔传感器的输出电压与外加磁场强度在一定范围内呈线性关系,可以用来检测磁场的强弱。开关型霍尔传感器内部含有霍尔元件、放大器、稳压电源、带一定滞后特性的比较器及集电极开路输出部分等,它的输出是开关(数字)量。开关型霍尔传感器尺寸小、工作电压范围宽、无触点、无磨损、位置重复精度高、工作可靠,适用于气动、液动、气缸和活塞泵的位置测定,亦可作限位开关用。与电感式开关相比,霍尔开关可安装在金属中,可并排紧密安装,可穿过金属进行检测。直流无刷电动机用霍尔元件检测转子的位置,以实现电子换向,具有简单、可靠且成本低等优点。

2)磁敏电阻

将一载流导体置于外磁场中,除了产生霍尔效应外,其电阻也会随磁场而变化,这种现象称为磁电阻效应,简称磁阻效应,磁敏电阻器就是利用磁阻效应制成的磁敏元件。电阻率的增加是因为运动电荷在磁场中受到洛仑兹力的作用而发生偏转后,从一个电极流到另一个电极所经过的途径,要比无磁场作用时所经过的途径长些。磁阻效应与半导体材料的迁移率、几何形状有关,一般迁移率愈高,元件的长宽比愈小,磁阻效应愈大。

磁敏电阻的频率特性好,动态范围宽,噪声低,可以广泛应用于许多场合,在测量时可制成无触点开关、压力开关、旋转编码器、角度传感器、转速传感器、位移传感器等。

3)磁敏管

磁敏管包括磁敏二极管和磁敏三极管。磁敏二极管灵敏度很高,为霍尔元件的数百甚至上千倍,又能识别磁场方向而且线路简单、功耗小,但它的灵敏度与磁场关系呈线性的范围比较窄,而且受温度影响较大。磁敏三极管在正、反向磁场作用下,其集电极电流出现明显变化。

磁敏二极管可用来检测交、直流磁场,特别适合于测量弱磁场,可制成钳位电流计,对高压线进行不断线、无接触的电流测量,还可用作无触点开关、无接触电位计等。磁敏三极管在磁力探测、无损探伤、位移测量、转速测量及自动控制领域得到广泛应用。利用漏磁检测实现无损探伤的原理如图7-13所示,激励线圈通过交流电时产生磁场,铁芯和被探测的对象(棒材)构成磁路,如图7-13(a)所示,如果对象表面和内部没有缺陷,磁通绝大部分顺利通过被测对象,泄漏到磁敏管探头的磁通很少。如图7-13(b)所示,如果被测对象表面或近表面存在缺陷,缺陷处及其附近区域磁阻增加,从而使缺陷附近的磁场发生畸变,部分磁通在工件内部绕过缺陷,部分磁通直接穿过缺陷,还有部分磁通离开工件的表面经空气绕过缺陷,这部分即为漏磁通,通过磁敏管探头检测漏磁,再对检测到的漏磁信号进行信号放大、降噪和分析,可以建立漏磁场和缺陷的量化关系,实现无损探伤检测。

6. 光电式传感器

光电式传感器是将光量转换为电量,其物理基础是光电效应。光电效应通常又分为外光电效应和内光电效应两大类。在光的照射下,金属中的自由电子吸收光能而逸出金属表面的现象称为外光电效应。基于外光电效应的器件有光电管和光电倍增管等。受光的照射后半导体材料的电导率发生变化的现象称为光导效应,而受光的照射后产生电势的现象称为光生伏特效应,这两种现象统称为内光电效应。基于光导效应的光电器件有光敏电阻,基于光生伏特效应的光电器件有光电池、光敏晶体管等。光敏电阻的光照特性是非线性的,常用作开关式光电传感器。光电池直接将光能转换成电能,目前应用最广泛的是硅光电池,它的性能稳定、光谱范围宽、频率特性好,用于可见光。硅光电池可做成检

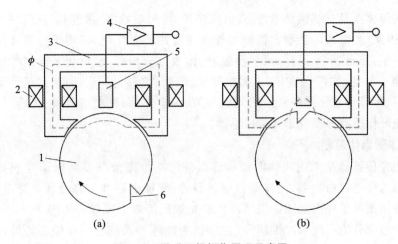

图 7-13　漏磁无损探伤原理示意图

（a）探测区域无损伤　（b）探测区域有损伤

1—被探棒材；2—激励线圈；3—铁芯；4—信号放大器；5—磁敏管探头；6—缺陷

测元件来测量光线的强弱,也可制成电源使用,称为太阳能硅光电池。

　　光电传感器是采用光电元件作为检测元件的传感器。光电开关是工业现场常用的一种光电传感器,常用的光电开关有对射式和反射式,图 7-14 所示为一种反射式光电传感器,光电传感器通常由光束发射器(发光二极管)和光束接收器(光敏三极管)组成。发光二极管发出可见光或不可见光,光束接收器负责接收投射(或反射)过来的光,并将其转换为电信号,信号处理电路负责信号放大和判断处理,信号输出电路通过输出高/低电平(或接通/断开),给出是否检测到目标物(被检测对象)的判断信号。图 7-15 所示为对射式光电传感器,当物体没有遮挡光束时,接收器接收到的光强足够高,因此传感器输出一种稳定的信号(比如高电平);当检测对象遮挡光束时,进入接收器的光强较弱或没有,传感器信号输出翻转为另一种状态(比如低电平)。反射式光电传感器的光束发射器、接收器以及相关的电路模块集成在一起,通过接收从被检对象表面反射回来的光的强弱,检测目标物的有无。

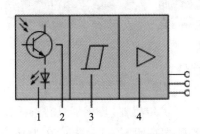

图 7-14　反射式光电传感器构成图

1—光束发射器；2—光束接收器；

3—信号处理；4—信号输出

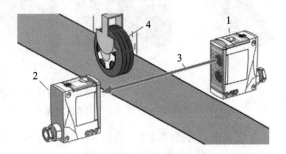

图 7-15　对射式光电传感器的检测原理

1—发射器；2—接收器；3—光束；4—检测对象

光电式传感器具有结构简单、形式灵活多样、可测参数多、精度高、反应快和非接触测量等优点,因此,光电式传感器在检测和控制中应用非常广泛,可用于检测直接引起光量变化的非电量,如光强、光照度、辐射测温、气体成分分析等;也可用来检测能转换成光量变化的其他非电量,如零件直径、表面粗糙度、应变、位移、振动、速度、加速度等。工业机器人、数控机床等自动化设备常用的光电开关、安全光幕、光电编码器、光栅尺、激光位移传感器和光纤传感器等都属于光电传感器。

7. 固体图像传感器

固体图像传感器是采用固体图像敏感器件将二维图像变换为电信号的光电式传感器。固体图像传感器由物镜、固体图像敏感器件、驱动电路和信息处理电路组成,物镜的作用是使被拍摄对象在固定图像敏感器件的光敏区清晰地成像。如图 7-16 所示,固体图像敏感器件通常分为一维和二维两种(也常称为线阵和面阵),一维敏感器件由排列整齐的光敏元件一维阵列组成,扫描一次只能摄取一行图像信息;二维敏感器件由排列整齐的光敏元件二维阵列组成,扫描一次可以一次获得整幅图像;每个光敏元件对应图像的一个像素。图 7-16(a)所示为线阵图像敏感器件,图 7-16(b)所示为线扫描工业相机。手机、数码相机等的摄像头一般用二维敏感器件,图 7-16(c)所示为面阵式图像敏感器件,图 7-16(d)为面阵式工业相机。图像敏感器件工作时,在驱动电路的作用下按行输出脉冲信号,每个脉冲的幅值与它所对应像素的光强度成正比。图像脉冲信号通过信息处理电路进行放大和处理后,得到模拟图像信号,早期相机的输出是模拟图像信号,进行数字图像处理前需要用图像采集卡将模拟图像信号转换为数字图像信号。当前主流的工业相机都集成了模数转换模块、图像信号处理器/微处理器和通信接口。模数转换模块将模拟图像转换成数字图像,图像处理器对图像进行增益补偿、亮度、白平衡、色饱和度、对比度以及伽马矫正等图像预处理。工业相机通过通信接口与 PLC、计算机等连接,实现图像传输和操作交互,工业相机常用的通信接口包括 USB、GigE、CameraLink 和 CoaXPress 等。

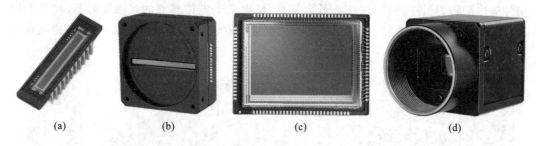

（a）　　　　　　　（b）　　　　　　　　　　（c）　　　　　　　　　（d）

图 7-16　图像传感器和工业相机
（a)线阵图像敏感器件　(b)线扫描工业相机　(c)面阵式图像敏感器件　(d)面阵式工业相机

CCD(电荷耦合器件传感器)与 CMOS(金属氧化物半导体传感器)传感器是普遍采用的两种固体图像传感器,CCD 和 CMOS 在制造上的主要区别在于 CCD 是集成在半导体单晶材料上,而 CMOS 是集成在被称作金属氧化物的半导体材料上。两者均利用光敏元件进行光电转换,将图像转换为数字信号,而其主要差异是数据传送的方式不同。CCD 传感器的每一行中每一个像素的电荷数据都会依次传送到下一个像素中,由最底端部分输出,再经由传感器边缘的放大器进行放大输出;而在CMOS传感器中,每个像素都会连接一个放大器及A/D转换电路,用类似内存电路的方式将数据输出。造成这种差异的原因在于CCD的特殊工艺可保证数据在传送时不会失真,因此各个像素的数据可汇聚至边缘再进行放大处理;而CMOS工艺的数据在传送距离较长时会产生噪声,因此必须先放大再整合各个像素的数据。

CMOS的成像质量和CCD的相比有一定差距,CCD传感器在灵敏度、分辨率、噪声控制等方面优于CMOS传感器,但CMOS传感器具有高整合度、低功耗以及低成本的优势,当前采用CMOS作为感光元件的产品,结合CMOS图像分辨率高和微处理器/图像信号处理器算力强大的优势,通过采用增益补偿、亮度、白平衡控制、色饱和度、阴影校正等图像预处理技术,以及多图像融合等高级图像处理技术,CMOS相机的图像效果已经达到与CCD相媲美的程序。CMOS传感器在手机、笔记本电脑、数码相机、视频监控、人脸识别等领域广泛应用,机器视觉领域常用的工业相机、智能相机和立体视觉相机等也主要采用CMOS图像传感器。

8. 视觉传感器

这里的视觉传感,指的是通常所说的机器视觉。机器视觉用相机拍摄目标物的图像,传送给专用的图像处理系统,由图像处理软件通过分析图像的像素分布、灰度、颜色、纹理等特征信息,实现目标识别、定位、尺寸测量、外观检查和判断等功能。机器视觉包括(二维)平面视觉和(三维)立体视觉,相机直接获取的图像只包含二维信息(因此又称为平面视觉),跟真实世界相比损失了深度信息;立体视觉通过工业相机与结构光配合,或者是通过多个相机或单个相机(比如在不同位置)获取同一场景的多幅图像,再通过计算获得目标场景的三维(点云)信息。单相机的机器视觉一般用于工作距离相对固定的场景,比如条码读取、文字识别、平面尺寸测量、平面缺陷检测、视觉定位等众多应用;立体视觉可以获取场景的三维信息,因此使用场合更灵活且功能更强,但硬件成本较高。立体视觉算法更复杂,因此响应速度也比平面视觉慢一些。立体视觉在物料分拣、零部件抓取、三维测量、移动机器人和自动驾驶等领域有广泛的应用前景。

与一般意义上的图像处理系统如多媒体系统相比,机器视觉强调的是精度、速度以及工业现场环境下的可靠性。典型的工业机器视觉系统通常包括:光源、图像传感器、镜头、微处理器/图像处理器、图像处理软件、通信接口/输入输出单元等。因为PC平台具有开放性好、资源丰富和快速发展的优势,机器视觉系统通常在工业计算机平台上实现。基于PC的机器视觉系统利用了计算机的强大计算能力、多媒体功能和开放性,编程灵活,系统总体成本较低,而且支持流行的PC操作系统,有很多专业的或开源的通用图像处理库函数可以选择,用户可用它开发复杂的高级应用。

机器视觉系统开发需要掌握专业的视觉知识和具有较强的软件编制能力,因此众多自动化厂商开发了视觉传感器。视觉传感器通常基于可编程逻辑控制器、微处理器或数字信号处理器,一般将图像采集、图像处理和分析以及基本的输入输出控制功能集成在一起,故视觉传感器具有小型化、高速化、低成本的优势;视觉传感器一般采用微处理器或数字信号处理器作为图像处理器,系统软件固化在图像处理器中;与基于计算机的视觉系统相比,视觉传感器像一个智能化的传感器,使用简单,用户只需要进行简单的参数设置即可使用,对专门的机器视觉知识要求较少,也不要求具有编程能力。视觉传感器具有较高的图像信号处理速度,但功能相对简单,适用于高速的工业应用场景,如对目标物形状匹配、尺寸测量、缺陷检测、文字识别、条码读取等应用。

与人类视觉相比,机器视觉的传感速度更快、更客观而且可以长期连续工作,视觉传感与机器人或其他自动化设备配合,可代替人完成许多工作。机器视觉广泛应用于工业、安防、智能交通、医疗、军事等众多领域。在工业领域,机器视觉用于自动检测和自动化加工,很大程度上提高了生产自动化水平和检测系统的智能水平,使得整个生产过程更加智能化和高效化。机器视觉的工业应用包括检验、计量、测量、定向、瑕疵检测和分拣,以下是一些应用范例。

• 自动化组装行业 通过机器视觉识别目标物及其姿态,引导机器人抓取目标物,实现工件抓取和组装。

• 物流、仓储行业 机器人利用视觉传感器实现物料自动分拣、包装;移动机器人通过机器视觉导航,实现物料自动搬运。

• 电子组装领域 贴片机、异型插件机等利用机器视觉识别元件和 PCB(印制电路板)的姿态,修正贴装头、插件头的贴插位置和姿态;自动光学检测设备利用机器视觉自动检查电路板元件贴装、插装、焊接等组装质量。

• 机械加工行业 检测实现钢板表面的自动探伤、大型工件平行度和垂直度测量、容器容积或杂质检测、机械零件的自动识别分类和几何尺寸测量等。

• 在汽车组装厂 引导机器人实现车门边框自动涂胶,并检验胶体是否连续,是否有正确的宽度;在线检测车身轮廓尺寸是否符合标准。

• 饮料灌装生产线 校验瓶盖是否正确密封、装灌液位是否正确,标签是否完整,以及在封盖之前是否有异物掉入瓶中。

• 智能交通管理 在交通要道放置摄像头,拍摄违章车辆照片并传输给中央管理系统,系统利用图像处理技术,将车牌号提取并存储在数据库中供管理人员检索;停车场或工业园等自动车闸通过机器视觉自动识别车牌号,进行自动收费或进出管理。

• 医疗图像分析 血液细胞自动分类计数、染色体分析、癌症细胞识别等。

图 7-17 所示为 3C 电子行业将机器视觉用于电路板分拣的实例,在该系统中利用机器视觉识别和定位电路板,工业机器人根据识别结果将不同类型的电路板摆放到对应的流水线,以便进行下一步的加工,从而实现多品种产品的混线生产。

9. 雷达传感

基于视觉和雷达传感的自动驾驶技术是当前研究热点,机器视觉、超声波雷达、毫米波雷达和激光雷达广泛应用于汽车自动驾驶、无人机和无人艇等诸多领域。在智能制造领域,移动机器人和无人搬运车等广泛应用于自动化仓储、物料分拣和智能产线物料输送与搬运等场景中。移动机器人和无人搬运车等通过雷达传感和机器视觉等传感技术,感知周围环境的地形和障碍物,并根据这些信息进行地图构建、路径规划、定位导航和避障。自主导航和避障技术大大提高了机器人的智能,雷达传感是自动导航和避障的关键技术。

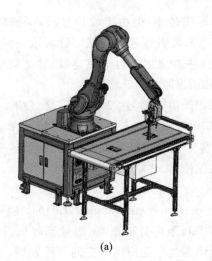
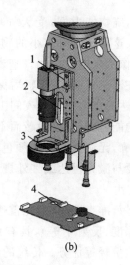

(a)　　　　　　　　　　(b)

图 7-17　电路板自动分拣系统

（a）自动分拣系统　（b）分拣系统的机器视觉部分

1—工业相机；2—工业镜头；3—环形 LED 光源；4—电路板

1）超声波雷达

超声波是指频率高于 20 kHz 的机械波，它具有频率高、波长短、绕射现象小、方向性好、能够定向传播等特点。超声波可以在气体、液体及固体中传播，其在不同介质中的传播速度不同。超声波在空气中传播衰减较快，而在液体及固体中传播衰减较慢，传播较远。超声波碰到杂质或分界面会产生显著反射形成反射回波，碰到活动物体能产生多普勒效应。超声波传感器是将超声波信号转换成其他能量信号（通常是电信号）的传感器，超声波传感器在工业方面的应用包括无损探伤、超声波测厚、液位检测、移动机器人防撞等。

超声波雷达是一种利用超声波测算距离的传感器装置，工作原理是通过超声波发射装置向外发出超声波，接收器接收超声波遇到障碍物时反射回来的部分回波，通过接收和发送超声波的时间差来计算障碍物的距离。超声波的散射角度较大，不利于远距离回收信号，所以超声波雷达的工作距离不长，0.1～3 m 时精度较高。在车载传感器中，超声波雷达常用于倒车时测量汽车前后障碍物距离，以及自动泊车时测量侧方障碍物距离。

2）毫米波雷达

毫米波一般指的是波长范围为 1～10 mm 的电磁波，毫米波雷达利用毫米波探测目标物距离，探测距离一般为 0～200 m。毫米波雷达具有波束窄、角分辨力高、频带宽和隐蔽性好的特点，与激光雷达、红外摄像头等设备相比，毫米波雷达对烟、雾、灰尘的穿透能力强，受恶劣天气的影响最小。正因如此，毫米波雷达目前是高速巡航车距保持功能的关键一环。

毫米波雷达与激光雷达的工作原理相似，测距时把无线电波发射出去，根据接收回波与发送无线电波之间的时间差测得目标位置距离数据。目前车载导航领域常用的毫米波雷达频段为 24 GHz、77 GHz 和 79 GHz，分别对应短距离、中距离和长距离雷达。毫米波

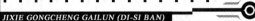
雷达波长够长,绕物能力好,受天气环境的影响最小,但由于波长过长,探测精度大大下降,在探测行人这种反射面较小的物体时,毫米波雷达容易误报。针对这一问题,一般通过配合高清摄像头来组合探测。毫米波雷达主要应用于自适应巡航、自动刹车辅助系统等,通常安装在汽车正前方、车辆后保险杠和前保险杠内等位置。

毫米波雷达的优势是可在夜间工作,探测距离远,可达 200 m,可绕过细小障碍物,穿透雾烟、灰尘的能力强,安装隐蔽而不影响车辆外观。毫米波雷达的劣势是无法准确判断障碍物立体轮廓,无法判断物体颜色,在雨雾天气等潮湿环境中性能会衰减,树丛穿透能力差,一般需要与激光雷达或红外摄像头搭配使用。

3)激光雷达

激光波长短,准直性高,激光雷达(light detection and ranging,LiDAR)能获得目标多种图像信息(深度、反射率等),具有角分辨率和距离分辨率高、测量速度快、抗干扰能力强、体积小和质量轻等优势。传统的激光测距雷达广泛应用于空间测绘领域,在工业自动化领域用于区域安全检测、位移测量等。随着人工智能行业的兴起,激光雷达已成为移动机器人定位导航的核心传感器,借助于激光雷达,移动机器人可以实时定位导航和感知识别障碍物,实现自主行走。激光雷达当前广泛用于自动驾驶、扫地机器人、无人机、移动机器人、无人叉车等领域。

激光雷达主要由激光发射模块、接收模块、扫描模块和控制模块等子系统组成。激光器发射出的窄脉冲光束在照射到树木、道路、桥梁和建筑物等周边环境实物时,反射回来的部分光束被接收器接收,根据激光测距原理可计算得到(目标表面)投影点到激光雷达的距离,结合测量该点时光束的扫描角度,可得到该点相对激光雷达的三维坐标信息。扫描模块将激光束偏转至不同角度,可扫描测量得到周边空间的三维点云信息。

在机器人自主定位导航中,机器人通过激光雷达或机器视觉扫描得到周围环境的 2D/3D 点云数据,结合即时定位与地图构建(simultaneous localization and mapping,SLAM)算法,可确定自身所在位置并构建环境地图。工业和民用激光雷达目前主要通过三角测距法与飞行时间(time of flight,TOF)方法实现测距。TOF 雷达的测距范围更远,在一些要求远距离测量的场合(如无人驾驶领域)应用居多,而三角测距激光雷达用于短距离测量,其制造成本相对较低,精度可满足很多工业和民用要求,如室内扫地机器人。

从产品类别来看,激光雷达可以分为机械式激光雷达、纯固态激光雷达和混合固态激光雷达等,目前物流移动机器人领域主要采用机械式激光雷达和混合固态激光雷达。机械式激光雷达还分为单线激光雷达和多线激光雷达。室内物流移动机器人常采用单线激光雷达,而室外物流移动机器人(如无人物流车,以及不同厂区间的重型转运 AGV)一般采用多线激光雷达,并与 GPS 等设备配合使用,以满足不同场景的需求。单线激光雷达发出的是单线光束,因此单线激光雷达获取的数据只是周边环境(同一高度的)轮廓线点云数据,无法得到物体的高度信息。多线激光雷达可在不同高度同时发射多束激光,因此可以获取目标物表面(一定高度范围的)轮廓面点云数据,可以识别物体的高度信息,可用于构建周边环境的立体地图。

7.3.4 传感器信号的变换与调理

传感器的敏感元件的作用是将非电参量(被测对象)转换为电阻、电感、电容等电参量,信号转换电路的作用是将电参量转换为易于测量和处理的电压、电流或频率等电信号;转换电路的输出信号通常比较微弱,一般为毫伏级甚至微伏级,往往还混有各种噪声,因此还要进行必要的放大、滤波等各种信号调理后才可以送入显示装置、执行机构或计算机。如图 7-18 所示,一般将信号转换、信号放大和信号滤波等电路模块称为传感器的信号变换与调理电路。

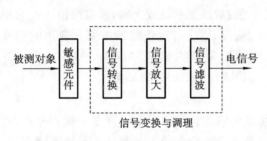

图 7-18 传感器的信号变换与调理

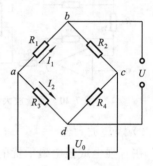

图 7-19 直流电桥的基本原理

1. 信号转换

被测对象引起敏感元件的变化一般很微弱,通常需要用专门的电路来测量这种微弱的变化,常用的信号转换电路是电桥电路,主要有直流和交流电桥电路。电桥可以将电阻、电感、电容等电参量的变化,转变为电压或电流输出。电桥电路连接简单、灵敏度和精确度较高,在测试装置中得到了广泛的应用。直流和交流电桥分别采用直流和交流电源作为激励电源,待测电参量为电阻时,直流和交流电桥都适合,待测电参量是电感、电容时则要采用交流电桥。电桥电路有两种基本的工作方式——平衡电桥(零检测器)和不平衡电桥,在传感器中主要是不平衡电桥。图 7-19 是直流电桥的基本原理图,R_1、R_2、R_3 和 R_4 是电桥各桥臂电阻,U_0 是直流电源电压,U 是输出电压。电桥还可以分为单臂、半桥和全桥三种工作方式:单臂电桥中只有一个臂接入被测量,其他三个臂采用固定电阻;半桥工作方式中电桥的两个臂接入被测量,比如令图 7-19 中的 R_1 和 R_2 为被测量,另两个为固定电阻,半桥方式要求两个被测量的变化量应该呈负相关,比如 ΔR_1 应接近或等于 $-\Delta R_2$;全桥方式中四个桥臂都接入被测量。电桥不同工作方式的差异主要在于灵敏度,其中全桥灵敏度高于半桥,而单臂电桥灵敏度最低。对于应用不平衡电桥电路的传感器,电桥中的一个或几个桥臂电阻对其初始值的偏差相当于被测量的大小变化,电桥只将这个偏差变换为电压或电流输出。

2. 信号放大

对于直流或缓变信号,早期由于直流放大器的漂移较大,需要将较微弱的直流信号调制成交流信号,然后用交流放大器放大,再解调成为直流信号。随着集成运算放大器性能的改善,目前已经可以组成性能良好的直流放大器。利用运算放大器可组成反相输入、同相输入和差动输入放大器。

1) 测量放大器

反相、同相和差动放大器一般仅适用于信号回路干扰少或信噪比较高的场合。当传感器的输出信号中含有较大的噪声和共模干扰时可采用测量放大器对信号进行放大。共模干扰是指在传感器的两条传输线上产生的完全相同的干扰。测量放大器又称仪表放大器,它具有线性好、共模抑制比高、输入阻抗高和噪声低等优点。如图 7-20 所示,测量放大器的基本电路由三个运算放大器组成。它是一种两级串联放大器,前级由两个同相放大器组成,为对称结构,输入信号可以直接加到输入端,故输入阻抗高和抑制共模干扰能力强;后级是差动放大器,将双端输入变为单端输出,适应对地负载的需要。常用的单片集成测量放大器有 AD521、AD522、INA101、INA118 和 LH0038 等。

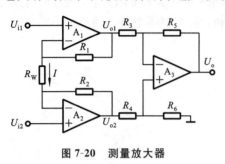

图 7-20　测量放大器

2) 隔离放大器

在有强电或强电磁干扰的环境中,传感器的输出信号中混杂着许多干扰和噪声,而这些干扰和噪声大都来自地回路、静电耦合以及电磁耦合。为了消除这些干扰和噪声,除了将模拟信号先经过低通滤波器滤掉部分高频干扰外,还必须合理地处理接地问题,对放大器进行静电和电磁屏蔽并浮置起来。这样的放大器称为隔离放大器,它的输入和输出电路之间没有直接的电路联系,只有磁路或光路的联系。

3. 信号滤波

几乎所有的信号都会受到一定程度的噪声影响,如来自交流电源或机械设备的工频噪声、转换电路和信号放大电路的暗电流噪声等。噪声会影响有用信号的检出,严重时会导致测量结果失真,因此有必要将噪声和有用信号分离出来。根据高等数学理论,任何一个满足一定条件的信号,都可以看成由无限个正弦波叠加而成。换句话说,工程信号是由不同频率的正弦波线性叠加而成的,组成信号的不同频率的正弦波常称为信号的频率成分或称为谐波成分。

滤波器是具有频率选择作用的电路或运算处理系统,它能使一部分频率范围内的信号通过,而使另一部分频率范围的信号衰减。也就是说,滤波器在一定的频率范围内具有滤除噪声和分离各种不同信号的功能,比如在信号采样前去除不希望的信号或噪声。滤波器的基本功能包括:(1)去除无用信号、噪声、干扰信号以及信号处理过程中引入的信号(如载波)等;(2)分离不同频率的有用信号;(3)对测量仪器或控制系统的频率特性进行补偿。

通常将可以通过的频率范围称为通带,不能通过的频率范围称为阻带,通带与阻带的界限频率为截止频率。按照滤波器的通频带滤波器可分为低通、高通、带通、带阻滤波器,图 7-21 所示为这四种滤波器的幅频特性,其中 f_1、f_2 为截止频率。从图 7-21(a)可见,对于低通滤波器,低于截止频率 f_2 的信号可以正常通过,而频率高于 f_2 的信号被衰减。为了满足香农信号采样定理,信号进行 A/D(模拟/数字)转换前都要进行低通滤波。将高通滤波和低通滤波模块串联可以构成带通滤波模块,而带阻滤波器可以通过低通滤波和高通滤波并联实现。

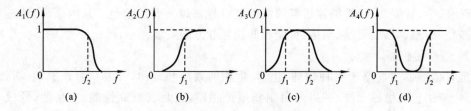

图 7-21　四种常见滤波器的幅频特性
(a)低通滤波器　(b)高通滤波器　(c)带通滤波器　(d)带阻滤波器

按所采用元器件的不同,滤波器可分为无源和有源滤波器。无源滤波器通常由电阻、电容和电感组成,无源滤波器的优点是电路简单、抗干扰性强、有较好的低频性能、可靠性高而且成本低;缺点是通带内的信号有能量损耗,负载效应比较明显,使用电感元件时容易引起电磁感应,在低频域使用时电感的体积和质量较大,而且选择性差,多级串联时输入输出阻抗不容易匹配。无源滤波器可应用于高频、高电压和大电流的场合,在电力、油田、钢铁、冶金、煤矿、石化、造船、汽车、地铁、新能源等行业应用广泛。有源滤波器一般由电阻、电容和有源器件(运算放大器、三极管、场效应管)构成,其优点是可以补充能量损耗,因此有源滤波器通带内的信号不仅没有能量损耗,而且还可以放大,负载效应不明显,多级相连时相互影响很小,利用简单的级联方法很容易构成高阶滤波器,并且滤波器的体积质量小,不需要磁屏蔽(由于不使用电感元件);缺点是通带范围受有源器件(如集成运算放大器)的带宽限制,而且需要直流电源供电,可靠性不如无源滤波器高,在高压、高频、大功率的场合不适用。有源滤波器由于具有优良的性能,因而在工业检测等领域获得了广泛的应用。

根据滤波器所处理的信号性质,其可分为模拟滤波器和数字滤波器。模拟滤波器采用模拟电路实现滤波功能。数字滤波器用计算机软件实现滤波功能,也可用大规模集成数字硬件实时实现滤波功能。如图 7-22 所示,应用数字滤波器处理模拟信号时,首先须对输入模拟信号进行限带信号滤波(低通或带通滤波),再进行模数转换,如果需要输出模拟信号,数字滤波器处理的输出数字信号须经数模转换、平滑再输出。与模拟滤波器相比,数字滤波器具有高精度、高可靠性、可程序控制改变特性、复用、便于集成等优点。

图 7-22　数字滤波器方框图

数字滤波器在语言信号处理、图像信号处理、医学生物信号处理以及其他应用领域都得到了广泛应用。数字滤波器的缺点与有源滤波器类似,另外由于增加了信号转换和数据处理等功能模块,其响应频率也低一些。

7.3.5 传感器技术发展趋势

随着微电子、微加工、计算机和通信网络等技术的迅速发展,传感器在物联网、智能制造、智能城市、智能交通、智能家居等领域扮演着越来越重要的角色。总的来说,传感器正朝着新型、微型、集成、无线、网络、智能和低功耗等方向发展。

1) 新型传感器

现有传感器主要基于各种物理、化学、生物的效应和定律,开发具有新原理、新效应、新材料、新工艺的敏感元件,并以此研制新型传感器,这是发展高性能、多功能、低成本和小型化传感器的重要途径。另外,生物传感器和仿生传感器也是未来的重要突破点,随着智能机器人技术的发展,各种模拟人类和大自然其他生物的感觉器官的传感器也是当前的研究热点之一,如机器人灵巧手的力觉传感器、触觉传感器和滑觉传感器等。

2) 微型和集成传感器

随着微电子技术和微机电系统(MEMS)技术的迅速发展,传感器的集成度越来越高,体积越来越小,微型传感器将敏感元件、信号处理电路和微处理器等集成在芯片上,具有体积小、功耗低、响应速度快、成本低等优点。微型传感器在工业自动化、智能家居、医疗健康、环境监测等方面有广泛的应用前景。传感器集成化包括传感器与后续电路的集成化和传感器本身的集成化两大类。传感器与后续电路的集成化是将敏感元件、信息处理或转换单元以及电源等部分利用半导体技术制作在同一芯片上;集成传感器具有传统传感器无法达到的优势,它将辅助电路中的元件与传感元件集成在一块芯片上,使之具有校准、补偿、自诊断和网络通信等功能。将多个具有不同功能的传感元件集成在一起,同时测量多种参数,不仅容易实现补偿和校正,而且通过对这些参数的测量结果进行综合处理和评估,可以更真实、更全面地反映被测系统的整体状态。微型化和集成化是新型传感器重要的发展方向之一。

3) 无线传感器网络

无线传感器网络(wireless sensor network,WSN)是在传感器技术、微处理器技术和无线通信技术基础上发展起来的一种集成了分布式传感、信息处理和传输等功能于一体的新型传感技术,是物联网的关键技术。无线传感器网络由大量独立的、微功耗的、无线传感器节点组成。无线传感器节点由传感器、处理器和无线通信模块组成。传感器模块负责信息采集和转换;处理器模块负责控制整个节点的操作,包括存储和处理自身采集的数据和其他节点发来的数据;无线通信模块负责无线通信、交互控制消息和收发业务数据。传感器节点用于采集环境中的各种数据,如温度、湿度、压力、光线、雷达波、地震波等,这些数据通过无线信号传输到中心节点或者远程服务器,从而实现数据的采集、存储和分析。

在智能制造和工业控制领域,无线传感器网络通过无线通信技术与其他设备和系统进行交互,可以实现更加灵活的数据传输和实时监测。随着传感器和网络技术的发展,无线传感器网络在智能制造、智能交通、环境监测、精准农业、风险监控及军事等诸多领域有着广阔的应用前景。

4）智能传感器

传统的传感器一般输出的是模拟量信号，不具备信号处理和联网通信功能。智能传感器将敏感元件、信号处理、微处理器、数据存储和通信等模块集成在一块芯片上。微处理器的使用大大提高了传感器的性能。智能传感器有自动校零、标定、补偿、采集数据等能力，因此具有较高的精度和分辨率、较高的稳定性及可靠性、较好的适应性。随着硅微细加工、信息处理和网络技术的快速发展，新一代智能传感器的功能将会更加强大，除了具有环境感知、数据处理、数据通信和控制等能力外，还将具有多传感融合、自学习、自决策和自诊断等能力。未来的物联网时代，智能传感器将是市场的主流。

5）低功耗传感器

传感器一般实现非电量向电量的转化，工作时离不开电源。很多物联网设备布置在人们不常接触的区域，比如环境监测网络中的传感器大多布置在野外或远离电网的地方，往往用电池或太阳能供电，这要求传感器具备低功耗性能。为了降低功耗，能源管理是必要的措施，比如为了延长节点的寿命，无线传感器网络采用了节能的策略，如睡眠模式、数据压缩等。这些节能措施可以使节点在长时间内保持睡眠状态，从而减少了能量的消耗。未来传感器将更加注重能源管理，尽可能地降低耗电量，通过能量收集、能量转换等技术实现自我供电也是传感器的重要发展方向之一。

7.4　虚拟仪器概述

7.4.1　虚拟仪器

虚拟仪器是在以通用计算机为核心的硬件平台上，利用高性能的模块化硬件，结合高效灵活的软件完成各种测试、测量和自动化的应用。虚拟仪器的基本构成包括计算机、虚拟仪器软件、硬件接口模块等。与传统仪器仪表不同，虚拟仪器的用户界面、测试功能由用户设计和定义，并通过软件实现，其基本思想是在测试系统或仪器设计中尽可能地用软件代替硬件，即"软件就是仪器"。虚拟仪器代表着从传统硬件为主的测量系统到以软件为中心的测量系统的根本性转变。

虚拟仪器的外部信号输入输出由数据采集卡、GPIB、以太网接口卡等硬件模块完成，仪器的功能主要由软件构成。虚拟仪器利用通用计算机强大的计算能力和图形化操作环境，以软件界面的方式构造虚拟仪器面板，代替传统仪器的硬件面板，通过软件完成仪器控制、数据分析和显示功能。

传统仪器的功能和操作完全由生产厂家定义，虚拟仪器彻底改变了这种模式，虚拟仪器在少量必要的硬件基础上,由用户根据需要定义仪器功能。它的运行主要依赖软件,所以修改或增加功能、改善性能都非常灵活,也便于利用PC的软硬件资源和直接使用PC的外设和网络功能。这得益于通用计算机的开放式结构,虚拟仪器不但可以通过软件扩充和改善仪器的性能,也很容易在现有计算机的硬件基础上改变虚拟仪器的外围硬件实现全新的测量系统。以软件为中心的虚拟仪器系统为用户提供了技术创新条件并大幅降低了生产成本。通过虚拟仪器,工程师和科学家们可以精确地构建满足其需求的测量和自动化系统(用户定义),而不是受传统固定功能仪器(供应商定义)的限制。与传统仪器相比,虚拟仪器具有高效、开放、易用、灵活、功能强大、性价比高、可操作性好等明显优点,具体表现为如下。

(1)智能化程度高,处理能力强。

虚拟仪器的处理能力和智能化程度主要取决于仪器软件水平。虚拟仪器的用户界面、测试功能由用户设计和定义,并通过软件实现,因此用户可以根据实际应用需求,将先进的信号处理算法、人工智能技术和专家系统应用于仪器的设计与集成,从而将智能仪器水平提高到一个新的层次。

(2)应用性强,系统费用低。

基于虚拟仪器思想,用相同的基本硬件可构造多种不同功能的测试分析仪器,如利用同一个高速数据采集卡,配合必要的传感器电路和软件,可实现数字示波器、逻辑分析仪、计数器等多种仪器。这样形成的测试仪器系统功能更灵活、更高效、更开放、系统费用更低。与计算机网络连接后,还可实现虚拟仪器的分布式共享,更好地发挥仪器的使用价值。

(3)操作性强,易用灵活。

虚拟仪器的操作面板用软件实现,由用户定义,因此可以针对不同应用设计不同的操作界面,结合计算机的图形化操作和多媒体功能,可以使仪器操作变得更加直观、简便、易于理解。利用计算机强大的数据库功能,测量数据可以直接进入数据库系统。测量结果的分析、打印、显示所需的报表或曲线等功能很容易实现。

▰ 7.4.2 虚拟仪器的构成

如图7-23所示,虚拟仪器的结构和一般的数据采集系统类似,通过传感器将被测对象转换成电信号,再由信号调理电路将信号放大和滤波,通过数据采集电路将模拟信号转换为数字信号,然后由软件算法完成数据处理、显示和保存。

图7-23 虚拟仪器的构成

1. 信号调理电路

多数通用计算机使用的标准数据采集卡(电路)接收的输入是±(5～10)V 标准电压或 4～20 mA 电流信号,而传感器的输出信号一般都是毫伏/毫安级的微弱信号,因此,为了保证数据采集的分辨率,需先信号调理才能进行信号采集。信号调理一般包括放大、隔离、滤波、线性化处理等。对于常用的传感器,信号转换和调理电路都有现成的标准模块可以选用。信号隔离通常是通过光电耦合或磁电耦合的方式,使传感器信号回路与计算机信号回路之间没有直接的电路联系,只通过磁路或光路的联系,从而减少噪声干扰,保证被测信号的准确。部分传感器的输入/输出特性为非线性,如果非线性严重,通常先进行线性化处理,这样有利于后续信号的放大和采样,提高测量的精度和准确性。

2. 数据采集电路

数据采集电路是将被测的模拟信号转换为数字信号并送入计算机的输入通道,其核心是模拟/数字转换(ADC)电路,并附有驱动软件。数据采集电路一般采用标准的板卡或数据采集模块,也有很多性能和价格不同的标准件可以选用。ADC 的基本参数有通道数、采样频率、分辨率和输入信号范围。根据采样定理,采样频率至少是被测信号最高频率的两倍才不至于产生波形失真。分辨率表示模拟信号的 ADC 位数,ADC 位数越多,分辨率越高,可区分的输入电压信号就越小。输入信号范围,也称电压范围,由 ADC 能够量化的信号的最高电压与最低电压来确定。一般多功能数据采集(DAQ)卡提供多种可选范围来处理不同的电压,这样能将信号范围与 ADC 范围进行匹配,有效地利用其分辨率,得到精确的测量信号。数据采集卡需要相应的驱动软件才能发挥作用,驱动软件的主要功能有:DAQ 卡的连接、操作管理和资源管理,并且驱动软件隐去底层的、复杂的硬件编程细节,而提供给用户简明的函数接口,用户在此基础上编写应用软件,省去用户编写驱动软件的工作。

7.4.3 虚拟仪器的软件开发工具

虚拟仪器软件由两部分构成,即应用程序和 I/O 接口仪器驱动程序。虚拟仪器的应用程序包含两方面功能的程序:①实现虚拟面板功能的软件程序;②定义测试功能的流程图软件程序。应用程序一般由虚拟仪器开发者根据需要实现的功能编写,这是虚拟仪器的核心部分。I/O 接口仪器驱动程序完成特定外部硬件设备的扩展、驱动与通信,驱动程序一般由接口仪器开发商提供。

虚拟仪器软件开发工具主要有两类:一是通用的文本式编程语言,如 Visual C++、Visual Basic 等,这类工具虽然是可视化的开发工具,但它们并不是专门针对测量或仪器而开发的,要用户自己开发或另外购买仪表软件面板、信号处理或数据处理等虚拟仪器常用的控件或函数,因此对开发人员的编程能力要求高,而且开发周期较长;二是图形化编程语言,如 NI 公司的 LabVIEW,这类工具提供了基于图形的虚拟仪器编程环境,能提供更强大的数据处理能力,并将分析结果有效地显示给用户,这类开发工具为用户设计虚拟仪器应用软件提供了最大限度的便利条件与良好的开发环境,使开发者能方便地完成与各种软硬件的连接。

7.5 知识拓展

机器人传感器

机器人的运动或力必须在控制下才能实现期望的作业,完成期望的任务。为了实现精确的控制,必须知道机器人自身的状态,有时也需要检测机器人与外界环境之间的关系。这些信息是通过传感器获取的,用于机器人控制时的反馈或监测。而要实现机器人的自主性或半自主性、智能化或半智能化,机器人必须配备足够的传感器,具有充分的感知功能。常用的机器人传感器如图 7-24 所示。

(a)　　　　　(b)　　　　　(c)　　　　　(d)

图 7-24　常用的机器人传感器
(a)光电编码器　(b)霍尔元件　(c)带霍尔元件的盘式电动机　(d)多维力/力矩传感器

机器人的感知包括对机器人自身状态的检测和对外界环境的探测,相应的传感器分别叫作内部传感器和外部传感器。机器人内部传感器主要用于调整和控制机器人的运动,安装在机器人内部。而机器人外部传感器用于机器人和环境发生交互作用时,对周围环境和目标物的状态特征进行感知,从而使机器人对自身行为具有自校正、对环境具有自适应的能力。

1. 机器人内部传感器

常用的机器人内部传感器包括位置(位移)传感器、速度传感器、加速度传感器、力或力矩传感器、位置/姿态传感器、零位开关和限位开关等。

位置传感器用于感知关节变量,即关节的角位移或线位移,是机器人运动控制中起反馈作用的不可缺少的元件。位置传感器有电阻式、光电式和磁电式等类型。

• 典型的电阻式位置传感器是电位计,其有触头,通过机械接触,检测与位移呈比例关系的电压而实现对关节位置的感知。这种传感器的分辨率较低,线性度不好,可靠性也不高。旋转式电位计可直接安装在关节轴(例如多指灵巧手的手指关节)上。

• 光电式位置传感器的核心是光源(LED)和感光元件(例如光敏晶体管)等,用于检测直线位移的有光栅尺,用于检测角位移(角度)的有光电轴角编码器,它们常常安装在驱动电动机轴的尾端。

• 磁电式位置传感器用于检测直线位移的有磁栅尺,用于检测角位移(角度)的有磁编码器。与光电式位置传感器相比,磁电式位置传感器结构简单、体积小、响应快、价格低,可以与伺服电动机的转轴连接。

除以上三种位置传感器外,霍尔传感器也可以用于检测角位移,例如有些盘式电动机集成三个霍尔元件感知电动机的转角,从而避免使用较昂贵的光电编码器。霍尔传感器也可用作零位开关和限位开关。

速度传感器用于检测关节或其他物体运动的速度,包括线速度和角速度。速度传感器也是机器人运动控制中用于反馈的不可或缺的元件。由于位移对时间的微分就是速度,因此上述光电式传感器和磁电式传感器同时可用作速度传感器。其他速度传感器包括测速电动机,由于其质量和体积都比较大,因此在机器人上并不常用。

力/力矩传感器是机器人最重要的传感器之一,包括单维(单轴)和多维(多轴)两种类型,能获取力或力矩信息,广泛用于力/位置控制、精密装配、轮廓跟踪、多机器人协调以及遥控操作等机器人控制和应用中。压力传感器常用的敏感元件有压敏电阻和压电晶体(例如石英晶体,即 SiO_2)等。使用三对石英晶片能同时对三维互相垂直的力进行检测。

在工业机器人上,常在腕部安装一个三维或六维力/力矩传感器(腕力传感器)以感知末端执行器与外界环境之间的作用力/力矩。腕力传感器的结构有筒式和十字式,其敏感元件是组成半桥的应变片。在多指机器人上,常在指端或指根部安装三维力/力矩传感器或在指关节安装单轴力矩传感器以检测手指对物体的抓持力。而在仿人机器人上,力/力矩传感器常安装在双腿的踝关节处,以检测行走中支撑脚所受的力进而计算脚底平面上的零力矩点或检测行走中脚着地时所受的冲击力,以判断和控制仿人机器人行走时的动态稳定性。单轴力矩传感器对于关节力矩控制是必不可少的反馈元件。

姿态传感器用于对机器人或其末端执行器的姿态进行检测。水平姿态传感器主要用于检测物体的倾斜度(倾角),在飞行机器人上广泛应用,水平姿态传感器包括摆式、压电谐振式、磁流体式等几种。

• 摆式水平姿态传感器有固体摆式、液体摆式和气体摆式三种类型,前两者基于重力的作用,在静态的情况下有较好的精度,但在动态情况下会对重力加速度之外的分量敏感,对倾角信号和加速度信号难以分辨。

• 压电谐振式水平姿态传感器的原理是压电石英晶片的力敏效应,即在应力作用下石英晶片谐振器频率与应力成正比且无迟滞地变化。传感器主要由两个石英谐振器和一个敏感质量块构成,当传感器倾斜时两个石英谐振器所受的力不同,从而造成它们的谐振频率有差异,能检测载体的一维和二维水平姿态。

• 磁流体式水平姿态传感器的工作介质是磁性液体、铁磁流体或磁液等具有流动性的磁性材料,有气泡式和差动变压器式两种形式。气泡式以磁流体代替传统的气泡水平仪中的液体介质,使线圈的磁路位于水平位置,气泡的移动导致线圈电感量的变化。差压式的石英管或铝/硅玻璃相当于变压器的框架,磁流体相当于磁芯。当差压式传感器处于非水平姿态时,磁流体流向低处,相当于磁芯产生位移,绕组出现感应电动势,从而感知倾斜度。

位置传感器用于对机器人本体或其末端执行器的三维位置信息进行检测,典型的产品是 GPS(全球定位系统),能检测出载体的经度、纬度和海拔高度,GPS 也能检测移动速度,在野外移动机器人上有应用。

陀螺仪(gyroscope)是一种全方位的角度偏移检测仪器,可用于角运动检测,能提供姿态、位置、速度和加速度等信息。陀螺仪可以分为两大类:一类是基于经典力学的机械式陀螺仪,例如振动陀螺仪和微机电系统陀螺仪;另一类是基于现代物理学的光学陀螺仪,例如激光陀螺仪(RLG)和光纤陀螺仪(FOG)。陀螺仪在需要对姿态进行稳定性控制的机器人系统(例如仿人机器人、飞行机器人和足式跳跃机器人等)中广泛应用。

加速度传感器(G-sensor)能够感知到加速力的变化,加速力指的是当物体在加速过程中作用在物体上的力。振动、晃动、跌落或升降等各种移动变化都能被 G-sensor 转化为电信号。基于 MEMS 的加速度传感器包括微电容式、微压阻式、微热电偶式、微谐振式和微光波导式等多种类型。在机器人系统上,加速度传感器对系统的动态性能提高起重要作用,例如用于对柔性臂的振动进行检测和抑制,甚至可用于姿态测控。

2. 机器人外部传感器

常用的机器人外部传感器根据传感功能可以分为视觉传感器、触觉传感器、接近觉传感器和听觉传感器等。

• 视觉传感器在机器人传感中起着非常重要的作用。机器人视觉从三维环境中获取丰富的信息,并提取观察对象的重要特征,形成对观察对象的描述。视觉传感器不仅能对物体进行识别,还能对物体的几何尺寸和位姿进行测量。视觉传感器的典型应用是自主式智能系统和导航,例如视觉伺服、手眼系统、视觉导航、移动机器人 SLAM(即时定位和地图构建)。

• 触觉传感器在机器人与外界环境或操作对象(例如多指手的被抓物体)直接接触时起作用,能感知是否与目标接触、目标物体的表面几何形状和某些物理特性。早期的触觉感知由微动开关和金属触须等实现,后来基于各种原理开发了机械(探针阵列)式、压阻式、压电式、电容式、磁感式和光感式等各种触觉传感器。触觉传感器除了感知接触状态及目标物体的特性外,往往还能感知接触面上的正压力。与触觉相关的还有滑觉,滑觉信息可以通过对触觉信号进行处理获得,即从触觉图像的动态变化得到目标物体的滑移方向、滑移距离及滑移速度,或对触觉信号的特性进行分析得到滑动接触才能感知的特征(如物体的表面粗糙度)。当然也可以开发专门的滑觉传感器,但难以小型化和微型化,因而实用性不好,因为机器人手爪上的安装空间很有限。近年来,将触觉、压感、滑觉和热感等几种感觉功能集成在一起的仿生皮肤引起了关注。仿生皮肤具有类似人体皮肤的多种复合感觉功能,其具有压电效应和热释电效应,这对于机器人避碰、机器人安全,尤其是人的安全性具有重要意义。

• 接近觉传感器的功能在于探测机器人与外界环境或目标物体(障碍物)的接近程度即相隔距离,在简单情况下检测一定距离内有无物体。它们主要用于机器人操作臂运动和移动机器人运行时避障,对机器人的安全保护具有重大作用。基于不同的实现方式,接近觉传感器有磁感式(包括霍尔效应)、电容式、激光、超声波和红外线等几种类型,其原理都是发出光波或声波信号,信号碰到目标物体后反射回来,根据光波或声波的速度和发射信号与反射信号的时间差来推算传感器与物体之间的距离。相对一般的测距装置而言,机器人接近觉传感器的精度要求不很高。

• 听觉传感器在人与机器人之间的接口中越来越重要,能使人机互动更加自然和方便。它使机器人更智能地按照操作人员的"语言"指示执行命令,按任务级完成作业。目前一些高级的机器人(例如仿人机器人 ASIMO 和 HRP 系列)都配备了听觉传感器,具有语音功能,能与人进行简单的对话。

本章重难点

重点

• 常用传感器的基本原理、性能及其在自动化领域的应用,尤其是数控机床和工业机器人的常用传感器。

• 机器视觉的原理及其在对象识别、定位和缺陷检测等方面的应用。

• 雷达传感的工作原理、性能和工业应用,尤其在移动机器人方面的应用。

难点

• 立体视觉的原理,机器视觉在对象识别和缺陷检测等方面的应用。

• 激光雷达传感的原理及其在移动机器人方面的应用。

思考与练习

1. 简述数控机床常用传感器的工作原理、性能及其在机床控制系统的作用。

2. 简述机器视觉的工作原理及其在工业制造自动化领域的应用。

3. 简述电桥、信号放大和信号滤波的原理及作用。

4. 简述雷达传感的原理及其在移动机器人方面的应用。

4. 简述虚拟仪器的优缺点。

5. 简述传感技术在智能化、网络化方向的发展趋势。

本章参考文献

[1] 卜云峰. 检测技术[M]. 北京:机械工业出版社,2005.

[2] 唐文彦. 传感器[M]. 北京:机械工业出版社,2006.

[3] 王化祥,张淑英. 传感器原理及应用[M]. 天津:天津大学出版社,2007.

[4] 张吉良,周勇,戴旭涵. 微传感器:原理、技术及应用[M]. 上海:上海交通大学出版社,2005.

［5］ 高成. 传感器与检测技术［M］. 北京:机械工业出版社,2015.

［6］ 董永贵. 传感与测量技术［M］. 北京:清华大学出版社,2022.

［7］ 周济,李培根. 智能制造导论［M］. 北京:高等教育出版社,2021.

［8］ 徐明刚,等. 智能机电装备系统设计与实例［M］. 北京:化学工业出版社,2021.

［9］ 张秋菊,王金娥,訾斌. 机电一体化系统设计［M］. 北京:科学出版社,2016.

［10］ JACOB FRADEN. 现代传感器手册:原理设计及应用［M］. 宋萍,等译. 北京:机械工业出版社,2019.

［11］ 徐科军. 传感器与检测技术［M］. 北京:电子工业出版社,2016.

［12］ 刘月,鲍容容,等. 触觉传感器及其在智能系统中的应用研究进展［J］. Science Bulletin, 2020,65(1): 70-88.

［13］ 姚屏,等. 工业机器人技术基础［M］. 北京:机械工业出版社,2020.

［14］ 吴玉厚,李关龙等. 智能制造装备基础［M］. 北京:清华大学出版社,2022.

［15］ SONKA M, HLAVAC V,等. 图像处理、分析与机器视觉［M］. 兴军亮,等译. 4版. 北京:清华大学出版社,2016.

［16］ 汽车百科-激光雷达［EB/OL］. https://www.yoojia.com/ask/17-11763694934429713443.html.

［17］ 激光雷达工作原理剖析［EB/OL］. https://www.slamtec.com/cn/News/Detail/316.

［18］ 徐本连,鲁明丽. 机器人 SLAM 技术及其 ROS 系统应用［M］. 北京:机械工业出版社,2021.

［19］ 谢宏全,等. 激光雷达测绘技术与应用［M］. 武汉:武汉大学出版社,2018.

［20］ 虚拟仪器［EB/OL］. https://www.ni.com/zh-cn/shop/labview/virtual-instrumentation.html.

［21］ 陈忠. LabVIEW 图形化编程:基础与测控扩展［M］. 北京:机械工业出版社,2021.

［22］ 张宪民. 机器人技术及其应用［M］. 2版. 北京:机械工业出版社,2017.

［23］ 高国富,等. 机器人传感器及其应用［M］. 北京:化学工业出版社,2005.

［24］ SICILIANO B, KHATIB O. Handbook of robotics［M］. 2nd Edition. Berlin: Springer,2016.

第8章 分布式工业控制技术与工业信息物理系统

教学视频

8.1 相关本科课程体系与关联关系

　　智能制造装备是指具有感知、分析、推理、决策、控制功能的制造装备,它是先进制造技术、信息技术和智能技术的集成和深度融合。为了更好地使读者,特别是大学机械类本科学生了解与分布式工业控制技术与工业信息物理系统相关的本科课程及其与关联课程的关系,本节将简要勾勒分布式控制技术与工业信息物理系统的机械类专业大学本科课程的关联关系。

　　图 8-1 表明微机原理及接口技术、计算机控制技术、可编程逻辑控制器等本科学科基础课,以及数控技术与智能制造、工业机器人应用技术与创新实践、机电系统设计等专业领域课程与本章内容有一定的关联关系。本章内容是后续开展专业领域控制类课程学习的基础。

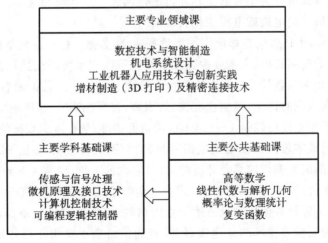

图 8-1　与分布式工业控制技术与工业信息物理系统相关的本科课程体系

8.2 现场设备的通信方式

智能制造正朝着数字化、网络化、智能化方向发展。网络化信息技术,既增强了设备对自身运行状态的感知能力,也增强了设备与系统及其他设备之间的互联互通能力,其中通信是设备互联互通的关键。通信是指设备与外界的信息传输,既包括设备与企业管理系统之间的信息传输,也包括设备与同类设备、设备与其他设备之间的信息传输,比如数控机床之间、数控机床与辅助上下料机器人之间。工业通信包括数据传输、存储、监视和处理、诊断和监测以及可视化。数据通信系统由传输设备、传输控制设备、通信介质、通信协议和通信软件等部分构成。

- 传输设备主要用于发送或接收信息,通信系统至少有一个发送设备和一个接收设备。
- 传输控制设备主要用于控制发送和接收之间的同步协调,保证信息发送和接收的一致性。
- 通信介质是信息传送的基本通道,是发送设备和接收设备的桥梁。
- 通信协议又称通信规程,是指通信双方对数据传送控制的一种约定。通信协议包括对数据格式、同步方式、传输速度、传输步骤、数据校验方式以及控制字符定义等问题做出统一规定,通信双方必须共同遵守。
- 通信软件根据通信协议对通信过程的软硬件进行统一调度、控制和管理。

8.2.1 基本的通信方式

常用的通信方式可分为串行通信和并行通信两种。计算机和终端之间的数据传输通常是靠电缆或信道上的电流或电压变化实现的。

如图 8-2 所示,串行通信是指使用一根数据线,将数据一位一位地依次传输,每一位数据占据一个固定的时间长度,只需要少数几根线就可以在系统间交换信息,适合远距离通信。并行通信使用多根数据线,同时在多根数据线上传输一组数据的各数据位。并行通信的特点:各数据位同时传输,传输速度快、效率高,多用在实时、快速的场合。如图 8-3 所示,并行通信的数据宽度可以是 1~128 bit,甚至更宽,但是有多少数据位就需要多少根数据线,因此传输的成本较高。在集成电路芯片的内部、同一插件板上各部件之间、同一机箱内各插件板之间的数据传输都是并行的,以计算机的字长,通常是 8 bit、16 bit 或 32 bit 为传输单位,一次传送一个字长的数据,适合于外部设备与微机之间进行近距离、大量和快速的信息交换。并行数据传输只适用于近距离的通信,通常传输距离小于 30 m。随着微电子、计算机和通信等技术的高速发展,并行通信目前主要用在微处理器、微控制器和计算机等芯片内部或系统板卡内部,比如 CPU 与内存之间、CPU 与显卡之间的高速数据传输。设备与设备之间、设备与上级管理系统之间主要采用串行通信方式。

图 8-2 串行通信

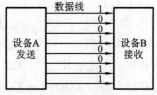

图 8-3 并行通信

8.2.2 串行通信数据传输方式

按数据的传送方向可将串行通信分为单工、半双工和全双工三种方式。

单工方式采用一根数据传输线,只允许数据按照固定的方向传送。如图 8-4(a)中,A 只能作为发送器,B 只能作为接收器,数据只能从 A 传送到 B,不能从 B 传送到 A。半双工方式也是采用一根数据传输线,允许数据双向传送,但要分时进行,即同一个设备既可以接收,也可以发送,但在一个时刻只能接收或者只能发送。如图 8-4(b)中,在某一时刻,A 为发送器,B 为接收器,数据从 A 传送到 B;而在另一个时刻,A 可以作为接收器,B 作为发送器,数据从 B 传送到 A。全双工方式采用两根数据传输线,允许数据同时进行双向传送。如图 8-4(c)中,A 和 B 具有独立的发送器和接收器,在同一时刻,既允许 A 向 B 发送数据,又允许 B 向 A 发送数据。在全双工方式下,通信系统的每一端都设置了发送器和接收器,因此,能控制数据同时在两个方向上传送。全双工方式无须进行传输方向的切换,因此,没有切换操作所产生的时间延迟,这对那些不能有时间延误的交互式应用(例如远程监测和控制系统)十分有利。这种方式要求通信双方均有发送器和接收器,同时,需要两根数据线传输数据。

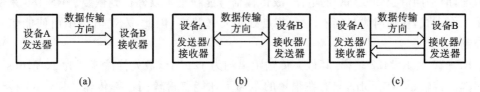

(a)　　　　　　　　　(b)　　　　　　　　　(c)

图 8-4 串行通信的数据传输方式

(a) 单工方式　(b) 半双工方式　(c) 全双工方式

8.2.3 常见的串行通信接口

数据传输是数据从感知到应用的必需环节,以通信技术为主的各种网络,依赖于物理设备的硬件互联和通信网络的协议互通。硬件互联是指数控系统通过各类硬件接口与外部通信模块实现连接。在工业通信领域里,传统的串行通信技术标准是 EIA-232、EIA-422 和 EIA-485,也就是通常所说的 RS-232、RS-422 和 RS-485。个人电脑、手机等多媒体设备上常用的 USB 接口、网络接口 RJ-45,也是工业领域 PC、PLC、工业相机、变频器和电机驱动器等的标准串行通信接口。

1. EIA-232

RS-232-C 接口(又称 EIA RS-232-C,简称 EIA-232)是常用的一种串行通信接口。它是在 1962 年由美国电子工业协会(EIA)联合贝尔系统、调制解调器厂家及计算机终端生产厂家共同制定的用于串行通信的标准。RS-232 被定义为一种在低速率串行通信中增加通信距离的单端标准。RS-232 采取不平衡传输方式,即单端通信,收、发端的数据信号是相对于信号地。典型的 RS-232 信号传送距离最大约为 15 m,最高速率为 20 kbps,RS-232 适合本地设备之间的通信。

2. EIA-422

为改进 EIA-232 通信距离短、速率低的缺点,在 EIA-232 基础上研制了 EIA-422,EIA-422 是一种单机发送、多机接收的单向、平衡传输规范,被命名为 TIA/EIA-422-A 标准。EIA-422 将传输速率提高到 10 Mbps,传输距离延长到约 1219 m(速率低于 100 kbps 时)。与 RS-232 不一样的地方是,RS-422 的数据信号采用差分传输方式,也称作平衡传输,RS-422 允许在相同传输线上连接多个接收节点,最多可连接 10 个节点。RS-422 支持点对多的双向(全双工)通信,即一个主设备(master),其余为从设备(salve),主设备与从设备可进行双向(全双工)通信,但从设备之间不能直接通信。RS-422 四线接口由于采用单独的发送和接收通道,因此不必控制数据方向,各装置之间的信号交换均可以按软件方式(XON/XOFF 握手)或硬件方式(一对单独的双绞线)实现。

3. EIA-485

为扩展应用范围,EIA 于 1983 年在 RS-422 的基础上制定了 RS-485 标准,RS-485 的许多电气规定与 RS-422 相仿,比如都采用平衡传输方式、都需要在传输线上接终接电阻等。RS-485 可以采用二线与四线方式,二线制可实现真正的多点双向通信。

RS-485 采用平衡发送和差分接收,具有抑制共模干扰的能力,而且总线收发器具有高灵敏度,能检测低至 200 mV 的电压,故传输信号能在千米以外得到恢复。RS-485 采用半双工工作方式,任何时候只能有一个节点处于发送状态,因此,发送电路须由使能信号加以控制。

RS-485 与 RS-422 一样,其最大传输距离约为 1219 m,最大传输速率为 10 Mbps。传输速率与传输距离成反比,只有在很短的距离下才能获得较高速率传输。RS-485 接口在总线上允许连接多达 128 个收发器,即 RS-485 具有多机通信能力,这样用户可以利用单一的 RS-485 接口方便地建立起设备网络。RS-485 接口具有良好的抗噪声干扰性,长的传输距离和多站能力等优点使其成为首选的串行接口。

RS-232、RS-422 与 RS-485 标准只对接口的电气特性做出规定,并不涉及接插件、电缆或协议,在此基础上用户可以建立自己的高层通信协议,RS-485 电气规范是 Profibus、Interbus、Modbus 等多种现场总线的基础。

4. USB

USB(universal serial bus)是一种串行总线系统,支持即插即用和热插拔功能。众所周知,USB 已经是手机、打印机、移动存储、移动电源、鼠标、数码相机等消费电子产品的标准接口。在 IT 领域,USB 接口占据了串行通信的垄断地位,也正因为 USB 接口的高度通用性,无论是家用电脑还是工业计算机一般都配备多个 USB 接口。当前 USB 硬件接口不单是数据通信接口,也是很多电子设备、小家电的充电接口。当前主流的 USB 3.0 最大传输带宽高达 5.0 Gbps,早期的 USB 2.0 传输速度是 480 Mbps。USB 3.0 之后,USB 的通信性能大幅提升,目前 USB 接口已经广泛应用于工业设备和仪表,如 PLC、IPC、工业相机等。

5. RJ-45

RJ-45 是一种常用的网络连接接口,用于连接以太网和网络设备,这里特指以太网接口。通过以太网接口,计算机可以与其他设备(如打印机、路由器、交换机等)进行通信,也可以连接到互联网。它采用了一种基于冲突检测的多点访问协议,可以实现高效的数据传输。以太网接口广泛应用于家庭、办公室和数据中心等场景,为人们提供了快速、稳定的网络连接。以太网技术的快速发展为现代高速数据传输提供了强大的支持,随着物联网、云计算和人工智能等新兴技术的兴起,以太网对网络带宽和速度的要求将不断提高。当前千兆以太网已经广泛应用,万兆以太网正在推广并迅速发展。工业领域,以太网已经成为自动化生产线、智能装备、企业信息管理网络等场景不可缺少的通信网络,目前以太网接口已经是 IPC、PLC、伺服驱动器、智能仪表、数控机床、工业机器人、工业相机等必不可少的通信接口。

8.3 分布式控制系统与通信技术

工业现场控制设备需要按照一定的顺序和逻辑对传感器、按钮开关、指示灯、气动元件、电动机等输入/输出(I/O)设备和运动模块进行检测或控制。控制器与 I/O 设备间的通信,可以分为集中式控制系统(computer control system,CCS)和分布式控制系统(distributed control system,DCS)两种类型。

如图 8-5 所示,集中式控制系统的所有 I/O 设备或功能模块都由一个中央控制器统一控制,中央控制器通过点对点方式与 I/O 设备等功能模块通信和控制,目前集中式控制系统一般采用中小型 PLC 或微控制器做中央控制器,在工业自动化领域广泛应用。早期微处理器和微控制器功能有限且成本较高,因此一般采用集中控制。I/O 设备比较少时,集中式控制系统控制简单、容易实现;但随着 I/O 设备的增多,需要使用大量电缆,线路安装维护工作量大,而且中央控制器很难及时查询信息和控制设备,信号同步和实时控制等变得复杂,因此集中式控制系统通常用在功能相对简单、结构比较紧凑的自动化设备或过程控制系统。对于功能复杂或者 I/O 设备比较分散的应用场景,一般采用分布式控制系统。与早期的集中式控制系统不同的是,当前集中式控制系统常用的标准控制部件如智能传感器、显示器、键盘、变频器和电动机驱动器等,一般都已经有自带的 CPU 和控制系统。

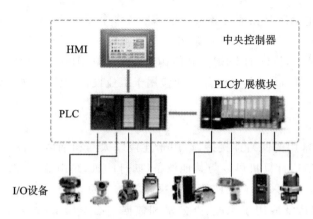

图 8-5　集中式控制系统

8.3.1　分布控制系统

　　DCS 是 20 世纪 70 年代中期发展起来的以微处理器为基础的分散型计算机控制系统,是计算机、控制和网络通信等技术相结合的产物。DCS 的基本思想是分散控制、集中操作、分级管理。DCS 一般由多台独立的处理器组成,这些处理器可以完成传感、监视、控制的不同要求。

　　如图 8-6 所示,分布式控制系统一般分三层:现场设备层、生产监控层和集中管理层。现场设备层一般以 PLC、微控制器作为现场控制站,负责对现场设备进行控制和采集数据,并通过网络与生产监控层相连;生产监控层以中、大型 PLC 或工控机作为监控计算机(包括工程师操作站、操作员操作站),监控计算机对来自现场设备层的数据进行集中操作管理,如各种优化计算、报表统计、故障诊断、显示报警等,并根据现场实际生产情况进行实时调度,实现产线级的生产监控、调度和优化;集中管理层通过网络与生产监控层计算机连接,随时读取现场信息,实现更高级的集中管理功能,如企业级或多产线的计划调度、仓储管理和能源管理等。

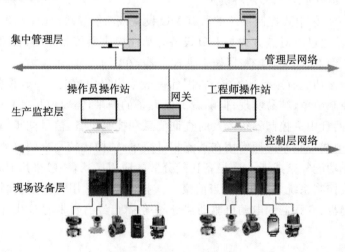

图 8-6　分布式控制系统

分布式控制系统与集中式控制系统的主要差别在于它们对 I/O 信号和 I/O 设备的访问方式不同。在 DCS 结构中,处理器和 I/O 设备大多是分散的,DCS 相当于一个控制网络,原来由 CCS 的中央控制器完成的整个任务被分散到 DCS 的多个控制器/计算机,各控制器/计算机间通过网络连接实现数据交换。DCS 通常采用计算机作为操作站,负责收集和显示实时数据,传达操作指令。DCS 具有以下特点。

• 系统结构采用容错设计 控制功能分散在各个独立控制器/计算机上实现,某一台控制器/计算机出现的故障不会导致系统其他功能的丧失。此外,各台控制器/计算机的任务比较单一,可以采用专用控制器,从而使控制器/计算机的可靠性也得到提高。

• 采用标准化、模块化和系列化设计 系统中各台设备采用局域网方式通信,当需要改变或扩充系统功能时,可在几乎不影响系统其他控制器/计算机的工作情况下,将控制器/计算机方便地加入系统网络或从网络中卸下。

• 易于维护 功能单一的小型或微型专用计算机,具有维护简单、方便的特点,当某一局部或某个计算机出现故障时,可以在不影响整个系统运行的情况下在线更换,迅速排除故障。

• 协调性 各控制器/计算机之间通过通信网络传送各种数据,整个系统信息共享,协调工作,以完成控制系统的总体功能和优化处理。

8.3.2 现场总线控制系统

DCS 分散控制、集中管理的特点大幅提高了整个系统的性能和可靠性,但 DCS 开放性差,不同厂商的 DCS 产品不兼容,这限制了 DCS 的应用与发展。为了克服 DCS 系统的技术瓶颈,进一步满足现场的需要,随着微电子、通信和软件等技术的不断发展,20 世纪 80 年代中后期各种现场总线技术开始出现。

总线就是传输信息的公共通路,按传输数据的方式可分为串行总线和并行总线。现场总线是应用于工业控制现场的一种数字网络,它不仅能完成实时控制信息的交换,还能完成设备管理信息的交流。通过现场总线,各种现场智能设备(数控机床、机器人、智能传感器和分布式 I/O 单元)可以方便地进行数据交换,实现现场设备之间、设备与上层管理系统之间的互联互通。

1. 现场总线的概念

根据国际电工委员会 IEC61158 标准定义,现场总线是指安装在制造或过程区域的现场装置与控制室内的自动控制装置之间数字式、串行、多点通信的数据总线。基于现场总线的控制系统被称为现场总线控制系统(fieldbus control system,FCS)。

现场总线技术通过普通双绞线、同轴电缆、光纤等多种途径进行信息传输,将多个测量控制仪表、PLC、计算机、设备等作为节点连接成网络系统。现场总线技术使自控系统与设备加入信息网络的行列,成为企业信息网络的底层,使企业信息沟通的覆盖范围延伸到生产现场。

2. 现场总线控制系统的特点

现场总线控制系统是建立在现场总线技术基础上的网络结构扁平化、具有开放性、可互操作性、常规控制功能彻底分散、有统一控制策略组态方法的新一代分布式控制系统。如图 8-7 所示，现场总线控制系统既是一个开放的网络通信系统，又是一个全分布的自动控制系统。现场总线作为智能设备的联系纽带，把挂接在总线上并作为网络节点的智能设备连接为网络系统，并进一步构成自动化系统，实现基本控制、参数修改、报警、显示、监控、优化及控管一体化的综合自动化功能。与传统的控制系统相比，现场总线控制系统有以下特点。

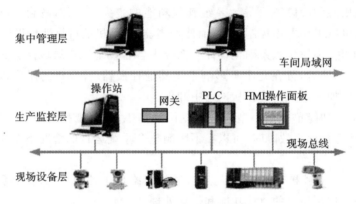

图 8-7　现场总线控制系统

● **总线式结构**　现场总线在一对传输线（总线）上挂接多台现场设备，双向传输数字信号。它与集中式控制系统一对一的单向模拟信号传输结构相比，简化了布线，大大节约了安装费用，而且维护简便。

● **开放性、互操作性与互换性**　现场总线采用统一的协议标准，属于开放式的网络，传统的 DCS 由于硬件接口标准或通信协议不同，不同厂家的设备一般不能相互访问。而 FCS 采用统一的标准，不同厂家的网络产品可以方便地接入同一网络，在同一控制系统中进行互操作。而其互换性意味着不同生产厂家的性能类似的设备可实现相互替换，因此简化了系统集成。

● **彻底的分散控制**　现场总线控制系统将控制功能下放到作为网络节点的现场智能仪表和设备中，做到彻底的分散控制，提高了系统的灵活性、自治性和安全可靠性，减轻了分布式控制系统中控制器的计算负担。

● **信息综合、组态灵活**　通过数字化传输现场数据，FCS 能获取现场仪表的各种状态、诊断信息，实现实时的系统监控和管理以及故障诊断。此外，FCS 引入了功能块概念，通过统一的组态方法，使系统组态简单灵活，不同现场设备中的功能块可以构成完整的控制回路。

● **多种传输介质和拓扑结构**　由于采用数字通信方式，因此 FCS 可用多种传输介质进行通信。根据控制系统中节点的空间分布情况，可应用多种网络拓扑结构。这种传输介质和网络拓扑结构的多样性给自动化系统的施工带来了极大的方便，减少了通信电缆用量，也节省了布线。

3. 现场总线技术的现状

早在 1984 年国际电工委员会（IEC）就开始着手制定现场总线的国际标准。在 IEC 制定现场总线标准的同时,各国、跨国大公司也积极开发现场总线技术,目前流行的现场总线有十多种,常用的现场总线技术包括 PROFIBUS、FF、CAN、DeviceNet、LonWorks、HART、Modbus、INTERBUS 和 CC-LINK 等。

1) PROFIBUS

PROFIBUS (process fieldbus)是一种国际化的、开放的、不依赖于设备生产商的开放式现场总线标准。由德国 Siemens 公司等 13 家企业和 5 家研究机构于 1987 年联合开发,它广泛应用于制造业自动化、流程工业自动化和楼宇、交通、电力等其他工业自动化领域。如图 8-8 所示,PROFIBUS 包括 PROFIBUS-DP、PROFIBUS-PA、PROFIBUS-FMS 三部分。PROFIBUS-DP 用于传感器和执行器级的高速数据传输,适用于离散加工自动化领域的应用;PROFIBUS-PA 具有本质安全特性,尤其适用于石油、化工、冶金等行业的过程自动化控制系统;PROFIBUS-FMS 解决车间一级通用性通信任务,FMS 提供大量的通信服务,用以完成以中等传输速率进行的循环和非循环的通信任务。由于它完成的是控制器和智能现场设备之间的通信以及控制器之间的信息交换,因此它考虑的主要是系统的功能而不是系统响应时间。

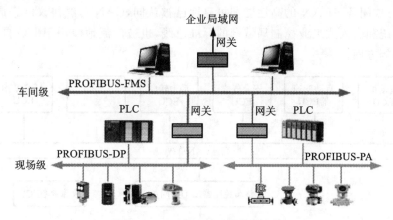

图 8-8　PROFIBUS 总线控制系统

2) FF

基金会现场总线 FF(foundation fieldbus)是由现场总线基金会推出的一种开放的、可互操作的现场总线技术,基金会现场总线不依附于个别厂商,是目前工业自动化尤其是过程自动化行业应用最为广泛的现场总线之一。基金会现场总线分为 H1 和高速以太网 HSE 两种通信速率。H1 的传输速率为 31.25 kbps,通信距离可达 1.9 km,可支持总线供电和本质安全防暴环境,主要用于过程工业(连续控制)的自动化。早期基金会现场总线高速通信对应的是 H2,H2 的传输速率有 1 Mbps 和 2.5 Mbps 两种。鉴于以太网通信速率高、技术发展迅速且应用广泛,2000 年现场总线基金会推出 FF-HSE 取代了 H2,HSE 采用基于 Ethernet(IEEE802.3)+TCP/IP 的六层机构,充分利用低成本和商业可用的以太网技术,传输速率达到 100 Mbps 到 1 Gbps 或更高,FF-HSE 用于工业自动化以及逻辑控制、批处理和高级控制等场合。

3) CAN

CAN(controller area network，CAN)总线最早是由德国 Bosch 公司推出，用于汽车内部测量与执行部件之间的数据通信协议，其总线规范已被国际标准化组织(ISO)认定为国际标准，广泛应用于离散控制领域，是国际上应用最广泛的现场总线之一。它基于 OSI 模型，但进行了优化，采用了其中的物理层、数据链路层、应用层，提高了实时性。其节点有优先级设定，支持点对点、一点对多点、广播模式通信。各节点可随时发送消息。CAN 总线采用短消息报文，每一帧有效字节数为 8 个；当节点出错时，可自动关闭，抗干扰能力强，可靠性高。

如图 8-9 所示，CAN 通信网络主要有两种：一种是遵循 ISO11898 标准的高速短距离"闭环网络"，应用在实时性要求高的节点，如汽车的发动机管理单元、自动变速器、安全气囊和动力转向等，它的总线最大长度为 40 m，通信速度最高为 1 Mbps；另外一种是遵循 ISO11519 标准的低速远距离"开环网络"，应用在实时性要求低的节点，如仪表显示、灯光控制、安全门锁、车窗控制等，这些节点对实时性要求不高，而且分布较为分散，低速 CAN 最高速度是 125 kbps，传输距离为 1 km 时最高通信速度为 40 kbps。CAN 的两根总线是独立的，不形成闭环。CAN 的高性能和可靠性已被认同，CAN 总线协议已经成为汽车计算机控制系统和嵌入式工业控制局域网的标准总线，也被广泛地应用于工业自动化、船舶和医疗设备等方面。

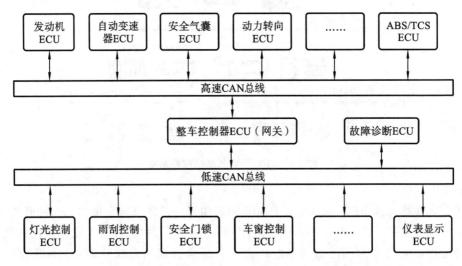

图 8-9 一种基于 CAN 总线的汽车电器网络结构

4) DeviceNet

DeviceNet 是由 Allen-Bradley 公司(Rockwell 自动化)开发的一种基于 CAN 的开放式现场总线协议，是一种开放、低成本的现场总线技术。符合该协议的不同厂商设备具有互换性和互操作性，它将可编程逻辑控制器、操作员终端、传感器、光电开关、执行机构、驱动器等现场智能设备连接成网络，由于允许用户用不同厂商的设备进行最佳系统集成，大大减少了系统安装、调试和接线的成本和时间。DeviceNet 协议具有较高的可靠性、实时性和灵活性，能够适应工业现场的不同通信需求。DeviceNet 的数据传输速率有 3 种：125

kbps、250 kbps 和 500 kbps,速率为 125 kbps 时通信距离可达 500 m。DeviceNet 可以实现设备之间的信息交互、数据采集、监控和控制等功能,提高生产效率和质量,DeviceNet 广泛应用于工业自动化领域,如制造业、能源、矿业、食品饮料等行业。

5) LonWorks

LonWorks(local operating networks,LonWorks)是美国 Echelon 公司于 1992 年开发,并与 Motorola 和东芝公司共同倡导的现场总线技术。它采用 ISO/OSI 模型的全部 7 层通信协议,LonWorks 技术的核心是具备通信和控制功能的 Neuron 芯片,Neuron 芯片实现完整的 LonWorks 的 LonTalk 通信协议。LonWorks 的通信速率从 300 bps 到 1.25 Mbps 不等,直接通信距离可达 2200 m(78 kbps);LonWorks 支持多种物理介质并支持多种拓扑结构,组网方式灵活,在组建分布式监控网络方面有较优越的性能,LonWorks 在一个测控网络上的节点数可达 32000 个。LonWorks 主要应用于楼宇自动化、智能家居、智能交通和工业控制等领域。

6) HART

HART(highway addressable remote transducer,HART)是美国 Rosemount 公司于 1985 年推出的一种用于现场智能仪表和控制室设备之间的开放通信协议。HART 协议采用频移键控技术,将数字信息转换为正弦调制波,叠加到已有的模拟通信信号上实现双向数字通信;HART 采用的是半双工的通信方式,通信速度慢,优点是原来的模拟信号不受干扰,而又可以实现数字通信。HART 属于模拟系统向数字系统转变过程中的过渡性通信协议,用户可以将兼容 HART 协议的智能仪表与常规模拟仪表一起混合使用,并逐步实现控制系统的数字化。正因如此,HART 产品在当前的过渡时期具有较强市场竞争力,在智能仪表市场上占有很大的份额,HART 在石油、化工、饮料、制药等连续制造领域广泛应用。

8.3.3　工业以太网

以太网(Ethernet)由施乐(Xeros)公司在 20 世纪 70 年代研制成功,如今以太网一词更多地被用来指各种采用载波监听多路访问和冲突检测(CSMA/CD)技术的局域网。以太网具有协议开放、通信速率高、支持几乎所有流行的网络协议、易于与 Internet 集成、软硬件资源丰富且成本低廉等优点,因此以太网技术应用非常广泛且发展迅速,目前千兆以太网(数据速率达到 1000 Mbps)已经广泛应用,万兆以太网(10 Gbps)正在推广并迅速发展。在商业通用网络领域,以太网是当今最重要的一种局域网建网技术,市场占有率非常高,同样,在工业企业综合自动化系统中的生产监控层、现场设备层,也广泛应用以太网。基于工业以太网的控制系统如图 8-10 所示,由于采用的网络协议相同,在现场设备层应用工业以太网的工业控制网络,可以实现与企业信息网络无缝连接,形成企业级管控一体化的全开放网络。

1. 工业以太网技术现状

国际电工委员会对工业以太网的定义为:工业以太网是用于工业自动化环境,符合 IEEE 802.3 标准,按照 IEEE 802.1D"媒体访问控制(MAC)网桥"规范和 IEEE 802.1Q

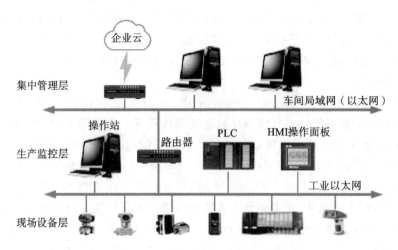

图 8-10　工业以太网控制系统与企业管理网络

"局域网虚拟网桥"规范,对其没有进行任何实时扩展而实现的以太网。

按响应实时性要求的差异,大致可以将以太网在工业自动控制的应用场合划分为三类:①信息集成和较低要求的过程自动化应用场合,实时响应时间要求是 100 ms 或更长;②一般工厂自动化应用场合(占绝大多数),实时响应时间的要求最短为 5～10 ms;③高性能的伺服运动控制应用,如数控机床、工业机器人等的运动控制,实时响应时间要求低于 1 ms,同步传送和抖动小于 1 μs。

当前工业以太网技术蓬勃发展,按照实时响应速度,可细分为工业以太网和实时工业以太网。工业以太网不做实时扩展,主要通过减轻以太网负荷、提高网络速度,以及采用交换式以太网和全双工通信、信息级和流量控制及虚拟局域网等技术改善实时性能,目前工业以太网的响应时间一般已经做到 5～10 ms;实时工业以太网是建立在 IEEE802.3 标准的基础上,按照相关标准通过对其实时扩展提高实时性,并且做到与标准以太网的无缝连接。实时以太网的响应时间达到 μs 级别。

目前主流的工业以太网包括 ProfiNet、Modbus TCP 和 HSE 等,而实时工业以太网包括 ProfiNet IRT、Ethernet POWERLINK、SERCOS Ⅲ、EtherCAT、Ethernet/IP CIP、Modbus TCP、HSE 和 NCUC-Bus 等。

1) ProfiNet

ProfiNet 的基础是 PROFIBUS,2007 年 Siemens 推出基于以太网技术的 ProfiNet,按照其实现方式和响应的实时性,可分为 ProfiNet/Cba、ProfiNet RT 和 ProfiNet IRT 三个版本。ProfiNet/Cba 建立在 Soft IP 基础上,采用交换机连接方式,由于交换机所带来的时间延迟,其刷新时间为 5～100 ms,一般用于设备参数化、组态和诊断数据的传输。ProfiNet RT 是一种软实时(software real time)方案,一般响应时间为 10 ms,主要用于工厂自动化领域中的过程数据高性能循环传输、事件控制的信号与报警信号灯。为了满足运动控制等高实时性应用的要求,ProfiNet IRT 采用 ASIC 专用的芯片实现数据帧的解析,这使得其响应速度得到大幅度提升。ProfiNet IRT 属于实时工业以太网,适用于高性能传输、过程数据的等时同步传输及需要高实时性的运动控制领域。

2) Ethernet POWERLINK

EthernetPOWERLINK(EPL)是贝加莱(B&R)公司于 2001 年开发出来的实时以太网解决方案。EPL 标准是在 CANopen 基础上开发的,EPL 支持标准的 Ethernet 报文,应用层采用 CANopen,它通过引入时间槽通信网络管理(slot communication network management,SCNM)机制实现实时通信的确定性。POWERLINK 使用时隙和轮询混合方式来实现数据的同步传输。一般指定通信网络中的某个 PLC 或工业 PC 作为管理节点(MN),MN 进行周期性时隙的调度并据此来同步所有网络设备,并控制周期性数据通信,所有其他设备作为受控节点(CN)。Ethernet POWERLINK 不需要专用的芯片,并且可运行在多种 OS 上。

3) SERCOS Ⅲ

SERCOS (serial realtime communication system) Ⅲ 于 2007 年发布,起始于 Bosch Rexroth 的 SERCOS(1996 年),是一种基于以太网技术的硬实时全双工总线,其设计基于 CNC 应用的设备描述文件,适用于数控系统(CNC)和机器人等应用的伺服运动控制。SERCOS Ⅲ 是 SERCOS 成熟的通信机制与工业以太网相结合的产物,它既具有 SERCOS 的实时特性,又具有以太网的特性。SERCOS Ⅲ 支持线形和环形拓扑结构,通过主站/从站模式在总线设备之间交换数据,数据传输为实时性的循环传输,由主站定义循环周期。环形结构最大的特点是其冗余性,如当电缆断裂时整个数据的传输并不受到任何影响,网络的同步性、实时性等均不受到任何影响,因为整个环形结构会变成两个线性的网络。SERCOS Ⅲ 的主站和从站均采用特定硬件,这些 SERCOS Ⅲ 硬件减轻了主 CPU 的通信负荷,并确保实时数据处理和基于硬件的同步,从站需要特殊的硬件,而主站可以基于软件方案。SERCOS Ⅲ 数据传输速率高达 100 Mbps,向下兼容以前的 SERCOS 总线协议。

4) EtherCAT

EtherCAT 是由德国倍福(Beckhoff)公司于 2003 年提出的实时工业以太网技术,其方案是在 PC 上添加一个实时操作系统来运行实时网络。该技术采取一种"数据列车"的方式设计,以"边传输边处理"的方式按照顺序将数据包发送到各个从节点,然后回到主站,因此,任务的处理将在下一个周期里完成。主节点通常采用 PC,不需要专用的总线控制卡,而从节点需要专用的 ASIC 或 FPGA;主、从节点都至少需要两个以太网端口,并采用基于 IEEE 1588 的时间同步机制,以支持运动控制中的实时应用。EtherCAT 是迄今为止速度最快的工业以太网技术之一,同时它提供纳秒级精确的同步。它有助于实现通信速度更快、更简单、更经济的设备和系统,此外 EtherCAT 具有良好的兼容性,比较容易将当前设备集成到新开发的系统中,EtherCAT 非常适用于数控机床、机器人、包装机械和自动化生产线等场合。

5) Ethernet/IP CIP

Ethernet/IP CIP 基于 Rockwell AB 原有的 DeviceNet 控制和信息协议,其物理层和数据链路层使用以太网协议,网络层和传输层使用 TCP/IP 协议族中的协议,应用层采用和 DeviceNet 以及 ControlNet 相同的 CIP(common industrial protocol)协议。Ethernet/IP CIP 具有较高的数据通过率,适用于大块的数据通信,它完全兼容标准以太网,具有很好的与工厂和企业的 IT 层互联的能力,但其实时性受到一定的限制,更适合作为网关和交换设备的应用。

6) Modbus TCP

Modbus 是施耐德电气(Schneider Electric)于 1979 年为可编程逻辑控制器(PLC)通信而推出的一种串行通信协议,是工业电子设备之间常用的连接方式。Modbus 协议有基于串口(RS-232、RS-422、RS-485)、以太网以及其他支持互联网协议的网络的版本,这些通信版本在数据模型和功能调用上都是相同的,只有封装方式是不同的。Modbus 协议使用的是主从通信技术,即由主设备主动查询和操作从设备。

Modbus TCP 使用以太网作为物理层,可以通过以太网将多个设备连接成一个网络。Modbus TCP 具有较高的灵活性和扩展性,可以方便地添加或删除设备。Modbus TCP 协议采用简单的帧格式,易于实现和使用。Modbus TCP 没有做实时扩展,属于毫秒级的工业以太网,广泛应用于工业自动化、楼宇自控、能源管理等领域,最常见的应用是为诸如 PLC、I/O 模块以及连接其他简单域总线或 I/O 模块的网关服务。

7) HSE

1998 年,现场总线基金会决定采用高速以太网(high speed ethernet,HSE)技术开发新版 H2 现场总线,并于 2000 年 3 月发布。HSE 网络遵循标准的以太网规范并完全支持 IEC 61158 现场总线的各项功能,诸如功能块和装置描述语言等,并允许基于以太网的装置通过一种连接装置与 H1 装置相连接。HSE 作为现场总线控制系统控制级以上通信网络的主干网,它与 H1 现场总线整合构成信息集成开放的体系结构。HSE 充分利用低成本和商品化的以太网技术,并以 100 Mbps 到 1 Gbp s 或更高的速度运行。HSE 的特点是速度高,因此数据通过量很大,再者它借用以太网技术,与计算机连接容易且成本低。HSE 主要有两类用途:一类是完成由于计算量过大而不适合在现场仪表中进行的高层次模型或调度运算;另一类是作为多条 H1 总线或其他网络的网关桥路器。HSE 的推出满足了控制和仪器仪表用户对可互操作且节约成本的高速现场总线解决方案的要求。

8) NCUC-Bus

NCUC-Bus 现场总线协议是由华中数控、大连光洋、沈阳高精、广州数控及浙江中控组成的数控系统现场总线技术联盟(NC Union of China FieldBus)于 2010 年至 2011 年制定的总线方案,四个相关的国家标准于 2012 年通过审核并发布。NCUC-Bus 协议是应用于工业领域的基于以太网的强实时现场总线协议,NCUC-Bus 参照 ISO 通信体系,将其简化为物理层、数据链路层、应用层,采用 PHY+FPGA 结构模式,整个协议的处理都在 FPGA 中实现,能够很好地满足包含运动控制的工业自动化控制的强实时性、高可靠性要求,是发展高速、高精数控系统必不可少的通信方式。NCUC-Bus 采用主从总线访问控制方式,在任何时刻确保只能有一个站点发送数据。在 NCUC-Bus 总线系统中,具有发起总线通信任务的总线设备为主设备,不能主动发起总线通信、只能被动响应的总线设备称为从设备。

NCUC-Bus 的强实时性、高同步性和高可靠性使得其在自动化工业控制领域,尤其是数控领域,得到了广泛的应用,譬如高档数控机床、数控系统 IPC 单元等硬件平台、华中 8

型数控技术等,并且都取得了很好的效果。应用 NCUC-Bus 现场总线,可以实现不同公司生产的总线产品互联互通。当前最新版本为 NCUC 2.0,时钟同步达到 12 ns,同步初始化仅需 85 帧。

2. 主流实时以太网的技术对比

表 8-1 是各主流实时以太网的技术参数对比,它们的性能评价主要从传输速率、传输距离、抖动、循环时间等方面进行。

表 8-1 主流实时以太网的技术参数对比

比较项	Ethernet POWERLINK	ProfiNet IRT	SERCOS Ⅲ	EtherCAT	Ethernet/IP CIP
抖动	≪1 μs	1 μs	<1 μs	≪1 μs	<1 μs
循环周期	100 μs(max)	1 ms	25 μs	100 μs	100 μs
传输距离	100 m	100 m	40 m	100 m	100 m
是否需要特殊硬件	无特殊硬件需求	ASIC	FPGA 或 ASIC	从站 ASIC	ASIC
是否需要 RTOS	否	是	是	是	否
开放性	开源技术	需授权	需授权	需授权	需授权
原始技术	CANopen	ProfiBus	SERCOS	CANopen SERCOS	DeviceNet ControlNet
硬件实现	简单	复杂	复杂	简单	简单
软件实现	简单	简单	复杂	复杂	复杂
拓扑结构	任意拓扑	星形、树形、线形(受限)	线形、环形(受限)	星形、树形、线形、环形(受限)	任意拓扑
同步方式	IEEE 1588	IEEE 1588＋时间槽调度	主节点＋循环周期	分布式时钟	IEEE 1588

8.3.4 工业无线网络技术

工业现场总线、工业以太网(包括工业实时以太网)和工业无线网络是目前工业通信领域的三大主流技术。无线网络通信利用无线电波为智能传感器、智能装备、移动机器人以及各种自动化设备之间的通信提供无线传输链路。与有线网络相比,无线网络通信为传感器和设备的互联互通提供了极高的灵活性和经济性;无线网络节省线路布放与维护成本,而且组网简单,还可以解决某些特殊环境下有线网络难以部署或使用寿命短等问题。无线网络通信技术是现代数据通信系统发展的一个重要方向。

无线通信技术在工业领域有广泛的应用,主要包括数据采集、监控和实时控制等,目前在工业自动化领域中常用的无线通信技术协议包括 IEEE 802.15.4 系列、IEEE

802.15.1和IEEE 802.11系列等。其中,IEEE 802.15.4属于低速率无线个人局域网协议(PAN),主要用于低能耗、对传输速率要求不高的无线短程网;IEEE 802.15.1就是常用的蓝牙,用于数据容量较大的短程无线通信;IEEE 802.11系列属于无线局域网协议(LAN),主要应用于较大传输覆盖面和较大信息传输量的无线局域网。

不同应用场景对无线通信技术的要求有明显差异,在工业自动化领域目前一般根据传输距离、能耗和实时性进行分类。对于无线网络传感等低能耗要求的应用,短距离通信常用ZigBee、WirelessHART和低功耗蓝牙等,长距离通信常用NB-IoT、LoRa和LTE-M等低功耗广域网(low-power wide-area network,LPWAN)技术。对于工业控制应用,无线控制网络一般要求满足高可靠、强实时、低抖动、低成本、低功耗和高安全等要求。对于石油化工等流程制造行业,控制系统分布范围广,对可靠性、安全性要求高,但对通信的实时性要求不高,因此一般采用与无线传感网络类似的通信技术;而对于机械制造等离散制造行业,工业自动化现场的传感层和控制层对数据传输实时性、安全性和可靠性等要求很高,常用的无线通信技术包括蓝牙和Wi-Fi等中短距离通信技术;工业自动化行业的企业管理系统如SCADA、MES、ERP,以及远程控制、维护和服务等,网络覆盖区域很广,一般采用Wi-Fi、移动宽带技术等中远距离通信技术与以太网、互联网技术相结合实现,其中移动宽带技术包括工业4G、工业5G、GSM和LTE等。

工业无线网络通信技术延伸了有线网络的控制范围,提供了极高的灵活性,是有线网络、现场总线的有效补充。随着微电子技术的不断发展,无线局域网技术将在工业自动控制网络中发挥越来越大的作用。工业无线控制网络的优势包括:①在工业自动化领域,现有设备还大量使用RS-232或RS-485等串行通信接口,无线局域网技术通过使用无线信号转换器(又称为无线网桥),将工业设备的串口接口信号与无线局域网信号相互转换,有效地扩展了现有设备的联网通信能力。②无线局域网的一大独特优势是支持漫游,目前在制造业大量使用自动导引车(AGV)、仓库穿梭车、电动单轨系统以及使用平板电脑和智能手机操作机械设备,大型WLAN网络中的设备可自由移动,从而自动切换无线连接至无线信号较好的接入点。③无法布置电缆或布置电缆成本太高的设备或者区域网络系统,通过无线方式可以方便快捷地与其他网络连接或接入上一级系统网络。比如距离较远的多个车间,通过无线网络互连,或者接入企业管理系统,可以快速连接且节省成本;又如码头的大型吊车,通过无线通信与控制站连接,可以快速连接且安全可靠;④连续运动,尤其是高速移动或旋转的平台,以往采用拖链电缆或滑环实现有线通信和供电,因频繁使用其寿命有限,维护工作量大、成本高,采用无线网络连接,可以免除维护和减少成本。⑤无线通信具有快速组网的优势,灵活制造是现代制造的发展趋势,制造商需要可灵活、快速调整的设备、产线和生产工艺,以应对不断变化的客户需求,从而降低成本和缩短停机时间,提升市场竞争力。

以下对工业自动化领域常用的一些无线通信技术做简单介绍,表8-2是部分典型无线传输技术的主要性能列表。

表 8-2 部分典型无线传输技术性能

项目	低能耗蓝牙	蓝牙	WLAN、WLANAX、Wi-Fi 6	5G、LTE、GSM(5G、4G、3G、2G)
通信距离（传输效率）	达到 200 m	达到 250 m	· 达到 32 km（900 MHz） · 达到 20 km（868 MHz） · 达到 5 km（2.4 GHz）	全球范围
介绍	低功耗蓝牙，可以通过电池驱动的传感器实现节能的无线通信	蓝牙，用于在机器制造和系统制造中快速、高效地传输 I/O 和以太网数据	WLAN 是根据 IEEE 802.11 用于建立无线局域网的无线标准	通信是通过私人或公共的蜂窝网络。在公共网络中，电信提供商提供必要的基础设施
通信功能	无线 I/O 数据和测量值	无线 I/O：模拟和数字 I/O 信号 无线以太网：以太网数据	无线以太网：与移动设备和可移动装置（如智能手机）进行的以太网通信	无线 I/O：模拟和数字 I/O 信号 无线以太网：以太网数据
应用场景	蓝牙低能耗传感器技术的集成；电池供电的传感器技术	替代传输电缆，实现无线 ProfiNet 通信和 PROFIsafe 通信；替代信号线	自动移动机器人和自动引导车辆（AGV）提供了支持和保证安全通信	远程访问机器和系统，监控信号状态

（节选自 PHOENIX CONTACT）

1）ZigBee

ZigBee 基于 IEEE802.15.4 低速率无线个人局域网协议，ZigBee 具有功耗低、数据传输可靠性高、网络容量大、兼容性好、安全性高和实现成本低等特点，主要用于距离短、功耗低且传输速率不高的场合。一个 ZigBee 网络可以容纳最多 65536 个从设备和一个主设备，一个区域内可以同时存在最多 100 个 ZigBee 网络。ZigBee 网络可以与现有的控制网络标准无缝集成，常用于智能家庭、工业控制、无线传感网络、自动抄表、医疗监护和电信行业等。

2）Bluetooth

蓝牙基于 IEEE 802.15.1 国际标准。蓝牙作为一种小范围无线连接技术，具有通信速率高、可靠性高、可灵活组网和成本低等特点，广泛应用于无线耳机、智能手表、无线遥控等场景，是实现无线通信的主流技术之一。

蓝牙技术发展快速,第一个蓝牙版本诞生于1999年,蓝牙4.0以后版本属于低功耗蓝牙,蓝牙5.0以后,300 m距离的传输速率可以达到48 Mbps,当前版本是蓝牙5.3。蓝牙技术的优势包括:①应用广泛、技术发展迅速且成本低。大量的自动化厂商研制了基于蓝牙技术的短距离工业无线通信的产品,并被广泛应用;②连接快捷灵活。蓝牙支持特殊操作模式,可创建支持便捷组态的稳定无线连接,只需开启蓝牙即可启用大多数蓝牙应用。蓝牙的工作方式意味着不需要配置无线参数来建立无线连接,蓝牙通常用于人机界面(HMI)、编程、服务/维护和实时控制任务。③抗干扰能力强。蓝牙技术采用跳频技术传输数据,具有很强的频段抗干扰性能,即使在恶劣条件下也能实现控制数据的快捷可靠传输。④与WLAN良好共存。蓝牙和WLAN的工作频段都是2.4 GHz。蓝牙的自适应跳频技术能够可靠检测出介质占用率在10%到15%以上的WLAN系统,并自动排除被WLAN占用的信道。蓝牙可以有效地利用WLAN信道之间未使用的频率范围,允许它们在不受干扰的情况下共存。⑤多个蓝牙网络能够在非常有限的空间内并行运行。蓝牙技术十分适用于设备数量少的小型静态无线网络场合。典型的蓝牙网络包括简单的点到点应用或由最多7台设备组成的星形网络拓扑。相比有线连接,WLAN网络中的设备越多,延时越长,抖动越多,带宽越窄;而通过蓝牙技术,多个蓝牙网络能够在非常有限的空间内并行运行(蓝牙范围10 m),这也是工业现场通常将蓝牙网络与WLAN配合使用的原因。

3) IWLAN (industrial wireless local area network)

工业无线局域网,简称工业WLAN,通常亦称为无线以太网。WLAN指的是基于IEEE 802.11标准并兼容有线以太网的无线局域网络(目前也常以Wi-Fi来形容基于IEEE 802.11标准的产品)。IEEE 802.11 a/b/g/n/ac都是由IEEE 802.11发展而来的,当前应用最多的Wi-Fi 5对应IEEE 802.11 ac,而Wi-Fi 6对应IEEE 802.11 ax。Wi-Fi技术上突出的优势在于它有较广的局域网覆盖范围,相比于蓝牙技术,Wi-Fi覆盖范围更广,传输速度也更快,Wi-Fi 6传输速度最高可以达到9.6 Gbps,适合高速数据传输的业务。Wi-Fi通过无线电波来联网,家庭或办公应用通常只需要一个无线路由器,在这个无线路由器的电波覆盖的有效范围都可以采用Wi-Fi连接方式进行联网,几乎所有智能手机、平板电脑和笔记本电脑都支持Wi-Fi上网,是日常生活中使用最广泛的无线网络技术。

制造业的数字化趋势愈演愈烈,要实现行业数字化,需要强大的工业通信网络。WLAN作为无线以太网标准,已广泛应用于工业应用领域,具有诸多优势:①与以太网、蓝牙类似,WLAN在应用广泛、技术发展迅速且成本低方面具有同样优势,因此大量的自动化厂商研制了基于WLAN的工业无线通信的产品,并被广泛应用。②WLAN的特点在于可在ProfiNet、Ethernet/IP等工业以太网络中可以轻松构建无线连接,可通过多台设备构建大型网络。使用以太网端口适配器(EPA)可轻松地将带以太网接口的工业自动化设备连接到WLAN网络。③支持漫游的高性能无线网络,提高灵活性和移动性。WLAN支持高速可靠漫游,适用于移动应用,大型WLAN网络中的设备可自由移动,从而自动切换无线连接至无线信号较好的接入点。④高性能、高可靠性。Wi-Fi 4高达300 Mbps的数据传输速率,实现可靠的无线通信,功能安全的数据传输,适合安全应用。

4）工业 5G

第五代蜂窝移动通信技术（5th generation mobile communication technology，5G）是具有高速率、低时延和大连接特点的新一代宽带移动通信技术。相较于 3G、4G 等蜂窝网络标准，5G 首次满足了工业领域的要求，为各种设备和应用间的智能无线通信提供保障。利用工业 5G 也可创建专用网络，实现移动式或高度灵活、可持续的网络连接。因为不同应用场景差异很大，目前不同的工业现场根据实际需要采用各种不同类型的有线（比如现场总线和以太网）和无线网络通信技术，这不利于智能制造时代的网络互联互通和数据共享，而 5G 系统具有较高的扩展性和适配性，今后将有望基于工业 5G 构建统一的、可适应各种应用的专用 5G 网络。

工业 5G 技术的应用对智能制造有重要意义。首先，5G 网络所提供的高带宽和低延迟的连接保证了工业现场海量数据的实时采集和传输，这些数据包括机器运行状态、生产效率、产品质量等信息。分析这些数据，可预测机器的维护需求、优化管理决策、提高生产效率和改善产品质量。其次，5G 网络可以实现对工业设备的远程监控和维护。当设备出现故障时，通过分析设备的运行数据，预测故障发生的部位和时间，并通知维护人员进行及时维修。再次，5G 的高带宽和远程移动通信能力，也使方便快捷地提供高质量的远程维修服务成为可能，比如通过高清视频交互和增强现实技术提供操作指导 5G 技术也可以促进产业升级，实现更为智能和优化的工业生产。同时，5G 的推广应用也将促进全球产业链的合作和发展，使得全球工业可持续发展的规模进一步扩大。

5）NB-IoT

NB-IoT（narrow band internet of things，NB-IoT）又称为窄带物联网，是一种低功耗广域网（low-power wide-area network，LPWAN）技术。NB-IoT 是基于现有无线蜂窝网络的窄带物联网技术，可直接部署于 GSM 网络、UMTS 网络或 LTE 网络，具有功耗低、传输距离远、设备连接数量大和成本低等优点。低功耗是物联网应用的一项重要指标，一些设备或场合因为不方便更换电池，要求电池寿命达到 5～10 年寿命。在同一基站的情况下，NB-IoT 支持 5 万级别的用户规模。NB-IoT 应用范围非常广泛，可用于各种物联网场景，包括智能家居、智能交通、智能农业、智能医疗、智能物流和智能安防等领域，比如远程抄表、智能门锁、智能灯、智能手环和安防监控等。

8.4　工业信息物理系统

8.4.1　定义与本质

信息物理系统（cyber-physical systems，CPS）这一术语，最早由美国航空航天局（NASA）于 1992 年提出，2006 年美国国家科学基金会（NSF）组织召开了国际上第一个关

于信息物理系统的研讨会。"Cyber"一词最早可追溯至希腊语单词 Kubernetes,意思是掌舵人,目前 Cyber 一般指网络、信息、计算和控制等;CPS 里 Cyber 又称为信息空间或虚拟空间、虚拟世界;Physical 称为物理空间、物理世界,指现实世界的人、物、设备、环境等物理实体。CPS 通过网络连接了信息空间与物理现实世界,使物理实体之间能够相互通信,并能与信息空间相互作用。CPS 与人类社会生产生活息息相关,就像互联网改变了人类之间的互动方式一样,信息物理系统也将改变我们与周围物理世界的互动方式。在制造业领域,发展信息物理系统已经成为美国、德国等发达国家实施"再工业化"战略,抢占制造业新一轮竞争制高点的重要举措;在国内,信息物理系统作为支撑信息化和工业化深度融合的一套综合技术体系,受到广泛的关注,技术研发和应用推广发展迅速。

由于不同领域差异大、专家学者关注的重点也各不相同,目前 CPS 还没有统一的定义。加利福尼亚大学伯克利分校 Edward A. Lee 的观点是:CPS 是计算过程和物理过程的集成系统,利用嵌入式计算机和网络对物理过程进行监测和控制,并通过反馈环实现计算和物理过程的相互影响。随着计算机、网络、控制和人工智能等技术的不断发展,对 CPS 的理解也不断深化和更新。为了引导我国信息物理系统积极发展,中国电子技术标准化研究院组织业内相关专家编写并于 2017 年发布了《信息物理系统白皮书(2017)》(下文简称白皮书)。白皮书对 CPS 的定义是:信息物理系统通过集成先进的感知、计算、通信、控制等信息技术和自动控制技术,构建了物理空间与信息空间中人、机、物、环境、信息等要素相互映射、实时交互、高效协同的复杂系统,实现系统内资源配置和运行的按需响应、快速迭代、动态优化。这里的物理空间指物理实体和物理实体之间的关系形成的多维空间,物理实体特指人、机、物等在物理世界中真实存在、可见的形体。信息空间主要由信息虚体组成,由相互关联的信息基础设施、信息系统、控制系统和信息构成的空间,具有控制、通信、协同、虚拟等特点。信息虚体这里指人通过工具对物理实体建模形成的数字化模型(映射)。

如图 8-11 所示,白皮书指出 CPS 的本质是构建一套信息空间与物理空间之间基于数据自动流动的状态感知、实时分析、科学决策、精准执行的闭环赋能体系,解决生产制造、应用服务过程中的复杂性和不确定性问题,提高资源配置效率,实现资源优化。

(1) 状态感知 生产制造过程中蕴含着大量的隐性数据,如物理实体的尺寸、运行机理,外部环境的温度、液体流速、压差等。状态感知就是通过各种各样的传感器、物联网等一些数据采集技术感知物质世界的运行状态,并将数据传递到信息空间,使得数据"可见",变为显性数据。

(2) 实时分析 是对显性数据的进一步理解。就是利用数据挖掘、机器学习、聚类分析等数据处理分析技术对数据进一步分析、估计,将显性化的数据进一步转化为直观可理解的信息;实时分析是将感知的数据转化成认知的信息的过程,也是发现物理实体状态在时空域和逻辑域的内在因果性或关联性关系的过程。

(3) 科学决策 决策是根据积累的经验、对现实的评估和对未来的预测,为了达到明

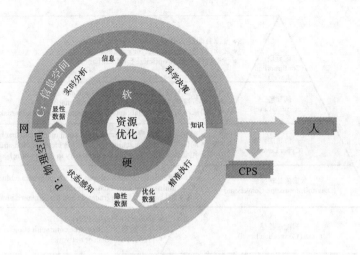

图 8-11 CPS 的本质

确的目的,在一定的条件约束下,所做的最优决定。在这一环节,CPS 通过权衡判断当前时刻获取的、来自不同系统或不同环境下的信息,形成最优决策,目标是对物理空间实体进行最优控制。分析决策并最终形成最优策略是 CPS 的核心关键环节。

(4) 精准执行 是对决策的精准物理实现。在信息空间分析并形成的决策最终将会作用到物理空间,因为物理空间的实体设备只能以数据的形式接收信息空间的决策/指令,因此,执行的本质是将信息空间产生的决策转换成物理实体可以执行的命令,进而在物理层面运行(相应指令),从而在物理层面空间实现决策。对于智能数控装备,精准执行就是通过控制器、执行器等机械硬件实时精准执行(决策转换后输出的)指令,这一切都依赖于一个实时、可靠、安全的网络。

上述四个步骤构成了物理空间和信息空间的数据闭环自动流动,其中状态感知和精准执行在物理空间实现,实时分析和科学决策在信息空间运行,信息空间和物理空间通过网络连接。这里的网络指的是工业网络(比如工业现场总线、工业以太网、无线网络、工业物联网和互联网等)。

美国辛辛那提大学 Jay Lee 教授 2015 年提出的 CPS 5C 体系结构如图 8-12 所示,它包括了智能连接(smart connection)、数据信息转换(data-to-information conversion)、信息(cyber)、认知(cognition)、配置(configuration)。智能连接层通过传感器网络等无缝获取物理世界的不同类型数据;数据信息转换层用于从底层传感数据提取有意义的特征数据;信息层起到中央信息路由的作用;认知层产生有用的知识;配置层用于实现信息空间到物理空间的反馈。与 5C 体系结构相比,白皮书将物理空间和信息空间的数据闭环自动流动过程进一步提炼为四个步骤。5C 体系与白皮书给出的数据闭环流动的四个步骤大致上是对应的,其中智能连接层与状态感知对应,5C 的数据转换层与实时分析对应,信息层和认知层与科学决策对应,配置层与精准执行对应。

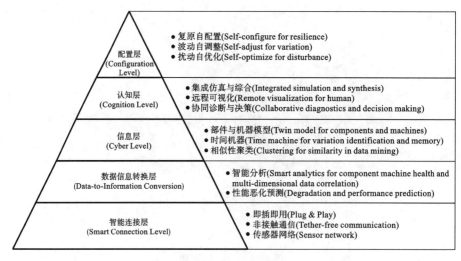

图 8-12　面向制造的信息物理系统的 5C 体系结构

8.4.2　CPS 的层次性

制造领域 CPS 涉及"研发设计-生产制造-运营管理-产品服务"等众多业务环节,为了帮助业界理解 CPS 的概念,白皮书将 CPS 划分为单元级、系统级、SoS 级(system of systems,系统之系统级)三个层次。

1. 单元级 CPS

单元级 CPS 是具有不可分割性的 CPS 最小单元,单元级 CPS 具备可感知、可计算、可交互、可延展、自决策功能。单元级 CPS 通过嵌入式软件对物理实体及环境进行状态感知、计算分析,并最终控制到物理实体,从而构建最基本的数据自动流动的闭环,形成物理世界和信息世界的融合交互。如图 8-13 所示,单元级 CPS 具有基础通信功能,以便与外界进行交互。智能部件(如智能轴承、智能相机、智能传感器等)、AGV 小车、工业机器人或智能机床都可以是 CPS 最小单元。

2. 系统级 CPS

系统级 CPS 是在单元级 CPS 的基础上,通过引入网络实现系统集成,系统级 CPS 与单元级 CPS 的主要区别在于网络(如工业现场总线、工业以太网等)。如图 8-14 所示,在这一层级上,多个单元级 CPS(也可以包括一些非 CPS 单元设备)汇聚到统一的网络,构成一个系统级 CPS。除了拥有单元级 CPS 的功能外,系统级 CPS 还包含互联互通、即插即用、边缘网关、数据互操作、协同控制、监视与诊断等功能。系统级 CPS 通过对系统内部的多个单元级 CPS 进行统一指挥,实体管理,进而提高各设备间的协作效率,实现局部范围内的资源优化配置。本书中的 CPS 总线特指是利用标准化接口和软件实现各异构 CPS 间的信息交换和传递。

系统级 CPS 的一些实例:①由数控机床、机器人、AGV 小车、传送带等构成的智能生产线;②由传感器、控制终端、组态软件和工业网络等构成的分布式控制系统(DCS)、数据

图 8-13　单元级 CPS

图 8-14　系统级 CPS

采集与监控系统（SCADA）；③通过制造执行系统（MES）对人、机、物、料、环等生产要素进行生产调度、设备管理、物料配送、计划排产和质量监控而构成的智能车间。

3. SoS 级 CPS

SoS 级 CPS 是多个系统级 CPS 的有机组合。如图 8-15 所示，在这一层级上，多个系统级 CPS 构成了 SoS 级 CPS，如多条产线或多个工厂之间的协作，以实现产品生命周期全流程及企业全系统的整合。SoS 级 CPS 与系统级 CPS 的主要区别在于平台，多个系统级 CPS 通过工业云、工业大数据等（智能服务）平台可以构造 SoS 级的 CPS。同样，SoS 级 CPS 也可以包含非 CPS 单元设备和单元级 CPS，与系统级 CPS 混合构建。通过大数据平台，SoS 级 CPS 实现了跨系统、跨平台的互联、互通和互操作，促成了多源异构数据的集成、交换和共享的闭环自动流动，在全局范围内实现信息全面感知、深度分析、科学决策和精准执行。智能服务平台本文特指工业云、工业大数据等软件/云平台。

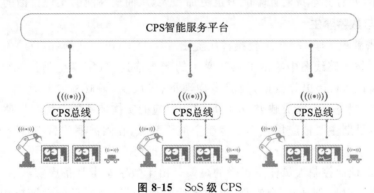

图 8-15　SoS 级 CPS

8.4.3　CPS 类似概念对比

CPS 是一个综合性的复杂概念，本小节将 CPS 与现有的一些概念做简单对比，以便更清晰地认识 CPS。

1. CPS 与嵌入式系统

嵌入式系统是指嵌入其他设备中的计算机系统，包括硬件和软件。比如手机、家电（空调、洗衣机等）、数控设备、机器人、汽车电子和医疗仪器等都是典型的嵌入式系统。CPS 源自嵌入式系统的广泛应用，CPS 在嵌入式系统的硬件和软件的基础上增加了网络和平台，在过去，嵌入式系统通常是一个孤立的系统，演变成 CPS 后，系统和系统之间通过网络连接在一起，并具备了接入云平台/大数据平台的特性。

CPS 系统是一个信息和物理的混合系统,CPS 系统不仅要监控一个嵌入式设备的运作,还要负责不同嵌入式设备间的交互,并以他们之间的交互信息进行工作上的协调。通俗地说,CPS 就是把嵌入式系统通过物联网联系起来,并协调其运作。

2. CPS 与物联网

美国科学家首次在 1999 年提到"物联网(internet of things,IoT)"的概念,IoT 产生于计算机科学与 Internet 技术,可认为是 Internet 概念的一种扩展。IoT 是在计算机互联网基础上,利用射频识别、无线数据通信、计算机等技术,构造一个能够实现任何物与物之间的数据实时通信的实物互联网。IoT 可以看作是信息空间和物理空间的融合,将一切事物数字化、网络化,在物与物之间、物与人之间、人与现实环境之间实现高效信息交互。IoT 以感知为显著特征,通信网络加上传感器,可感知物理世界任意事物和空间,这是 IoT 与传统互联网的最大区别。

对于 CPS,状态感知是 CPS 的关键技术之一,状态感知通过各种各样的传感器、物联网等一些数据采集技术感知物质世界的运行状态。在感知和信息传输方面,物联网和 CPS 有共同之处。物联网强调物物相联与信息传输,但控制与计算的成分占的并不多,它往往是一个物理实体通过传感器感知某项活动后,然后将状态信息交给其他物理实体去决策与执行的过程;而 CPS 除了状态感知和网络信息传输外,决策和执行也是 CPS 的核心技术,CPS 强调的是闭环控制。CPS 在完成信息传递的功能之外,还要负责协调物理实体之间的工作,并且其本身的计算能力也更加强大,从而最终能够实现自治的目标。

3. CPS 与数字孪生

2003 年密歇根大学 Grieves 教授首次提出数字孪生(digital twin,DT)概念。2012 年 NASA 公布的技术路线图中给出了数字孪生的概念描述:数字孪生是指充分利用物理模型、传感器更新、运行历史等数据,集成多物理量、多尺度、多概率的航天飞行器或系统的仿真过程,在虚拟空间中完成映射,从而反映相对应的实体装备的全生命周期过程。

数字孪生早期主要被应用在军工及航空航天领域,在阿波罗项目中,NASA 使用空间飞行器的数字孪生模型对飞行中的空间飞行器进行仿真分析,监测和预测空间飞行器的飞行状态,辅助地面控制人员作出正确的决策。由于数字孪生具备虚实融合与实时交互、迭代运行与优化以及全要素/全流程/全业务数据驱动等特点,目前已被应用到产品生命周期的各个阶段,包括产品设计、制造、服务与运维等。从空间飞行器的数字孪生应用可见,数字孪生主要是要创建与物理实体等价的虚拟体或数字模型,利用虚拟体能够对物理实体进行仿真分析,根据物理实体运行的实时反馈信息可以对物理实体的运行状态进行监控,还可以依据采集的物理实体的运行数据完善虚拟体的数字模型,从而对物理实体的后续物理产品运行和改进提供更加精确的决策。

CPS 和 DT 具有相同的基本概念,都是通过"状态传感、实时分析、科学决策和精确执行"实现信息空间与物理空间的实时交互,都是实现智能制造的首选方法,DT 可认为是构建和实现 CPS 的最基本且关键的技术,两者也有许多不同之处,以下简述三个主要差异:

(1) CPS 类似于科学类别,而数字孪生类似于工程类别。数字孪生技术开辟了一种将物理世界与虚拟世界同步的新方法,数字孪生的发展主要是为了解决日益复杂的工程系统问题,如 NASA 将数字孪生用于健康维护和预测航空航天器的剩余使用寿命。正如美国国家科学基金会所言,CPS 的研究计划是寻找新的科学基础和技术,CPS 更侧重科学研究。

(2)实现功能不同。数字孪生技术是为了高仿真地再现物理世界的组件、产品或系统的几何形状、状态特征、行为方式等,数字孪生构建了物理世界和数字世界之间的一对一映射关系,用集成了几何结构、行为、规则和功能属性的虚拟模型表示特定的物理对象。而 CPS 则是通过大数据分析、人工智能等新一代信息技术在信息世界的仿真分析和预测,以最优的结果驱动物理实体的运行。一个 CPS 可能包含多个物理组件,因此 CPS 的信息空间和物理空间之间的映射关系不是一对一的,而是一对多的对应关系。

(3)专注点不一样。数字孪生的主要思想是为物理实体创建虚拟模型,以便通过建模和仿真分析来模拟和反映其状态和行为,并通过实时反馈来预测和控制其未来的状态和行为,因此,数字孪生更专注于物理实体与虚拟模型的实时映射。而 CPS 专注于信息空间与物理空间的高度集成和实时交互,以便以可靠、安全、协作、稳健和高效的方式检测和控制物理实体。

8.4.4　CPS 与智能制造

1. 智能工厂

基于工业物联网、工业信息物理系统以及工业 4.0 的理念,为了更好响应市场的多样性需求,做到绿色、高效、可重构、全局最优地完成产品的生产制造,以提升企业的市场竞争力,传统的制造工厂或者当前的数字工厂越来越迫切地需要转向智能工厂(smart factory)。图 8-16 是一种智能工厂的体系结构。显然,在这个体系结构中,在物理层充分利用了现有的实时以太网技术,同时在网络层利用了 OPC-UA 开放互联技术。

2. 基于云的分布式监控系统

过去数十年来,工业自动化一直在各种生产系统中起着举足轻重的作用,其技术与体系结构随着工厂生产组织结构的变化而变化。随着基于云服务的体系结构引入工厂自动化系统,其触角甚至达到了底层车间设备。这里仅仅简单介绍,基于云计算、云服务以及工业物联网技术、服务理念在工业自动化监测控制系统上的技术变革。由于工厂设备的复杂多样性,为了采集监测设备与过程数据,其数据流动在传统工厂 SCADA/DCS(supervisory control and data acquisition/distributed control system)系统中的数据流如图 8-17 所示。显然,这种数据流以及基于该数据流的 SCADA/DCS 系统组网复杂、可扩展性与人机交互性都很差。为了融入互联、交互的特征,引入 Web 服务的技术,通过底层设备智能化,其本身可以提供对外的 Web 服务,从而具有实现与其他设备甚至与人的交互性。这种基于云服务的 SCADA/DCS 系统具有工业信息物理系统的主要特征及计算与物理过程的集成。图 8-18 是一种基于云服务的 SCADA/DCS 体系结构图。

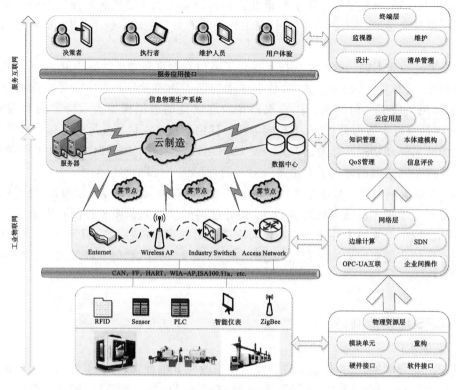

图 8-16　智能工厂体系结构

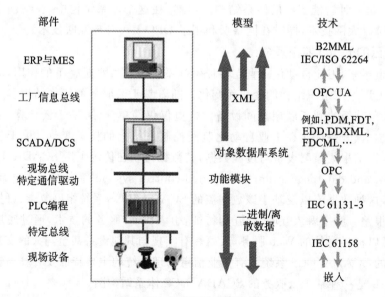

图 8-17　自动化系统的数据流

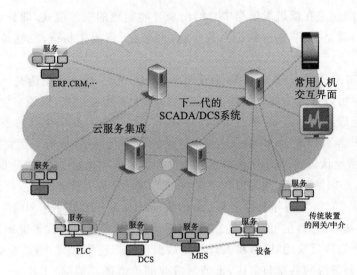

图 8-18　基于云服务的 SCADA/DCS 体系结构

⚙ | 8.5　知 识 拓 展

▢　走向新一代智能制造

（本文是中国工程院院士周济在第二十届中国科协年会开幕式上的报告）

习近平总书记在党的十九大报告中号召，加快建设制造强国，加快发展先进制造业，习近平总书记指示，要继续做好信息化和工业化深度融合这篇大文章，推进智能制造，推动制造业加速向数字化、网络化、智能化发展。

2016 年 7 月以来，工业和信息化部、中国工程院、中国科协、国家制造强国建设战略咨询委员会组织了数百位院士和专家开展研究，形成了《中国智能制造发展战略研究报告》。大家一致认为，智能制造是我国制造业创新发展的主要抓手，是我国制造业转型升级的主要路径，是《中国制造 2025》加快建设制造强国的主攻方向。

我主要讲三个部分：

一是智能制造的基本范式与"并行推进、融合发展"的技术路线。

广义而论，智能制造是一个大概念、一个不断演进的大系统，是新一代信息技术与先进制造技术的深度融合，贯穿于产品、制造、服务全生命周期的各个环节，以及相应系统的优化集成，实现制造的数字化、网络化、智能化，不断提升企业的产品质量、效益、服务水平，推动制造业创新、协调、绿色、开放、共享发展。

智能制造作为制造业和信息技术深度融合的产物，它的诞生和演变是和信息化发展相伴而生的。智能制造在演进发展当中总结出来智能制造的三种范式：即数字化制造；数字化网络化制造，就是"互联网＋制造"；数字化、网络化、智能化制造，也就是新一代智能制造。

（1）数字化制造，国际上称之为 Digital Manufacturing。数字化制造是智能制造的第一种基本范式，也可以称之为第一代智能制造。20 世纪下半叶以来，以数字化为主要内容的信息技术，广泛应用于制造业，形成了"数字一代"创新产品，数字化制造系统和数字化企业。20 世纪 80 年代以来，我国企业逐步推进应用数字化制造，取得了巨大的技术进步，同时我们必须清醒地认识到，我国大多数企业还没有完成数字化制造的转型，我国在推进智能制造过程当中，必须踏踏实实地完成数字化"补课"，进一步夯实智能制造发展的基础。

（2）"互联网＋制造"，国际上称之为 Smart Manufacturing，数字化和网络化制造是智能制造的第二种基本范式，也可以称之为"互联网＋制造"或者第二代智能制造。20 世纪末，互联网技术开始广泛应用，网络将人、流程、数据和事物连接起来，通过企业内、企业间的协同和各种社会资源的共享与集成，重塑制造业的价值链。德国"工业 4.0"和美国"工业互联网"完善地阐述了数字化网络化制造范式，完美地提出了实现数字化、网络化制造的技术路线。过去这几年，我国工业界大力推进"互联网＋制造"，一方面一批数字化制造基础较好的企业成功实现了数字化网络化的升级，另一方面大量原来还没有完成数字化改造的企业，采用并行推进数字化制造和"互联网＋制造"的技术路线，完成了数字化制造的"补课"，同时跨越到了"互联网＋制造"的阶段。

（3）新一代智能制造——数字化网络化智能化制造，国际上称之 Intelligent Manufacturing。数字化、网络化、智能化制造是智能制造的第三种基本范式，也可以称之为新一代智能制造，是新一代人工智能技术和先进制造技术的深度融合。新一代智能制造是真正意义上的制造，将从根本上引领和推进新一轮工业革命。

（4）"并行推进融合发展的技术路线"，智能制造的三个基本范式体现了智能制造发展的内在规律。一方面，三个基本范式次第展开各自阶段的特点和需要重点解决的问题，体现着先进信息技术和制造技术融合发展的阶段性特征；另外一方面，三个基本范式在技术上相互交织，迭代升级，体现了智能制造发展的融合性特征。智能制造在西方发达国家是一个"串联式"的发展过程，数字化、网络化、智能化是西方顺序发展智能制造的三个阶段。我国应该发挥后发优势，采取三个基本范式并行融合发展的技术路线，走一条数字化、网络化、智能化并行推进的智能制造创新之路。一方面，我国必须坚持"创新引领"，直接利用互联网、大数据、人工智能等最先进的技术，推进先进信息技术和制造技术的深度融合。另一方面，我们必须实事求是、因企制宜、循序渐进地推进企业的技术改造、智能升级，充分利用我国推进"互联网＋制造"的成功实践为我们提供重要启示和宝贵经验。企业根据自身发展的实际需要"以高打低"，采取先进的技术解决传统制造难以解决的问题，扎扎实实地完成好数字化"补课"。同时，向更高的智能制造水平迈进。

二是新一代智能制造引领和推动新一轮工业革命。

（1）新一代智能制造的发展背景。一方面，是制造业转型升级的强烈需求，制造业急需一场革命性的产业升级。另一方面，是新一轮科技革命和产业变革的历史性机遇。21

世纪以来,移动互联、超级计算、大数据、云计算、物联网等新一代信息技术日新月异、飞速发展,并极其迅速地普及应用,形成了群体性跨越。这些历史性的技术进步,集中汇聚在新一代人工智能技术的战略性突破上。新一代人工智能最本质的特征是具备了认知和学习的能力,具备了生成知识和更好地运用知识的能力,实现了质的飞跃。当然,新一代人工智能技术还在急速发展的进程中,将继续从弱人工智能迈向强人工智能,应用范围将更加无所不在。新一代人工智能已经成为新一轮科技革命的核心技术,正在形成推动经济社会发展的巨大引擎。

我国充分认识到新一代人工智能技术的发展将深刻改变人类生活、社会生活,改变世界,因此发布了发展规划,以抓住机遇、抢占先机。世界主要发达国家也都把人工智能的发展摆在了最重要的位置。新一代人工智能技术与先进制造技术的深度融合,形成了新一代智能制造技术,成为了新一轮工业革命的核心驱动力。如果说数字化、网络化制造和"互联网+制造"是新一轮工业革命的开始,那么新一代智能制造的突破和广泛应用将推动形成这次工业革命的高潮,引领真正意义上的"工业 4.0",实现第四次工业革命。

(2)新一代智能制造的基本原理。传统的制造系统包含人和物理系统两大部分,是通过人对机器的直接操作控制去完成各种工作任务,它的原理就是"人-物理系统"(HPS),跟传统制造系统相比较,第一代和第二代智能制造系统发生的最本质的变化是什么呢?就是在人和物理系统之间增加了信息系统,信息系统可以代替人类完成部分脑力劳动,人的相当部分的感知、分析、决策功能向信息系统复制迁移,进而可以通过信息系统来控制物理系统,以代替人类完成更多的体力劳动。在这样一个阶段,制造系统从"人-物理系统"演变为"人-信息-物理系统"(HCPS),后者对于前者最本质的进步在于增加信息系统(cyber system),从二元系统进化成了三元系统。大家都比较熟悉的 CPS(cyber-physical systems)在 HCPS 当中是非常重要的组成部分,美国在 20 世纪 90 年代初提出了 CPS 理论,德国将它作为"工业 4.0"的核心技术。CPS 实现了信息系统和物理系统的深度融合,即实现了数字孪生,成为实现第一代和第二代智能制造的技术基础。新一代智能制造系统最本质的特征是其信息系统增加了认知和学习的功能。在这样一个阶段,新一代人工智能技术将使得人-信息-物理系统发生质的变化,形成新一代人-信息-物理系统 2.0(HCPS2.0)。它主要的变化在于两个方面:第一,人将部分认知与学习型的脑力劳动转移给了信息系统,因而信息系统具有了认知和学习的能力,人和信息系统的关系发生了根本性的变化,就是从授之以鱼发展到了授之以渔。第二,通过人在回路的混合增强智能,人机深度融合将从本质上提高制造系统处理复杂性、不确定性问题的能力,极大地提高了制造系统的性能。新一代智能制造进一步突出人的中心地位,是统筹协调人-信息-物理系统的综合集成大系统,将使人类从更多的体力劳动和大量的脑力劳动当中解放出来,从而使人类可以从事更有意义的创造性工作,人类的思维进一步向互联网思维、大数据思维和人工智能思维转变,人类系统开始进入智能时代。

(3)新一代智能制造的系统集成。新一代智能制造是一个大系统,主要是由智能产品、智能生产和智能服务三大功能系统,以及智能制造云和工业智联网两大支撑系统集合而成,是一个集成大系统。

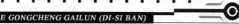

① 智能产品和装备是新一代智能制造的主体。新一代人工智能技术的融入使得产品和装备发生革命性变化。我们从智能手机和智能汽车的飞速发展，可以想象智能产品和装备未来的发展前景。我们现在使用的智能手机的计算能力远远超过当年的超级计算机Cray-2，最新上市的 iPhone X 和华为 Mate 10 已经搭载了人工智能芯片，开始具有了学习功能。不久的将来，新一代人工智能将全面应用到手机上，智能手机将发生什么样的变化呢？我们充满了热切的期待。近期，智能汽车的快速发展远远超出了人们的预想。汽车正在经历着从燃油汽车向数字化电动汽车，向网络化网联汽车发展的历程，现在正朝着无人驾驶汽车、智能化汽车的方向急速前进。新一代智能制造技术，将为产品和装备的创新插上腾飞的翅膀、开辟更为广阔的天地。我们可以想象到 2035 年，各种产品和装备都将从数字一代发展成智能一代，升级成为智能产品和装备。一方面，涌现出一大批先进的智能产品，如智能终端、智能家居、智能服务机器人、智能玩具等等，为人民更加美好的生活服务。另一方面，我们将着重推进重点领域、重大装备的智能升级，各种信息制造装备、航天航空装备、船舶海洋装备、汽车、火车、能源装备、医疗装备、农业装备等，特别是大力发展智能制造装备，如智能机器人、智能机床等。我们的"大国重器"将装备"工业大脑"，会更加先进、更加强大。

② 智能生产是新一代智能制造系统的主线。智能工厂是智能生产的主要载体。智能工厂根据行业的不同可以分为离散型智能工厂和流程型智能工厂，追求的目标都是生产过程的优化，大幅度提升生产系统的性能、功能、质量和效益，重点发展方向都是智能产线、智能车间、智能工厂。新一代人工智能技术与先进制造技术的融合将使得生产线、车间、工厂发生革命性变革，企业将会朝着自学习、自适应、自控制的新一代智能工厂进军。流程工业在我国国民经济中占有基础性的战略地位，最有可能率先突破新一代智能制造，比如石化行业智能工厂建立了数字化、网络化、智能化的生产运营管理新模式，可极大地提高生产效率、安全环保水平。离散型智能工厂将应用新一代人工智能技术实现加工质量的升级、加工工艺的优化、加工装备的健康保障、生产的智能调度和管理，建成真正意义上的智能工厂。"机器换人"，不仅可实现企业生产能力的技术改造、智能升级，还能解决生产一线劳动力短缺和人力成本高升的问题，更是从根本上提高了制造业的质量、效率和企业竞争力。在今后相当长一段时间内，企业的生产能力升级，生产线、车间、工厂的智能升级将成为推进智能制造的一个主要战场。

③ 以智能服务为核心的产业模式变革是一代智能制造系统的主题。新一代人工智能技术的应用催生了产业模式的革命性转变，产业模式将实现从以产品为中心向以用户为中心的根本性转变。一方面，产业模式从大规模流水线的生产转向规模定制化发展；另一方面，产业形态将从生产型制造向生产服务型制造转变，完成深刻的供给侧结构性改革。GE 公司创立了运用智能制造技术向服务型制造转型的典范。GE 将大量传感器安装在飞机发动机叶片上，运用大数据智能技术实时进行智能分析和智能控制，形成了航空发动机的优化运行和健康保障系统，在这个基础上 GE 开展按小时支付的租赁服务模式，对发动机提供终身服务，从服务方面获得的盈利比例大幅度提高，因此成为了服务型的制造企业，这给了我们很大的启示。

④ 智能制造云和工业智联网是支撑新一代智能制造系统的基础。随着新一代通信技术、网络技术、云技术和人工智能技术的发展和应用，智能制造云和工业智联网将实现质的飞跃，为新一代智能制造生产力和生产方式变革提供发展的空间和可靠的保障。

⑤ 系统集成。系统集成将智能制造三个功能系统和两个支撑系统集成为新一代的智能制造系统。系统集成是新一代智能制造最基本的特征和优势。

三是中国智能制造发展的战略建议。

未来20年，是中国制造业实现由大到强的关键时期，也是制造业发展质量变革、效率变革的关键时期。我们必须紧紧抓住新一轮科技革命和产业变革所带来的千载难逢的战略机遇，以实现制造强国为目标，以深化供给侧结构性改革为主线，以智能制造为主攻方向，坚持并行推进融合发展的技术路线，围绕产业链部署创新链，围绕创新链完善资金链，形成经济、科技和金融的深度融合、良性循环，实现中国制造业智能升级和跨越发展。未来20年，我国的智能制造发展总体可以分为两个阶段实现：第一个阶段到2025年，就是"中国制造2025"。"互联网＋制造"、数字化、网络化制造在全国得到大规模的推广应用，在发达地区和重点领域实现普及，同时新一代智能制造在重点领域试点取得显著成果，并开始在部分企业推广应用。第二阶段到2035年，就是中国制造2035。新一代智能制造在全国制造业实现大规模推广应用，我国的智能制造技术和应用水平走在世界前列，实现中国制造业的转型升级，制造业总体水平达到世界先进水平，部分领域处于世界领先水平，为2035年在我国建成世界领先的制造强国奠定坚实的基础。

在推进智能制造进程中要坚持"五个坚持"的方针。一是要坚持创新驱动，我们必须抓住新一代智能制造的历史性机遇，以科技创新作为中国制造业转型升级的第一动力。二是要坚持因企制宜，推动智能制造，必须坚持以企业为主体，以实现企业转型升级为中心任务，要充分激发企业的内生动力。各个企业，特别是广大中小企业，要实事求是地实施适合自己转型升级的技术路径。三是要坚持产业升级，推动智能制造的目的在于产业升级，要着眼于广大的企业，各个行业和整个制造产业，实现中国制造业全方位的现代化转型升级。四是坚持建设良好的发展生态，各级政府、科技界、学界、金融界要共同营造良好的生态环境，帮助和支持企业特别是广大中小企业的智能升级。五是要坚持开放和协同创新，中国制造业界要不断扩大与世界各国制造业界的交流，实行更高水平的开放。中国的市场是开放的市场，中国的创新体系是开放的创新体系，我们要和世界制造业的同行们共同努力，共同推进新一代智能制造，共同推进新一轮工业革命，使制造业更好地为人类服务。

 **本章重难点**

重点

- 现场总线的概念、主流现场总线的特点及其工业应用。
- 主流工业以太网的特点及其应用领域。

- 主流工业无线网络技术的特点及其在工业领域的应用。
- 工业信息物理系统的概念和本质,CPS与物联网、数字孪生的区别和联系。

难点

- 主流的工业无线网络技术的特点及其在工业领域的应用。
- 工业信息物理系统的概念和本质。

思考与练习

1.什么是 DCS 系统？与集中控制系统相比,DCS 有哪些优势？

2.现场总线系统和 DCS 系统的区别和联系？

3.什么是工业以太网？与现场总线技术相比,工业以太网有哪些优势？

4.常用工业无线网络技术的特点是什么？与有线网络技术相比,无线网络有哪些优势？

5.简述单元级 CPS 与系统级 CPS 的区别和联系。

6.简述 CPS 与数字孪生的区别与联系。

本章参考文献

[1] 袁中凡. 机电一体化技术[M]. 北京:电子工业出版社,2006.

[2] 黄国权. 数控技术[M]. 北京:清华大学出版社,2008.

[3] 陈在平,岳有军. 工业控制网络与现场总线技术[M]. 北京:机械工业出版社,2006.

[4] 杨卫华. 工业控制网络技术[M]. 北京:机械工业出版社,2008.

[5] 吴玉厚,李关龙,等. 智能制造装备基础[M]. 北京:清华大学出版社,2022.

[6] 徐明刚,等. 智能机电装备系统设计与实例[M]. 北京:化学工业出版社,2021.

[7] 陈吉红,杨建中,周会成. 新一代智能化数控系统[M]. 北京:清华大学出版社,2021.

[8] 实时以太网 RTE(Real Time Ethernet)[EB/OL]. https://blog. csdn. net/junbincc02/article/details/54645653.

[9] 尹周平,陶波. 工业物联网技术及应用[M]. 北京:清华大学出版社,2022.

[10] 周晋,李建军,王锐. 工业物联网无线化趋势浅析[J]. 物联网技术,2021(6):84-86.

[11] AnyBus. 无线技术在工业应用中的优势[EB/OL]. https://www. anybus. com/zh/products/wireless-solutions/wireless-benefits.

[12] Phoenix Contact. 工业无线技术:从 IWLAN 到 Wireless IO,再到 LoRaWAN[EB/OL]. https://www. phoenixcontact. com/zh-cn/products/industrial-communication/industrial-wireless#ex-content-transclusion-snippet——255.

[13] LEE E A. Cyber physical systems:design challenges[C]// 11th IEEE Symposium on Object/Component/Service-Oriented Real-Time Distributed Computing, May 5-7, 2008, 2008:363-369.

[14] CHEN B, WAN J, SHU L,et al. Smart factory of industry 4. 0：key technologies, Application Case, and Challenges[J]. IEEE Access, 2018, 6：6505-6519.

[15] COLOMBO AW, BANGEMANN T, KARNOUSKO S, et al. Industrila cloud-based cyber-physical systems：The IMC-AESOP approach[M]. Springer, 2014.

[16] JESCHKE S, BRECHER C, SONG H,et al. Industrial internet of things：cyber manufacutring systems[M]. Springer, 2017.

[17] LEE J, BAGHERI B, KAO H A. A cyber-physical systems architecture for industry 4. 0-based manufacturing systems[J]. Manufacturing Letters, 2015, 3：18-23.

[18] 张超,周光辉,李晶晶,等. 新一代信息技术赋能的数字孪生制造单元系统关键技术及应用研究[J]. 机械工程学报,2022, 58(16)：329-343.

[19] 李培根,高亮. 智能制造概论[M]. 北京：清华大学出版社,2021.

[20] 周济,李培根. 智能制造导论[M]. 北京：高等教育出版社,2021.

[21] 董永贵. 传感与测量技术[M]. 北京：清华大学出版社,2022.

[22] Digital twins and cyber – physical systems toward smart manufacturing and industry 4. 0：correlation and comparison[J]. Engineering, 2019, 5(4)：653-661.

[22] 中国电子技术标准化研究院,等. 信息物理系统白皮书（2017）[EB/OL]. http://www. cesi. cn/page/qw. jsp? keys＝％E4％BF％A1％E6％81％AF％E7％89％A9％E7％90％86％E7％B3％BB％E7％BB％9F.

[23] LEE EDWARD A. The past, present and future of cyber-physical systems：a focus on models[J]. Sensors. 2015, 15(3)：4837-4869.

[24] 周济. 走向新一代智能制造[J]. 中国科技产业, 2018(6)：20-23.

[25] ZHOU JI, LI PEIGEN, ZHOU YANHONG,et al. Toward new-generation intelligent manufacturing[J]. Engineering, 2018, 4(1)：11-20.